U0643620

# 低空经济:全要素解码

严月浩 朱新宇 郝 瑞 著

西北工业大学出版社

西安

【内容简介】 随着全球经济迈向新的发展阶段,新一轮科技创新与产业变革正成为生产力跃升的全新动力源泉。本书以新质生产力的概念、内涵及特点为起点,聚焦低空经济这一主题展开深入论述。

首先,在认知层面剖析低空经济的五个要素,率先提出"五要素论",即应用为根本、空域为关键、技术为核心、法规为保障、安全为底线。同时探讨在低空经济来临之时,政府、企业、民众应持有何种观点、采取哪些措施以及怎样付诸实践。其次,在低空经济的技术领域方面,深入解析低空经济产业链、技术链、教育链以及飞行器等相关技术。最后,从管理角度出发,阐释低空空域管理、管理运营平台、适航管理等内容。

本书可作为从事低空经济工作的公务员、专家学者、相关工程师以及高等学校学生的工具书或参考用书。

**图书在版编目(CIP)数据**

低空经济 : 全要素解码 / 严月浩,朱新宇,郝瑞著.
西安 : 西北工业大学出版社,2025. 3. -- ISBN 978 - 7
- 5612 - 9825 - 1

Ⅰ. F562

中国国家版本馆 CIP 数据核字第 2025LW9760 号

DIKONG JINGJI:QUANYAOSU JIEMA

**低空经济:全要素解码**

严月浩 朱新宇 郝瑞 著

| | | | |
|---|---|---|---|
| 责任编辑:王 水 高茸茸 | | 策划编辑:杨 军 | |
| 责任校对:朱辰浩 董珊珊 马 丹 | | 装帧设计:高永斌 冯 波 | |
| 出版发行:西北工业大学出版社 | | | |
| 通信地址:西安市友谊西路 127 号 | | 邮编:710072 | |
| 电 话:(029)88493844,88491757 | | | |
| 网 址:www. nwpup. com | | | |
| 印 刷 者:西安五星印刷有限公司 | | | |
| 开 本:787 mm×1 092 mm | 1/16 | | |
| 印 张:14.75 | | | |
| 字 数:271 千字 | | | |
| 版 次:2025 年 3 月第 1 版 | 2025 年 3 月第 1 次印刷 | | |
| 书 号:ISBN 978 - 7 - 5612 - 9825 - 1 | | | |
| 定 价:88.00 元 | | | |

如有印装问题请与出版社联系调换

# 《低空经济:全要素解码》
# 编辑委员会

主　任：刘贞报

副主任：马建新　李　辉

编　委：（按姓氏笔画顺序排列）

| | | | | | |
|---|---|---|---|---|---|
| 王　敏 | 王　强 | 王　刚 | 王　壮 | 王　磊 | 王战超 |
| 王学林 | 邓　立 | 牛德良 | 尹　勇 | 田金凤 | 白轩凤 |
| 叶浩东 | 任　斌 | 向德阳 | 刘纪龙 | 吕雪松 | 吕　航 |
| 孙　凯 | 阳　亮 | 严　智 | 杜　江 | 李勤刚 | 李　辉 |
| 李刚俊 | 李莉旭 | 杨朝旭 | 杨金才 | 杨　蕾 | 杨　梦 |
| 杨　强 | 杨卓瑜 | 肖文军 | 肖绍富 | 何明徽 | 张瑞雨 |
| 张建平 | 张　宇 | 陈知秋 | 陈　韦 | 陈俊杰 | 陆亚军 |
| 易　恒 | 金　伟 | 周常瑜 | 周彦彤 | 赵文祥 | 赵新泽 |
| 赵晏艺 | 赵　杰 | 赵玉坤 | 胡　松 | 胡杨恩 | 郭　曦 |
| 郭　亮 | 唐　勇 | 曹　坤 | 黄　超 | 舒振杰 | 秦小林 |
| 韩泉泉 | 韩周安 | 韩　强 | 熊兴中 | 熊　刚 | 桑文军 |
| 程志刚 | 魏中许 | 诸葛洪亮 | | | |

在我手中,摆着一本名为《低空经济:全要素解码》的专业书籍初稿。怀着浓厚的兴趣与满心的期待,我轻轻翻开了它。这本书凝聚着各位作者多年的航空实践经验,是他们集大成之作,更是他们诚挚地与业界同仁分享低空经济领域探索成果的心血结晶。我深信,它将为低空经济领域以及所有关注其发展的人士提供弥足珍贵的参考资料。

我在航空领域拥有丰富的经历:在西北工业大学求学的时光,在航空工业大型飞机总体设计单位——第一飞机设计研究院逾三十年的工作历程,以及在中国航空工业集团信息技术中心超过十年的任职经历,并且参与了工业和信息化部、中国工程院、国家国防科技工业局的多个重大项目,这些学习和工作经验让我对航空产品复杂研制和生产过程产生了浓厚的兴趣,甚至是超乎常人的热爱。

2024 年,在中国,"低空经济"已然成为最热门的产业话题之一,"2024,低空崛起"已然成为一个重大的命题。

人类社会的发展历程是从陆地文明迈向海洋文明,继而走向空天文明,最终迈向智能文明。这一过程体现了人类空间维度从一维到二维,再到三维(空天文明),直至四维(智能文明)的演进;在时间维度上同样有着巨大的跨越,从以天计时到以小时计时,再到空天文明中对分分秒秒的精准把握,这都是重大的突破。低空经济的边界条件极其复杂,如何不断对其整个体系进行改进、提升、创新,持续迭代优化,完善低空管理、航线布局以及算法等诸多方面,都需要通过未来多年的不懈努力。只有这样,才能够构建出不仅可用,而且好用、易用的多种低空经济产品和体系、系统,最终将其打造成为国内外市场上成熟且畅销的商品。

我们期望通过这本书,把低空经济相关的已有知识、经验和感悟与广大读者进行分享。我们深信,凭借持续不断的技术交流与合作,整个低空经济将会迎来更为璀璨的明天。无论您是理工科专业的大学生,还是投身于低空经济技术研发的专业人士,抑或是对低空经济感兴趣的普通读者,以及从事低空经济研究的学者和政府管理者,我们都诚挚地邀请您加入这场有关低空经济发展方向的对话之中。让我们并肩前行,在低空经济的道路上奋勇迈进,共同开创低空经济的美好未来。

宁振波

中国航空工业集团信息技术中心原首席顾问

2025 年 2 月 25 日

2024年1月1日，国务院、中央军委发布的《无人驾驶航空器飞行管理暂行条例》开始施行。以此为重要标志，2024年便被业界誉为"低空经济元年"。党的二十大报告明确将低空经济确立为新质生产力的典型代表。发展低空经济是以习近平同志为核心的党中央作出的战略部署，亦是党和政府凭借中华民族的智慧，将社会经济活动由二维空间向三维空间拓展的重大举措。

往昔，人类的主要经济活动集中于地球的二维空间，即陆地和海洋表面。伴随着科技的演进以及社会的进步，人类逐步拓展了经济活动的维度，当下已开始向低空这一三维空间进军，低空经济顺势而生。这标志着人类社会步入了走向陆地、奔向大海、飞向低空的全新时代，面临着全新的挑战。有鉴于此，我们务必运用新的理念、新的方法、新的手段以及先进的工具来推进低空经济的建设与发展工作。

本书正是基于这一时代背景，致力于全面阐释低空经济的内涵、特征、要素及其对社会经济发展的深远影响。低空经济作为飞行器在低空领域作业催生出的新型经济形态，以低空飞行为核心驱动力，辐射带动智能制造、空域管理、基础设施建设、安全保障以及科研教育等多方面、不同行业的创新发展，共同构建起一个产业链条长、辐射范围广、应用场景丰富的综合经济体系。它并非单一产业的简单累加，而是多种经济活动的深度融合，共同构筑了人类社会在三维空间中的全新经济版图。

本书详尽解析了低空经济的五个关键要素：场景应用乃根本、空域系关键所在、技术为核心内容、法规作坚实保障、安全是绝对底线。场景应用作为低空经济的根本驱动力量，在整个体系中占据着基础性地位。一方面，要求低空经济所衍生出的各类应用场景，能够广泛覆盖社会的各个层面、各个领域；另一方面，要让每一位普通民众皆能真切地感受到低空经济带来的便捷、高效与安全。空域作为国家资源，其科学规划与有效利用乃是低空经济健康发展的关键环节。唯有通过精准的空域规划，明晰不同区域、不同高度的使用权限，方可确保低空飞行活动安全、高效地开展。技术在低空经济领域的深度渗透，对低空经济产业自身的提质增效以及传统制造业的转型升级，均发挥着至关重要的作用。持续夯实技术基础，提升飞行器质量，充分挖掘低空经济的潜力，不断拓展其应用范畴，为经济社会发展注入新的活力与动力，亦是低空经济的核心要素。法规与安全的双重保障，则为低空经济的稳步前行筑牢了坚实的后盾。完善的法规体系，能够明确低空经济活动中各方的权利与义务，规范市场秩序，保障低空经济在合法合规的轨道上稳健运行。安全始终是低空经济发展不可逾越的底线，通过构建全方位的安全监测体系、应急预案机制等，将安全隐患消除于萌芽状态，令人民对低空经济活动满怀信心，将为低空经济的长远发展营造稳定、可靠的环境。

本书力求以深入浅出的方式，向读者全方位呈现低空经济的整体面貌，为政府决策、企业转型、民众参与提供具有价值的参考与借鉴。笔者坚信，在全体探索者与引领者的协同努力下，低空经济必将迎来更为璀璨的未来。让我们并肩前行，共同为低空经济的发展贡献力量！

本书由严月浩、朱新宇、郝瑞等共同撰写。在撰写本书的过程中，参考、引用了其他作者的研究成果，在此予以致谢！在本书成稿过程中获得了各级部门的支持与协助，特别是四川省经济和信息化厅、四川省科技厅、四川省科学技术协会、成都市口岸物流办、成都市航空航天产业联盟、中国民用航空飞行学院、西北工业大学、电子科技大学等单位，在此表示诚挚的谢意！

低空经济的大潮已来，未来已来，诚邀更多有志之士投身这一弄潮儿的队伍之中，踏波逐浪，不负未来！

由于时间较为紧迫及个人能力所限，书中难免存在不足之处，恳请读者诸君批评指正，不吝赐教，如有需要可联系 yanyuehao@126.com。

著　者

2024 年 12 月于成都

目录 CONTENTS

"发展新质生产力是推动高质量发展的内在要求和重要着力点。"——习近平

# 新质生产力

随着全球经济发展进入新阶段,科技创新和产业变革为生产力的提升提供了新的动力。新质生产力这一概念应运而生,成为推动现代经济高质量发展的核心力量。新质生产力不仅仅是传统生产力的延续,更是通过技术突破、产业转型和要素重组等方式,实现生产力质的飞跃的内在动力。它体现了高科技、高效能和高质量的特征,是新时代经济发展的新引擎之一。

本章将全面探讨新质生产力的概念、特征及要素,并分析其如何在新时代的产业变革中发挥重要作用;将深入探讨新质生产力的核心要素,包括劳动者、劳动资料和劳动对象的协同发展;将探讨如何通过科技创新和产业升级,推动新质生产力的高效发展,进一步推动我国经济高质量发展,助力治理体系和治理能力现代化的实现及社会的全面进步。

## 1.1  新质生产力的概念

### 1.1.1  新质生产力的发展背景

自党的十八大以来,两个百年未有之大变局加速演进,全球经济环境发生深刻变化,给中国创造经济增长新动能和推动高质量发展带来新的挑战。首先,新

一轮科技革命和产业变革加速推进,人工智能、物联网、区块链等前沿技术已逐渐进入产业化阶段,并与实体经济深度融合,推动着生产要素、生产方式、组织形式及商业模式的全面革新。同时,全球价值链和国际分工模式也在经历重大调整。由于国际政治形势变化,全球化进程遭遇阻力,因此各国开始重视产业链安全和供应链保障,全球生产结构也随之发生转型。中国在这种背景下需适应新发展格局,加快发展内需与消费,推动经济高质量发展。

中国正处在全面建设社会主义现代化强国、持续推进中国式现代化的新发展阶段,急需挖掘经济增长新动能以支撑现代化目标。传统的依赖投资和出口的增长模式已显现局限性,国内消费潜力和产业转型成为关键。随着人民生活水平的提高和社会主要矛盾的变化,新兴产业的崛起将是驱动经济增长的新引擎。而全球环境问题日益严重,绿色发展已成为全球共识。中国在推进经济高质量发展的同时,必须强化"负责任的大国"形象,关注生态环境保护和绿色转型,实现碳中和目标。在新发展阶段,如何通过创新驱动提升产业附加值,并实现可持续的绿色发展,成为中国面临的重要任务。

在此背景下,"新质生产力(New Quality Productive Forces)"这一概念应运而生。2023年9月,习近平总书记在黑龙江考察调研期间首次提出发展新质生产力,这一新兴术语将马克思主义生产力理论提升到新境界。2024年1月31日,习近平总书记在中共中央政治局第十一次集体学习时强调,加快发展新质生产力,扎实推进高质量发展。2024年3月5日,李强总理在政府工作报告中提出"大力推进现代化产业体系建设,加快发展新质生产力"。2024年7月,中国共产党第二十届中央委员会第三次全体会议提出,要健全因地制宜发展新质生产力体制机制。

习近平总书记指出:"概括地说,新质生产力是创新起主导作用,摆脱传统经济增长方式、生产力发展路径,具有高科技、高效能、高质量特征,符合新发展理念的先进生产力质态。"它"由技术革命性突破、生产要素创新性配置、产业深度转型升级而催生,以劳动者、劳动资料、劳动对象及其优化组合的跃升为基本内涵,以全要素生产率大幅提升为核心标志,特点是创新,关键在质优,本质是先进生产力"。

### 1.1.2　新质生产力的内涵

从历史逻辑来看,新质生产力由技术革命性突破、生产要素创新性配置、产业深度转型升级而催生。18 世纪的第一次工业革命以蒸汽机为代表,开启了机械化生产的时代。19 世纪的第二次工业革命则带来了电气化,电力的广泛应用使得生产力的提升更加高效与全面。20 世纪的第三次工业革命标志着信息化的到来,计算机、互联网、自动化技术和数字化控制的广泛应用,使得生产力不仅体现在物质资源的高效利用上,更体现在信息流、数据处理和智能化管理上。每一次科技革命都肇始于划时代的颠覆性技术创新,都带来生产力的飞跃和经济社会的重大变革。

当前,全球正处于第四次科技革命和产业变革的深度发展之中。与前三次工业革命不同,本轮科技革命的核心特征在于数据等新型生产要素的生成与应用,数字技术、人工智能以及算力、算法和网络通信等技术成为底层支撑和关键驱动力。数字化、智能化、绿色化方向的融合发展,推动了多领域技术的突破与交叉融合,同时也加速了技术迭代和缩短了创新周期。随着这些群体性技术的整体性突破,生产要素配置的方式将发生深刻变革,从而影响产业形态、产业结构和产业组织方式。这一变化将进一步推动产业的深度转型升级,通过"技术—要素—产业"链条的互动传导,最终形成新的生产力质态。新质生产力是以新技术深化应用为驱动,以新制造、新服务和新产业快速涌现为重要表现,进而构建起新型社会生产关系和社会制度体系的生产力。

### 1.新制造

新制造涵盖新能源、新材料、新医药、新制造装备和新信息技术。它的核心在于颠覆性科技创新,至少应符合以下标准:

1)新的科学发现:"0 到 1"、从无到有的,对世界有新理解的重大发现。

2)新的制造技术:在原理、路径等方面完全不同于现有的技术路线,却能够对原有的工艺、技术方案进行替代的制造技术。

3)新的生产工具:工具变革在人类发展史上始终处于重要地位,工具的革新带来效率提升和成本下降。

4)新的生产要素:过去的制造靠土地、资本、技术等要素,未来的制造中除了这些传统要素外,还会有数据及本书论题低空经济带来的"空域"要素,生产要素将由四要素增加至六要素。

5)新的产品和用途:以前的"三转一响"发展到现在的家用机器人、头戴式虚拟现实/增强现实(VR/AR)设备、柔性显示设备、三维(3D)打印设备、智能汽车。这些产品以人工智能为核心，代表了智能化、数字化的新趋势。随着时代的变化，社会的发展"四大件/五大件"的变迁彰显了经济的发展。

### 2.新服务

从全球经济结构来看，新服务的发展具备重要的潜力。西方发达国家的服务业已较为成熟，占国内生产总值(GDP)的比例普遍在70%以上，其中生产性服务业占40%~50%。相较之下，2022年我国GDP中制造业占27%，服务业占52.8%，而生产性服务业的比例仅为17%~18%。与欧美的40%、50%相比，我国生产性服务业显著不足，表明其在未来有巨大的发展空间。

我国在培育新质生产力的"新服务"方面的目标是：提升生产性服务业在服务业及GDP中的比例，争取使50%的服务业成为生产性服务，并使生产性服务业占GDP的30%。这一目标将有助于优化我国经济结构，推动经济高质量发展。

### 3.新业态

新业态的核心在于推动产业变革，深刻调整产业组织。新业态的培育有两个关键驱动力。首先，全球化推动新业态与全球潮流紧密结合，构建国际国内双循环相互促进的新格局，积极推动制度型开放，促进新发展格局的形成。培育新业态新模式需要内外贸一体化，以适应全球经济发展趋势。其次是数字化，新的产业互联网逐渐兴起，利用互联网平台将服务和产品延伸至全球消费者，通过满足消费者偏好实现小批量定制和大规模生产，促进全产业链的通畅与全球化配送，从而形成全新的产业形态和商业模式。

新质生产力的逻辑关系如图1-1所示。

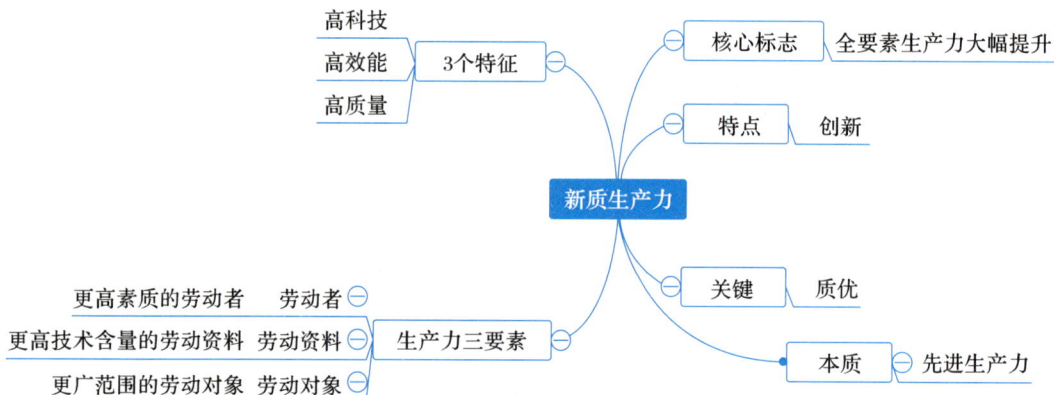

图1-1　新质生产力逻辑关系

# 1.2 新质生产力的特征

新质生产力的本质是先进生产力,是一种符合新发展理念的生产力质态,与传统生产力形成鲜明对比。新质生产力是创新起主导作用,摆脱传统经济增长方式、生产力发展路径的先进生产力,具有高科技、高效能、高质量特征。

## 1.2.1 高科技

新质生产力是科技创新起主导作用的先进生产力质态,它将新产业、新技术、新业态、新产品和新服务融为一体,展现出颠覆性科技创新的特性。这种生产力的推进不仅依赖于重大科技创新的引领,还需要推动创新链、产业链、资金链和人才链的深度融合,加速科技创新成果向实际生产力的转化。近年来,战略性新兴产业和未来产业是其主要载体和表现形式。战略性新兴产业具体包括新一代信息技术、生物技术、新能源、新材料、高端装备等产业。未来产业具体包括类脑智能、量子信息、基因技术、未来网络、深海空天开发等新领域。这些新产业、新领域具有典型的高科技特征。

## 1.2.2 高效能

以战略性新兴产业和未来产业为主要载体,形成高效能的生产力。这些产业的持续升级是生产力跳跃的重要支撑。作为新支柱和新赛道的战略性新兴产业,拥有创新活跃、技术密集、价值高端及前景广阔的特点,为新质生产力的发展提供了丰富的内涵。例如,近几年我国战略性新兴产业发展迅速,2022 年其增加值占GDP 的比例已超过 13%。新能源汽车、锂电池和光伏产品等赛道也在加快发展并结合数字赋能,使我国在数字经济等新兴领域形成了领先优势。

## 1.2.3 高质量

高质量发展已经成为中国当下和未来发展的核心主题,而新质生产力则是中国经济高质量发展的强大引擎,为经济高质量发展提供强劲推动力和支撑力。供需有效匹配是社会大生产良性循环的重要标志。社会供给能力和需求匹配程度受生产力发展状况制约,依托高水平的生产力才能实现高水平的供需动态平衡。当前,我国大部分领域"有没有"的问题基本解决,"好不好"的问题日益凸显,客观上要求形成需求牵引供给、供给创造需求的新平衡。一方面,新需求对供给升级提出更高要求,牵引和激发新供给,撬动生产力跃升;另一方面,基于新质生产力形成的新供给,能够提供更多高品质、高性能、高可靠性、高安全性、高环保性的产品和服务,更好满足和创造有效需求。加快发展新质生产力,符合高质量发展的要求,有助于实现国民经济良性循环,更好发挥超大规模市场优势,增强经济增长和社会发展的持续性。

# 1.3 新质生产力要素

生产力要素包括人的要素及物的要素,包括劳动者、劳动资料、劳动对象。在推进强国建设、民族复兴的重要时期,以新的生产力理论指导高质量发展,全面深化体制机制改革,加快形成和发展新质生产力,主要从两个方面展开:

一是从横向上不断围绕形成新质生产力的核心要素指标进行优化。全方位提高劳动者素质,打造新型劳动者队伍;创造和应用更高技术含量的劳动资料,打造新质劳动工具;拓展更广范围的劳动对象;推动更高水平的生产要素组织形式;科学处理新质生产关系,建立与新质生产力发展要求相适应的生产关系;提升全要素生产率,客观全面反映新质生产力。

二是在纵向上不断围绕发展新质生产力的主要要素指标进行深化,完整、准确、全面贯彻新发展理念,以创新驱动带动整体发展,以创新力量勇攀科技高峰,不断实现高水平科技自立自强,以科技创新驱动产业创新,建立高质量的现代化产业体系,不断深化"四链"(创新链、产业链、资金链、人才链)"四化"(中国特色新型工业化、信息化、城镇化、农业现代化)深度融合,不断提升企业的综合竞争力,优化完善新质生产力发展的机制体制及环境。我们要坚持系统观念,坚持以实体经济为根基,以科技创新为核心,以产业升级为方向,着力推动劳动者、劳动资料、劳动对象及其优化组合的跃升和质变,以中国式现代化全面推进高质量发展、强国建设和民族复兴。

新质生产力落脚于"生产力"。生产力是由生产要素内部及其之间以一定的结构组合而形成的有机系统,主要体现在马克思、恩格斯关于生产力理论的三个关键要素上,即劳动力、劳动对象和劳动资料。

## 1.3.1 劳动者:新质生产力的核心力量

劳动者是新质生产力中最具活力和创造力的要素。他们不仅具备专业技能和知识,还拥有创新意识和实践能力。在现代社会,劳动者的角色日益重要,他们通过积极参与生产活动,将劳动资料和劳动对象转化为实际的生产力。社会生产力的提升,最终依赖于人的发展,因为人是社会的主体,是生产活动的核心承担者。因此,人才被视为第一资源,而创新驱动的本质实际上是人才驱动。

作为生产力的能动要素,劳动者的素质和技能直接决定了生产力的发展。科学技术被誉为第一生产力,其不仅体现在高新科技的研发和劳动资料、劳动对象的革新上,更体现在提升劳动者的劳动素质和技能方面。在数字经济时代,数据作为新的生产要素,既是基础性资源,也是战略性资源。当数据成为劳动对象,当数据成为生产资料、算法成为劳动工具时,劳动者需要具备相应的数字素养,并掌握相关数字技能。能够操作、控制并维护数字技术和设备,已成为新时代新质生产力劳动者的标配。

党的二十大报告提出了教育、科技、人才一体化发展的战略要求,党的二十届三中全会也强调了这一重大战略部署。打造新型劳动者队伍,需从两个方面着手:一是培养能够驱动科技创新、创造新质生产力的科技型人才。根据科技发展的新趋势,优化高等教育的学科设置和人才培养模式,优先发展教育,重点培养拔尖创新人才、战略科学家、一流科技领军人才及具有国际竞争力的青年科技人才。二是培养能够适应时代发展、熟练掌握新质生产资料的应用型人才。围绕新质生产资料的应用,探索形成具有中国特色、国际水准的工程师培养体系,推动职普融通、产教融合、科教融合,探索高校与企业联合培养高素质复合型工科人才的有效机制。根据未来产业和战略性新兴产业的发展趋势,创新人才培养模式,源源不断地培养符合新质生产力发展要求的高素质人才队伍,特别是在新产业和新业态中,培养一批能够熟练应用新质生产资料的应用型人才。

为了更好地激发各类生产要素的活力,需健全要素参与收入分配机制,营造鼓励创新、宽容失败的良好氛围。这将有助于更好地体现知识、技术和人才的市场价值。此外,实施更加积极、开放和有效的人才政策,探索与国际接轨的全球人才引育留用制度,增强国家科技计划的国际合作,鼓励外资企业、外籍科技人员参与科技项目,共同为全球各类人才搭建创新创业的平台。

### 1.3.2 劳动资料:新质生产力的物质基础

劳动资料作为新质生产力的物质基础,涵盖了生产工具、设备、原料等。随着科技进步和社会发展,劳动资料不断更新,为生产活动提供了更加高效、便捷的条件。

在传统经济模式中,劳动资料主要包括基础的生产工具和设备,如手工工具、简单机械、基础设施等。例如,传统农业依赖铁锹、犁等简易农具和大量人工劳动力,生产过程通常需要长时间的体力劳动,效率较低。农业生产受自然条件波动的制约,难以实现精准的作物管理和资源调配。在现代新质生产力背景下,劳动资料不限于传统工具和设备,还涉及更加智能化、自动化、数字化的技术和设备,推动农业、工业、服务业等全领域的生产力提升。智能农业设备、无人机配送、自动化生产线、低空飞行器等创新的劳动资料,不仅提高了生产效率和产品质量,也促进了产业转型和升级,推动了现代社会朝智能化、绿色化、可持续发展迈进。

在新时代背景下,掌握和利用核心技术成为关键。在制度层面,应发挥举国体制的优势和作用,加强国家科技力量,通过"揭榜挂帅"和"赛马"机制激励科技创新。同时,继续实施"专精特新"计划,鼓励企业成为创新主体,推动创业投资和股权投资的增值,增强金融支持力度。在技术层面,补齐短板,提升通用技术,集中力量攻克核心技术和"卡脖子"问题,推动产业基础再造,突破基础零部件、材料、软件等瓶颈。巩固并提升优势产业,强化高端制造业的全产业链优势。在产业层面,应加速战略性新兴产业的发展,提前布局未来产业,推动现代化产业体系建设,支持新兴产业集群发展,提升服务业体系,鼓励企业加速数字化转型,推动实体经济与数字经济深度融合,并促进现代服务业与先进制造业、现代农业的有机结合。

### 1.3.3 劳动对象:新质生产力的加工对象

劳动对象是新质生产力中的加工对象,包括各种原材料、半成品以及自然界中的物质资源。劳动者通过运用劳动资料对劳动对象进行加工和改造,创造出满足人们需求的产品或服务。

劳动对象是人类活动对象化发展的产物,直接体现了时代的生产力发展水平,不同的生产力水平有不同的劳动对象。同时,劳动对象的质与量也制约着生产力的发展水平。随着高新科学技术的发展,人类劳动对象发生了极大的变化。网络化、智能化、数字化的劳动工具使劳动者的获取能力、计算能力、处理能力大大增强,同时也扩大了劳动对象的范围,使其不再局限于有形物质对象,信息、数据、知识等都成为了新的劳动对象。伴随着科技创新的推进以及人工智能、生物技术等领域的发展,劳动对象的范围和领域不断扩大。数据等新型劳动对象在各行各业中广泛渗透,"浩瀚的数据海洋就如同工业社会的石油资源",数据在被有效收集、整理、分析、挖掘和处理后,可释放出巨大的生产力效能。

新时代背景下,应夯实新质生产力的物质基础,拓展劳动对象的种类和形态,重点培育壮大战略性新兴产业和未来产业。通过开辟新领域和新赛道,推动生产活动的创新发展。要实施国家战略性新兴产业集群发展工程,推动产业融合,重点发展新一代信息技术、人工智能、生物技术、新能源、新材料、高端装备、绿色环保等新兴领域,提升我国在全球价值链中的技术和产业优势。在国家战略层面,要统筹规划未来产业,重点关注类脑智能、量子信息、基因技术、未来网络、深海空天等前沿科技领域。通过实施未来产业孵化与加速计划,推动技术创新,探索和融合前沿及颠覆性技术,为未来生产力储备奠定基础。

### 1.3.4　新质生产力三要素的关系

1)相互协同。新质生产力依赖于劳动者、劳动资料和劳动对象三者的紧密结合与协同作用。劳动者利用新型劳动资料来加工和转化劳动对象,这一过程推动生产力的提升。先进的生产工具和技术提升了劳动者的工作效率,而新型劳动对象的出现则拓展了生产领域和市场空间。

2)互为依赖。劳动者、劳动资料和劳动对象之间形成了动态的相互依赖关系。劳动者的技术水平决定了他们能否高效利用劳动资料,而劳动资料的先进性又直接影响到劳动者的生产效率。劳动对象的变化要求劳动者不断学习新技术、掌握新工具,从而推动生产资料的进一步创新和优化。

3)发展驱动。科技创新、产业升级以及市场需求不断推动这三者的相互作用与发展。新质生产力的本质是通过劳动者和劳动资料的协作,推动劳动对象的增值和生产力的跃升。因此,随着新型生产工具的不断出现,劳动者的角色和能力也需要不断进化,以适应新的生产需求。

【参考文献】

[1] 渠慎宁.加快发展新质生产力:时代背景、主要特征、支撑载体与实现路径[J].当代世界与社会主义,2024(2):39-46.

[2] 黄汉权.深刻领悟发展新质生产力的核心要义和实践要求[J].宏观经济管理,2024(7):13-16.

[3] 康凤云,邹生根.深刻把握新质生产力的科学内涵、鲜明特征与培育路径[N].光明日报,2024-05-24(6).

[4] 习近平经济思想研究中心.新质生产力的内涵特征和发展重点(深入学习贯彻习近平新时代中国特色社会主义思想)[N].人民日报,2024-03-01(9).

[5] 高帆.新质生产力以全要素生产率大幅提升为核心标志[N].光明日报,2024-03-26(11).

"鼓励发展与平台经济、低空经济、无人驾驶等结合的物流新模式"——习近平

# 低空经济概览

低空经济作为新质生产力的代表,近年来在全球范围内得到广泛关注,在国内逐渐形成了一种蓬勃发展的产业形态。低空经济不仅是一种新兴经济模式,它还融合了先进的科技力量和新的市场需求,成为推动经济高质量发展的新引擎之一。特别是随着无人机技术的突破,低空经济应用在物流、农业、旅游、应急救援等多个领域,展现出了巨大的潜力和广阔的前景。

低空经济的发展不仅依赖于技术的创新,更与空域管理、法律法规和安全保障等多方面的支持密切相关。我国政府在低空经济方面的战略布局,尤其是相关政策的逐步出台,为产业的发展提供了强有力的支持。与此同时,制造业、通用航空和市场增长潜力等方面的挑战也迫使低空经济不断面临技术突破的挑战和产业升级的压力。如何在这一背景下实现低空经济的高质量发展,成为政府、企业和社会各界共同思考和努力的课题。

本章将深入探讨低空经济的起源与发展背景、关键特征以及面临的挑战,重点分析场景、技术、空域、法规和安全保障等五个要素对低空经济发展的推动作用,为理解这一新兴产业提供全面的视角。

# 2.1 低空经济概述

我国学者在 2010 年提出低空经济这一概念。随着我国低空空域管理改革的逐步深化，以及产业与科技的日益革新，低空经济的概念逐步演进，低空经济逐渐受到产业界、投资界和学术界的关注。低空经济是新质生产力催生的综合经济形态，具有拉动区域经济新增长、拓展城市发展新空间、提供社会治理新手段、催生跨界融合新生态、整合产业发展新要素等典型特征。2024 年《政府工作报告》提出，要大力推进现代化产业体系建设，加快发展新质生产力。加快前沿新兴氢能、新材料、创新药等产业发展，积极打造生物制造、商业航天、低空经济等新增长引擎。同时，低空经济作为新质生产力的代表，已成为全球主要经济体竞相角逐的重要方向，是培育和发展新动能的关键领域。

## 2.1.1 低空经济的发展背景

低空经济是伴随我国航空航天事业的发展和国家战略需求而逐步形成的一个新兴经济领域。其背景可从以下几个方面进行分析。

### 1. 低空经济发展的历史进程

20 世纪初，随着飞机技术的进步，通用航空开始发展，主要用于农业、林业、测绘等领域。低空空域主要用于小型飞机和直升机的短途运输、观光等，但规模较小，管理较为松散。

20 世纪中期至 21 世纪初，航空技术、通信技术和导航系统的进步为低空经济的发展奠定了基础。部分国家开始出台政策，规范低空空域的使用，推动通用航空和无人机技术的应用。

21 世纪初，无人机技术迅速发展，广泛应用于物流、农业、安防等领域，成为低空经济的重要组成部分。各国逐步完善低空空域管理政策，推动低空经济的规范化发展。空中出租车、城市空中交通(UAM)、城市空中物流等新兴应用开始出现，低空经济进入多元化发展阶段。

随着人工智能和自动化技术的进步，低空经济活动将更加智能化和高效。未来低空空域管理将更加精细化，支持更多应用场景。

### 2. 低空经济发展是国家需求

低空经济的提出与发展，是中国在新时期贯彻国家战略部署、推动经济社会全面发展的重要体现。其背后反映了中国共产党人高度的先进性和责任感，代表着国家对未来经济发展与国防安全的前瞻性思考。当前,低空经济的发展与国防安全、产业转型升级、经济高质量发展的目标紧密相关。其具体需求包括以下几个方面。

1)新国防建设的需求。随着国家安全形式和内涵的多样化、丰富化,低空领域的开发已从军用侦察、打击等特定领域,延伸至民用无人机、物流运输和应急救援等方向。

2)无人机产业的快速发展。近年来,无人机技术与市场应用飞速扩展,为低空经济的发展奠定了产业基础。从军用到民用,无人机的广泛使用使低空经济成为国家综合交通体系中的重要组成部分。

3)民营经济进入航空业。近年来,民营企业积极进入航空领域,从无人机研发到通航服务,从物流配送到技术创新,形成了多点开花的发展局面,推动了市场竞争和技术进步。

4)制造业转型升级的助推。低空经济通过高技术制造和应用场景的开发,促使传统装备制造业向更高层次迈进,实现了由提供二维空间设备向提供三维空间设备的转变。这种转型不仅提升了制造业的技术水平和市场竞争力,也为未来的发展开辟了更广阔的前景。

### 3. 低空经济发展的政策支持

2017年,中国民用航空局发布《民用无人驾驶航空器实名制登记管理规定》,要求所有无人机进行实名登记。

2010年,国务院、中央军委发布《关于深化我国低空空域管理改革的意见》,正式启动低空空域管理改革试点。

2021年2月,中共中央、国务院印发《国家综合立体交通网规划纲要》,首次将"低空经济"写入国家规划,标志着低空经济正式上升为国家战略。

2023年12月,中央经济工作会议将低空经济列入战略性新兴产业,明确提出要打造低空经济等新增长引擎。

2024年1月1日,《无人驾驶航空器飞行管理暂行条例》正式施行,从生产制造、登记注册、运行管理等全生命周期对无人机飞行活动进行了规范,为低空经济发展提供了有力的法规保障。

2024年,工业和信息化部等四部门联合印发《通用航空装备创新应用实施方案(2024—2030年)》,提出推进电动垂直起降航空器(eVTOL)、无人机等新型装备的研发和应用,支持低空物流、城市空中交通等应用场景的示范。

### 2.1.2　低空经济的定义

根据赛迪研究院(2024)定义,低空经济是指"以低空飞行活动为核心,以无人驾驶、低空智联网等技术组成的新质生产力与空域、市场等要素相互作用,带动低空基础设施、低空飞行器制造、低空运营服务和低空飞行保障等领域发展的综合性经济形态"。与地面不同的是,开发低空主要是通过飞行器或悬浮设备的低空作业来完成。

中国低空空域范围没有明确界限,2016 年国务院办公厅发布的《关于促进通用航空业发展的指导意见》中提出:"及时总结推广低空空域管理改革试点经验,实现真高 3000 米以下监视空域和报告空域无缝衔接,划设低空目视飞行航线,方便通用航空器快捷机动飞行。"我国发展低空经济是社会从征服三维空间到利用三维空间为人们生活和生产服务的重要举措,所以发展低空经济是中国共产党人的责任和使命,以中华民族智慧为基础,带领人类社会从二维空间到三维空间生产方式探索做出的重大举措。低空经济以飞行器在三维空间的飞行活动,为人类社会提供高效、快捷、安全的生产和生活服务。

### 2.1.3　低空经济的特征

#### 1. 飞行活动作为产出形式

发展低空经济就是要充分利用低空飞行器这个先进的工具为我们的生产生活服务。目前,低空飞行活动根据飞行目的可以划分为低空客货运输飞行、低空作业飞行以及低空休闲娱乐飞行三大类别。其中,低空客货运输飞行以短途运输为核心,提供客运和货运服务,满足低空经济中快速运输的需求;低空作业飞行广泛应用于农业、林业、地质勘探和测绘等领域,如农作物喷洒、森林火灾监控以及能源设施巡检;低空休闲娱乐飞行为公众提供低空观光、飞行体验、跳伞等消费型服务,提升生活品质与体验。飞行活动的多样性不仅直接体现了低空经济的核心价值,也催生了与飞行活动相关的配套产业链和服务模式。

#### 2. 依托低空空域

低空空域是一种国家自然资源,低空经济的发展离不开低空空域的开放和利用。首先,低空经济的飞行活动主要在低空空域中展开,这一特性使其与传统高空航空经济形成了显著差异,更加要求低空空域具备较高的灵活性和开放性,以适应多样化的经济活动需求。其次,低空空域的管理政策需要合理优化,通过政策支持解决当前空域使用受限的问题,更好地促进低空经济的运行和发展。最后,与传统航空经济相比,低空经济更具有普适性,其服务范围更加广泛,能够满足地方经济发展和普通民众多样化的需求。依托低空空域的这一发展特性,使得低空经济在实际运行中更加贴近生活,服务产业需求,并有效推动区域经济的增长。

### 3. 装备及作业技术相辅相成

凭借无人机技术、机载系统、遥感技术、动力与推进系统、智能控制与通信系统以及地面支持设施的整合,新型航空器为低空作业提供了强有力的技术支撑。同时,智能控制系统确保了飞行的安全与高效,实时监控和协调管理多架航空器在复杂环境中的运行,配备高效动力系统的航空器在环保性和经济性上也表现出色,充分满足了低空作业对灵活性和持续性的需求。

### 4. 安全保障

安全保障是低空经济可持续发展的核心要素之一,涵盖技术支撑、基础设施建设、空域管理、法律法规等多个方面的支撑与保障。技术层面,飞行器安全性、应急伞降系统等多维度的性能提升为低空飞行提供了自身安全保障;基础设施方面,低空通信网络、起降设施和维修保障设施的建设是确保飞行安全的重要支撑;空域管理上,空域管理改革、安全监管体系的逐步完善以及跨部门联合监管机制的建立,有效保障了低空飞行秩序;法律法规的完善,如《无人驾驶航空器飞行管理暂行条例》等法律法规的实施,为低空经济的规范化发展提供了有效保障。

## 2.2    我国低空经济发展面临的挑战

新质生产力是由技术革命性突破、生产要素创新性配置和产业深度转型升级所催生的变革力量。以莱特兄弟"飞行者1号"短暂滞空12 s、飞行36 m为起点,从低空建立的飞行性能支撑了全球航空业120年的发展。当前,全球掀起低空经济发展浪潮,实质上是人类重新聚焦低空应用领域,依托数字化、绿色化、智能化等基础技术的突破,构建航空历史上又一个百年的全新技术体系与生产经营体系,从而推动航空产业的深度转型升级。然而,要在这一历史机遇中占据主动权,我国航空领域的发展仍面临多重挑战,需要在制造业支撑、通用航空发展和市场增长潜力等方面实现突破。

### 2.2.1    制造业支撑不足

我国民航机队以前主要依赖于引进的航空器,缺乏自主研发和制造的核心能力,导致航空技术体系的底层支撑不足。尽管航空器的运营逐步提高安全性与效率,但如果缺少自主航空器的技术架构、数据和算法的支撑,后续技术开发将面临困境。例如,基于航迹运行(TBO)的验证飞行需要航空器飞控计算机与地面空管自动化系统的互操作,但当前的技术体系和制造能力尚不能有效支撑这一发展。

全球通用航空市场主要由美欧主导,尤其是在高端喷气公务机和中重型直升机领域。我国在这一领域的市场份额相对较小,通用航空产业整体水平和制造能力仍处于较低状态。

### 2.2.2　通用航空发展滞后

在航空发达国家,通用航空机队规模、飞行员数量以及通用机场数量通常都远远超过运输航空。而我国的通用航空飞行密度仅为美国的 5%、欧洲的 10%,甚至不到全球陆地平均值的 1/3。

通用航空在我国的发展较为滞后,尽管我国在公路、铁路和水运的运营制造规模上处于全球领先地位,且运输航空的周转量连续 19 年位居全球第二,但通用航空的市场规模、运营能力和产业链支持仍显不足。我国的通用航空机队全球排名未进入前十,存在巨大的增长空间。

### 2.2.3　增长空间较大

从通用航空 GDP 占比、航空运输与通用航空的内在结构,以及我国与其他国家交通运输领域的比较来看,我国的通用航空仍然存在数倍于现有规模的增长空间。这表明,如果能够解决制造业支撑不足和市场发展的滞后问题,我国通用航空有潜力成为航空产业的重要组成部分,并带动相关产业的发展。

## 2.3　低空经济五要素

低空经济作为新兴产业,正在深刻影响物流、农业、旅游等多个领域,带来了前所未有的发展机遇和挑战。其发展不仅依赖于广阔的市场潜力和创新应用场景,还需要空域管理、技术创新、法规保障和安全机制等多方面的支撑。低空经济的场景贯穿于各个行业,推动了新的商业模式的发展和社会效益的增长,提升了国防、交通等领域的能力。同时,无人机等技术的成熟为行业带来了智能化解决方案。空域的确权和流转、法规的完善及安全保障是推动低空经济可持续发展的关键因素。通过这些要素的协同作用,低空经济正为社会和经济发展注入新的动力。

### 2.3.1  应用为根本

在低空经济的发展体系中,低空经济的应用贯穿于经济和社会的各个方面,是推动低空经济发展的根本要素,是飞行器要解决什么样的问题。

从市场层面来看,低空经济蕴含着万亿级的市场空间,这一广阔的市场潜力需要通过实际场景来挖掘和实现。粤港澳大湾区数字经济研究院(IDEA)发布的《低空经济白皮书》显示,到 2025 年低空经济对我国国民经济的贡献值将达 3 万亿元至 5 万亿元。例如,在物流领域,低空经济中的无人机配送等应用,能够极大地提高物流效率,降低成本,创造新的商业模式和市场需求。这不仅带动了相关产业的发展,还孕育了众多新兴产业,为经济增长注入了新的活力。

在社会效益方面,低空经济的场景应用对增强国防及交通运输力量、提供消费新场景等起到了关键作用。以无人机产业为例,作为我国"十四五"期间的战略性新兴产业,它是低空经济发展的重要引擎。在国防领域,低空飞行器的应用为国防科技事业提供了新的发展平台,助力军事力量逐步迈向现代化。在交通运输方面,低空交通的发展可以提升我国交通运输能力,为经济社会发展提供支撑和保障。同时,在物流运输、文化旅游、农林植保、应急救援、巡检测绘等方面,低空经济创造了更多的消费场景,吸引了更多的投资和人才,推动了城市发展和区域融合。

从应用领域的实际探索来看,目前低空经济在物流、农业、旅游等领域已经展开了商业化尝试。在农业领域,低空经济的应用助力智慧农业发展,通过无人机喷洒农药、施肥、监测农作物生长等,提高了农业生产的效率和质量,有利于农业的可持续发展;在旅游领域,低空旅游项目的开展开拓了低空消费新业态,为游客提供了全新的旅游体验;在巡检领域,低空飞行器整合巡检服务,能够快速、高效地完成电力、石油管道等的巡检工作,提高了巡检的准确性和及时性;在消防领域,低空经济打通了消防安全的"空中通道",利用无人机进行火灾预警、救援物资投送等,提升了消防救援的能力和效率。

### 2.3.2  空域为关键

在低空经济的发展格局中,空域无疑是最为关键的要素,是飞行器活动的场所。低空空域通常是指距正下方地面垂直距离在 1 000 m 以内的空域,根据不同地区的特点和实际需求,这一范围有时可延伸至 3 000 m。低空经济正是依托于这片特定的低空空域,以各种航空器(如 eVTOL、直升机、小型飞机、热气球以及各式各样的无人机等)的飞行活动为驱动力,带动相关领域实现深度融合与协同发展,形成一种综合性的经济形态。从要素层面深入剖析,探索并创设低空空域使用权,是推动低空经济发展的关键之举。这一举措能够促使低空空域实现从单纯的自然资源向可量化、可定标、可分层、可权益化、可资本化的生产要素转变,通过对低空空域进行深度的确权、开发、流转和利用,将释放出巨大的经济价值和社会价值,为新经济的持续蓬勃发展注入源源不断的强劲动力。

### 2.3.3　技术为核心

技术是低空经济的核心组成,发挥着关键的支持和推动作用。技术为低空经济提供快捷、高效、安全的飞行器,没有核心技术就不能提供安全、快捷、方便的飞行器。飞行器的设计、高端制造、精密制造,融入前沿的机械、电子信息、通信、芯片、控制、能源、新材料等技术,对我们传统行业的转型升级、高质量发展起到倒逼作用,促使我国制造业全面提档升级。

飞行器的广泛应用不仅涉及基础设施建设和产业链的连接,还促进了智能制造、大数据和云计算等先进技术的创新和发展。通过这些技术,无人机在各个领域的应用得以拓展,推动了低空经济的可持续发展,并为新的商业模式和市场需求创造了可能,助力了经济的高质量发展。

### 2.3.4　法规为保障

通过明确的法律规章制度,人们可以清晰地知道哪些行为是合法的,哪些行为是违法的,从而规范自己的行为,避免触犯法律,这是对社会行为的约束,对权益的保护。低空经济相关的权益需要法律法规的约束和保护。通过中央经济工作会议和《政府工作报告》的明确定位,低空经济被赋予了重要的政策支持和发展目标。《无人驾驶航空器飞行管理暂行条例》等一系列法规的出台,为行业提供了法律依据,标志着低空经济进入"有法可依"的规范化发展新阶段。这些法规科学划分空域并明确使用规则,大幅提升了空域资源的利用效率,例如通过《国家空域基础分类方法》扩展了空域使用范围,1 000～3 000 m 的多层次发展需求得以满足。同时,法规有效推动了中央与地方、军地之间以及政府与企业间的协同合作,形成了"低空经济＋"的新型生产关系,促进了更高质量的供给和服务能力。

此外,法规的保障作用还体现在企业监管体系的构建上。例如,运营管理平台在法规的指导下,通过航路管理、计划管理、统计分析等模块的功能集成,全面提升了低空飞行活动的安全性和可视化管理水平。这种一体化监管模式解决了低空飞行活动的管理难题,实现了企业与政府的高效协作,为低空经济的持续发展奠定了坚实基础。通过完善法规体系,低空经济不仅实现了有序规范,还迈向了高效、可持续发展的未来。

### 2.3.5　安全为底线

安全问题自人类社会诞生之初就一直存在，随着社会的进步和科技的发展，安全的定义和内涵不断演变。从最早的生存安全，到现代社会的交通安全、信息安全，再到如今的航空和低空经济安全，安全始终是社会发展的底线。

在谈论低空经济的安全时，可以参考航空领域的安全现状。根据国际航空运输协会（IATA）的统计数据，全球航空死亡率逐年下降，2019 年全球商用航空的死亡率为每百万次飞行中仅有 0.13 起致命事故，这一数字相较于传统道路交通的死亡率显得极低。世界卫生组织（WHO）的数据显示，2019 年全球因道路交通事故死亡人数达到 137 万人，死亡率为每 10 万人中有 18 人，而航空死亡率远低于这一水平。这一对比表明，航空行业已经在安全保障方面取得了显著进展，并且其死亡率远低于其他交通方式，证明了航空业的安全性。

低空经济发展，安全是底线，要加强安全意识教育，参考道路交通和航空交通安全的一些做法。最为重要的是航空器设计、制造、使用要有安全意识，全生命周期贯穿适航文化。低空经济的安全性可以通过技术创新，强化空域管理和飞行器技术要求，确保其安全性高于现有的航空和地面交通。例如，技术进步使低空飞行器技术成熟，业务场景丰富，安全性能提升，无人机载重和续航突破，为低空经济提供可靠载体。空域管理上，加强交通管制与流量管理，规范飞行行为路径，制定限制规定，保障航空器安全运行。信息安全方面，通信与导航需强化无人机与地面站通信安全，防止窃听干扰，确保导航可靠；数据安全要保护活动数据，防止泄露窃取，加强存储传输管理。通过严格的技术要求和完善的监管体系，低空经济可以在保障社会安全的同时，实现自身的可持续发展。这要求行业发展者及普通民众都能树立低空安全意识，增强对低空安全的信心，确保低空安全始终成为行业发展的"底线"。

## 2.4　低空经济角色划分

低空经济的兴起，不仅需要产业主体通过市场需求拉动创新链条，还需要民众适应新的生产工具。同时，政府也在其中扮演着至关重要的角色，通过政策引导、资源配置以及制度保障为整个产业的发展提供良好的生态环境。三方之间的高效联动，不仅能够加速技术与产业化的结合，还能形成推动行业发展的持续动力。

在低空经济的角色划分中,清晰界定各参与主体的职责与定位,并通过协同机制将各方优势整合起来,能够避免资源的低效配置,提升行业整体的发展效率。例如,政府需要着重提供制度保障与政策支持,企业需要聚焦市场应用与技术落地,民众需要接受和适应新的技术与服务。三者之间相互补充、共同作用,才能推动低空经济实现快速且可持续的发展。三者的关系如图 2-1 所示。

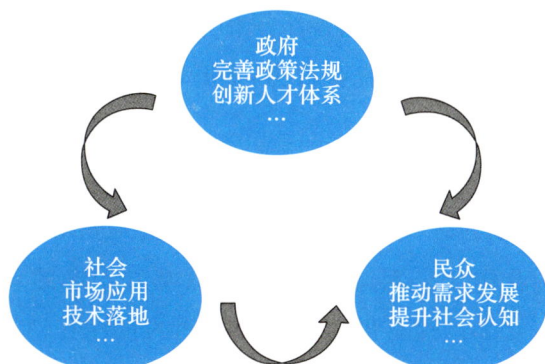

**图 2-1 低空经济角色划分关系图**

### 2.4.1 政府角色

政府在低空经济中的角色是引领和规范。在这一领域,政府的首要任务是统筹规划、制定政策,并通过管理和监管确保低空经济的可持续发展。具体而言,政府角色主要体现在以下几个方面。

#### 1.政策引导与法规制定

政府需要根据低空经济的发展需求,制定相关政策和完善法律框架。例如,2010 年,国务院、中央军委印发《关于深化我国低空空域管理改革的意见》,强调低空空域改革的重大意义,提出深化低空空域管理改革的总体思路,明确深化低空空域管理改革的任务措施。2023 年,《中华人民共和国空域管理条例(征求意见稿)》[简称《空域管理条例(征求意见稿)》]公开征求意见,《国家空域基础分类方法》印发并实施,《无人驾驶航空器飞行管理暂行条例》印发并自 2024 年 1 月 1 日起施行,一系列配套规定集中发布,国家民用无人驾驶航空器综合管理平台投入使用,为行业发展提供了法律依据。

#### 2.低空司的设立与监管

为了专门管理低空经济,政府通常需要成立专门的管理机构,2024 年 12 月 25 日,国家发展和改革委员会牵头交通、民航、工信、公安等部门,宣布低空经济发展司(简称"低空司")正式挂牌成立,这是我国低空经济发展的里程碑,对低空经济各领域发展意义深远。该机构重在强化顶层设计,统筹空域规划、航空器适航、低空监管及基础设施建设等多领域,协调各方资源,为低空经济锚定清晰航向。

在产业协同方面,低空司整合产业链资源,促使上下游紧密协作,攥指成拳提升竞争力;聚焦技术创新与产业升级,培育低空经济新增长点,驱动产业向高端迈进。在行业规范方面,低空司着手完善法规标准,为飞行器安全运行、产业健康发展筑牢根基;强化市场监管,规范企业行为,提升准入门槛,严打非法飞行,净化市场环境,护航合法经营。

在区域发展方面,成立低空司,可以根据各地区的资源禀赋、产业基础和市场需求等情况,制定针对性的区域发展规划,推动低空经济在各地的均衡发展。可以协调各地区之间的合作与交流,推动跨区域的基础设施建设、技术创新和产业升级等方面的合作与发展。这有助于形成区域间的良性互动和协同发展格局。

在国际交流方面,成立低空司,可以加强与国际民航组织、国际航空运输协会等国际组织的合作与交流,借鉴其先进经验和技术标准,推动我国低空经济与国际接轨。可以加强与其他国家在技术研发、市场开拓、人才培养等方面的合作与交流,共同推动低空经济的全球化发展。

### 3. 产业扶持和人才培养

政府可以通过支持政策、财政补贴等措施,激励企业和创新者参与低空经济的建设。同时,政府还可以为相关产业提供研发资金,促进新技术、新产品的问世。深圳 2023 年 12 月发布《深圳经济特区低空经济产业促进条例》,加强对低空经济产业发展工作的领导,将低空经济产业发展纳入本市国民经济和社会发展规划,建立低空经济产业发展协调机制,统筹低空经济产业发展,协调推进产业发展中的重大事项。2024 年以来,北京、上海、山东、安徽、广东、山西、四川等省市均发布低空经济规划和支持政策。

同时,重视低空经济人才生态培育,通过推动教育资源向该领域倾斜,促进产学研深度融合。鼓励高校设立航空、无人机等相关学科,培养飞行器设计、制造、操作及管理的复合型人才,以及行业管理与政策研究人才;推动职业培训机构开展无人机操控、设备维护等多层次技能培训与认证项目,提升从业人员技能。

### 4. 基础设施建设

低空经济的发展离不开相应的基础设施支持。政府应推动低空空域的规划与管理,建设通用机场、起降设施等关键基础设施。2024 年以来,北京、上海、杭州、安徽、河南等省市已相继发布实施方案,重点提及低空经济各环节的建设目标,如建设通用机场、起降点等设施,为低空经济的发展提供可靠的基础保障。

### 2.4.2　企业角色

企业在低空经济中负责核心的产品制造和技术创新。低空经济涉及多种技术,包括无人机制造、低空航空器的研发、导航与通信技术等。企业的主要角色包括以下几个方面。

#### 1.技术研发与创新

企业需要不断进行技术突破与创新,尤其是在无人机、低空航空器的设计与制造方面。例如,无人机的续航能力、飞行稳定性以及智能化程度,都是企业需要不断攻关的技术难题。企业还需开发和完善与低空经济相关的技术,如低空飞行管理系统、自动化控制系统等,以提高整个系统的综合效能。

#### 2.产品制造与市场推广

企业不仅要做好产品,还要将技术成果转化为产品,并将其推广到市场。这一过程涉及多个环节。一是确保产品的高质量生产,满足市场需求。企业需要建立完善的生产体系,确保生产过程中的技术标准和质量控制。二是对于低空经济中的产品,尤其是无人机和航空器,质量控制至关重要,任何瑕疵都可能影响飞行安全和市场信誉。三是企业需要建立有效的销售渠道,以确保产品能够快速覆盖目标市场。销售网络的建设包括合作伙伴的选择、分销渠道的拓展以及与客户的沟通和反馈机制。四是为客户提供全方位的售后服务,包括产品的维修、技术支持和升级等,以增强客户的使用体验和品牌忠诚度。

#### 3.生态链建设

低空经济并非单一产业,而是由多个相互依赖的产业组成的。企业需要在产品开发的同时,积极参与产业生态链的建设。具体包括以下几个方面。

1)产业上中下游协同创新。企业需要与供应商、合作伙伴等共同推动技术创新和产品优化。比如:上游产业提供核心部件、关键技术及原材料;中游产业完成飞行器的系统设计、集成制造及基础设施保障;下游产业进行飞行器场景应用、维修、保险售后等。

2)生态平台建设。企业应考虑建设或参与低空经济相关的生态平台,例如提供低空飞行数据处理与分析的云平台,开发支持低空飞行器操作的操作系统,等等。这些平台能够为行业参与者提供数据服务和技术支持,从而形成一个健康的产业生态圈。

3)跨行业合作。低空经济不仅局限于航空领域,还涉及通信、能源、数据分析等行业。企业需要在这些领域寻求合作,形成跨行业的协作机制,以实现资源共享和技术互通。

### 2.4.3 民众角色

在低空经济中,民众的角色不仅限于技术的使用,更涉及适应新兴产业带来的变革和推动社会对这些变化的接受,特别是思想意识的转变。低空经济是三维空间产生的经济活动,是新事物,存在部分民众难以快速接受的问题。同时,随着低空经济的逐步发展,民众的角色将逐渐从传统的技术消费者转变为主动的推动者和参与者。

#### 1.民众认知与学习

低空经济的相关技术和服务涉及许多人未曾接触过的新兴领域,因此民众的理解和接受至关重要。为了更好地融入这一产业,民众需要不断学习和掌握相关知识,这不仅仅是对技术的基本认知,还包括对低空经济潜力及其应用的全面理解。民众应当意识到低空经济给各行各业带来的深刻变革,以及其可能对日常生活、工作方式甚至社会结构产生的影响。与此同时,民众对低空经济的接受度也直接关系到这一产业的推广和普及。对于无人机飞行器的安全隐患、隐私泄露风险、空中噪声污染等潜在问题,民众的认知和理解将直接影响社会对这些技术的接受程度。民众的认同不仅是技术推广的前提,也为低空经济的发展营造了更为宽松的社会环境。因此,民众在不断学习的过程中,也在积极促进社会对低空经济的认知和接纳,为行业的健康发展奠定基础。

#### 2.适应新技术与工具的使用

低空经济的发展引入了无人机、空中出行等全新的技术工具。为了有效利用这些新兴工具,民众必须打破传统的使用模式,并逐步改变自己固有的思维方式。无人机配送、空中出行等技术的出现,不仅改变了物流和交通的模式,也给民众的生活带来了前所未有的便利。随着技术的不断成熟,民众对这些工具的使用和理解也将不断深化,从而适应更加智能化、自动化的生活方式。

#### 3.推动需求发展

随着民众对低空经济的技术和服务有了更深入的了解和接受,市场需求也在不断增长。例如,民众对无人机配送、低空旅游等新兴服务的需求增加,直接推动了相关行业的发展。这种需求不仅促使企业创新和提升服务质量,也推动了整个行业的繁荣与成熟。民众的需求与市场的发展密切相连,他们的兴趣和消费倾向为低空经济的发展提供了源源不断的动力。在这个过程中,民众不仅是技术的使用者,还是推动产业升级和市场扩展的重要力量。

【参考文献】

[1] 汪文正.首次写入政府工作报告:"低空经济"加速起飞[N].人民日报海外版,2024 - 04 - 02(11).

[2] 宋志勇.高质量发展通用航空和低空经济[N].学习时报,2025 - 01 - 03(1).

[3] 吕人力.低空经济的背景、内涵与全球格局[J].人民论坛·学术前沿,2024(15):45 - 56.

[4] 钟成林,胡雪萍.低空经济高质量发展的新质生产力逻辑与提升路径[J].深圳大学学报(人文社会科学版),2024,41(5):84 - 93.

[5] 陈晹,余策,吴桐水,等.2024 低空经济场景白皮书[R].成都:中国航空学会,2024.

[6] 刘泉,陈瑶瑶,洪晓苇,等.面向无人机的城市低空空域规划的国际经验[J].城市规划学刊,2024(5):64 - 70.

[7] 张旭.低空空域开发现状与低空经济发展策略[J].中国航务周刊,2024(13):57 - 59.

[8] 王雪影,高国柱,古利兰,等.促进我国低空经济发展的法规体系研究[J].信息通信技术与政策,2024(11):48 - 53.

"要围绕发展新质生产力布局产业链,提升产业链供应链韧性和安全水平"——习近平

# 低空经济产业链 /3第章

低空经济作为新兴产业,正以其独特的技术优势和应用潜力,引领着全球经济新趋势。在国家政策的引导和技术突破的支持下,低空经济已逐步从概念走向市场,逐渐形成了涵盖无人机、eVTOL、电动航空器等多领域的产业链。然而,低空经济的产业链尚处于发展初期,各环节的协同与优化仍面临诸多挑战。产业链的建设需要突破上游技术研发的瓶颈,加强中游制造与基础设施建设,市场化推动下游应用场景的拓展。产业链各个环节的紧密协作、资源共享和技术创新将直接影响低空经济的快速发展与可持续增长。

## 3.1 低空经济产业链的组成

产业链的结构决定了各环节之间的互动和依赖性,形成了一个高度互动的网络。各环节通过信息交流、技术传播和资源流动紧密联系,共同推动产业的发展。将低空经济产业链进行拆解,可分为低空经济上游、低空经济中游、低空经济下

游,见表 3－1。上游包括核心原材料及元器件,中游包括整机制造、基础设施建设和运营管理平台,下游则为应用场景开发、市场拓展。在这个过程中,每个环节的有效协同与资源的高效利用,对于产业链的顺畅运行至关重要。上游环节的资源保障为中游的生产制造提供了必需的基础,中游负责将这些资源转化为市场上可供消费的产品和服务。下游环节则通过实际应用将产品与服务转化为社会价值和经济收益,进一步推动产业链的持续扩展。全球无人机市场预计在 2025 年从 2021 年的 226 亿美元增长至 430 亿美元,年均增长率为 16.5％,这一增速反映了产业链各环节的协同作用和推动力。

**表 3－1  低空经济产业链**

| 低空经济上游 | 低空经济中游 | 低空经济下游 |
| --- | --- | --- |
| 核心原材料及元器件 | 无人机整机制造<br>基础设施建设<br>运营管理平台 | 应用场景开发<br>市场拓展 |

产业链上游主要是提供无人机整机制造所需的核心原材料与元器件,包括航空发动机、智能芯片、飞控系统、轻质金属材料、复合材料、高性能电机、传感器、电池等关键部件。这些核心原材料及元器件,为中游的飞行器设计与制造、基础设计建设、地面平台开发提供软硬件支撑,促进低空技术不断发展,为低空经济中、下游提供了强有力的保障。

产业链中游是将上游提供的资源转化为低空产品,包括无人机整机的制造、基础设施的建设以及地面平台的开发等。这一阶段是支撑低空经济发展的关键一环,直接承载人工智能、第五代移动通信(5G)、物联网、大数据等前沿技术,是前沿技术转化为经济发展的重要途径。

产业链下游是低空场景开发,将低空产品与服务应用于各类行业,推动技术的商业化和社会价值的实现。产业链下游涉及城市空间交通、农业、物流、巡检、应急、救援等多个领域,是低空经济产业的根本。

产业链的上、中、下游环节紧密相连,形成了一个互为依托、协同发展的整体。上游的创新为中游的生产制造提供了基础保障,而中游的技术集成与系统开发则为下游的应用提供了支持。每个环节的技术进步、资源流动与市场需求共同作用,推动了整个产业链的良性循环和持续发展。随着技术的不断突破和市场需求的日益增加,低空经济产业链的各个环节将进一步深化,产业将迎来更多的创新与发展机遇。

低空经济产业链的不断优化和完善,不仅提升了产业的技术能力和市场竞争力,也为全球经济的数字化转型和智能化升级提供了新的动力。随着全球市场对低空经济需求的持续增长,产业链各环节的协同效应将为行业带来更广阔的发展前景,推动低空经济迈向更加高效和可持续的未来。

### 3.1.1 低空经济上游

低空经济的上游部分为低空产业链的基础支撑,为低空飞行器的制造提供了必需的物质基础,还为产业链的后续发展提供了技术保障,确保了低空经济的顺利运作,如图 3-1 所示。

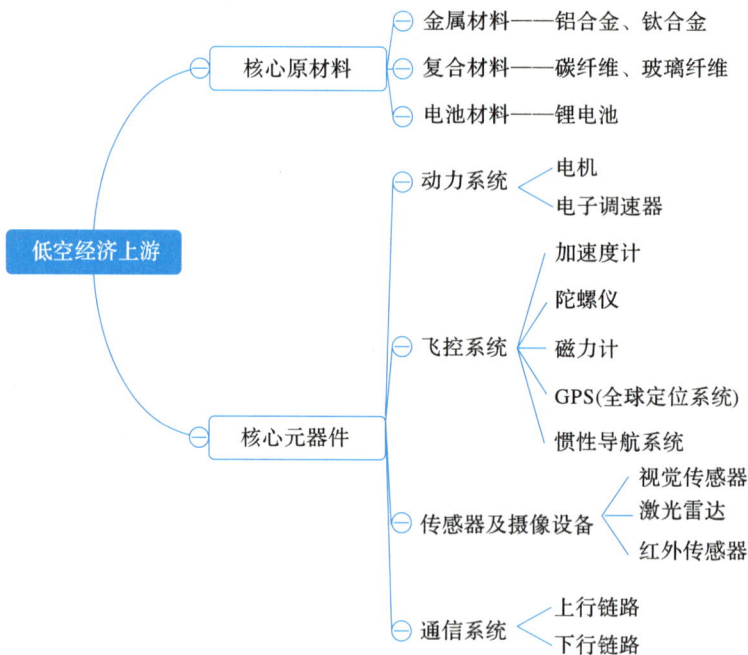

图 3-1 低空经济上游

#### 1. 核心原材料

原材料供应是低空经济上游的核心基础,直接决定了飞行器的制造成本、性能和使用寿命。低空飞行器的设计和制造需要大量特种材料,这些材料具有高强度、轻质量、耐腐蚀性及高热稳定性等特征,能够确保飞行器在复杂环境中的长期可靠运行。主要的原材料包括金属材料、复合材料、电子材料、机身碳纤维材料及电池材料。每种材料的选择与使用,均受到飞行器性能需求的影响。

(1)金属材料

金属材料,尤其是铝合金和钛合金,是无人机机体结构的基础材料。铝合金因具有轻质、良好的加工性能及较高的强度等优点,故在飞行器的框架和机体中得到广泛应用。而钛合金则因其优异的强度与耐腐蚀性,通常被应用于无人机的关键部件,如发动机部件和飞行器结构连接部件。根据中国航空工业集团的数据,铝合金和钛合金在高性能无人机中的应用比例为 60%~70%,其高强度和抗腐蚀特性使得这些材料成为现代无人机的重要组成部分。

(2)复合材料

在复合材料中,碳纤维和玻璃纤维材料近年来在无人机制造中的应用日益增多。与金属材料相比,复合材料的密度较低,强度较高,因此能有效降低飞行器的整体重量,同时保证飞行器的高抗压强度。威海光威复合材料股份有限公司(简称"光威复材")和中复神鹰碳纤维股份有限公司等在这一领域具有重要地位,其生产的碳纤维材料被广泛应用于无人机的外壳和结构框架中,有助于提高飞行器的飞行效能与安全性。根据光威复材的研究报告,碳纤维复合材料的强度是普通铝合金的 2~3 倍,且质量仅为铝合金的 1/3,这使得其成为高端无人机的理想材料。碳纤维因具备优异的力学性能,满足轻量化、耐腐蚀性、可设计性强的需求,成为低空飞行器机身材料的主流。美国、日本等碳纤维技术强国持续巩固其领先地位,而中国在政策扶持与市场需求驱动下正加速追赶,通过产业链协同创新与政策扶持,逐步减少对进口的依赖,力争在全球碳纤维市场中占据一席之地。目前,部分国内企业通过持续研发与技术突破,实现了对关键生产环节的掌控,已经开始小批量供货。

(3)电池材料

电池材料的创新同样对低空经济的发展至关重要,特别是锂电池技术的进步,使得无人机的续航能力得到了显著提升。据宁德时代新能源科技股份有限公司(简称"宁德时代")提供的数据,其研发的锂电池能量密度已超过 200 W·h/kg,使得电动无人机的续航时间比传统电池高了近 30%。在动力电池领域,国内企业已占据领先地位,固态电池或成未来主流技术路线。业内专家指出,电池环节预计将占到低空经济市场 15%~20% 的份额,随着低空经济的发展,电池行业将获得全新增量市场空间。根据国际能源署报告,新能源汽车积累的电池产业积淀将有效赋能低空飞行器。目前,国内多家电池企业正在积极布局低空领域,并与整机制造企业展开战略合作。低空经济的兴起对电池产业提出了更高的要求,同时也为电池技术的革新提供了新的动力。现有电池技术水平无法完全满足 eV-TOL 对于电池能量密度和功率密度的要求,在研的主流技术路线有锂电池和氢燃料电池两种,固态/半固态锂电池有望成为未来主流技术路线。

## 2.核心元器件

核心元器件是低空经济上游的另一个重要组成部分,直接影响无人机的性能、可靠性和任务执行能力。飞行器的核心元器件包括动力系统、飞行控制系统、传感器与摄像设备、通信系统等。这些元器件通过协同工作,确保无人机在各类复杂环境下的稳定飞行与智能化操作。随着技术的不断进步,这些元器件的性能日趋精细化和高效化,是低空经济发展的动力源泉。

### (1)动力系统

无人机动力系统作为飞行器的核心中枢,其性能直接决定了飞行效能、姿态稳定性和续航表现。该系统由三大核心模块构成:动力生成单元(电机)、能量调控单元[电子调速器(ESC)]以及推进执行单元,三者协同工作形成完整的动力输出闭环。

动力生成单元(电机)是整个动力系统的核心,其性能直接决定了无人机的动力输出水平。电机通过将电能转化为机械能,为无人机提供起飞推力和持续飞行的动力。现代无人机多采用无刷电机,这种电机具有高效率、高功率密度和长寿命的特点。无刷电机通过磁场的相互作用产生旋转力矩,能够在较小的体积和重量下输出强大的动力。此外,电机的选型和优化设计也至关重要,例如采用高性能的永磁材料和先进的绕组技术,可以进一步提高电机的效率和功率密度,从而在有限的电池容量下延长无人机的续航时间。

能量调控单元负责精确控制电机的转速和功率输出。ESC通过接收飞控系统的指令,精准调节电机的电流和电压,从而实现对无人机速度和姿态的精准控制。随着技术的不断进步,现代ESC具备了更高的控制精度和更快的响应速度。ESC可以有效减少电流波动,还能通过先进的算法优化电机的运行效率,降低能耗。此外,ESC的智能化设计使其能够实时监测电机的工作状态,如温度、电流等参数,一旦检测到异常情况,能够迅速采取保护措施,避免电机损坏,确保飞行安全。

推进执行单元是将电机的动力转化为实际飞行推力的关键部分,主要包括螺旋桨和相关的传动装置。螺旋桨的设计和选型对无人机的飞行性能有着至关重要的影响。高效的螺旋桨能够在较低的转速下产生更大的升力和推力,从而提高飞行效率和续航能力。现代无人机的螺旋桨多采用碳纤维或高强度复合材料制造,这些材料不仅具有轻量化的特点,还能提供高强度和高刚性,确保螺旋桨在高速旋转时的稳定性和耐用性。此外,推进执行单元的设计还需考虑气动效率,通过优化螺旋桨的桨叶形状和角度,能够进一步降低空气阻力,提高推进效率。

（2）飞行控制系统

飞行控制系统（FCS）是无人机智能化飞行的关键，其作用是通过实时采集飞行数据并进行计算，自动调整飞行器的姿态、速度及路径。飞控系统包含了多种传感器、微处理器和算法支持，是无人机能够执行复杂飞行任务的"智能"核心。

飞控系统的传感器包括加速度计、陀螺仪、磁力计等，这些传感器通过检测飞行器的三维运动状态，提供实时数据反馈，为飞控系统进行精准调控提供依据。近年来，随着微机电系统（MEMS）技术的进步，传感器的小型化、集成化和高精度已大幅提高，保障了无人机在复杂环境下的飞行精度。

随着全球定位系统（GPS）技术的广泛应用，飞行器能够实现精确的定点飞行。高精度的 GPS，结合惯性导航系统（INS）和视觉定位系统（VPS），使得无人机在信号不良的环境下仍能维持稳定的飞行。特别是在城市空中出行（UAM）等复杂环境中，精确的导航与定位对飞行器的安全性和可靠性至关重要。

（3）传感器与摄像设备

传感器与摄像设备在无人机的应用中起着至关重要的作用。它们负责采集飞行器周围的环境信息，并将数据实时传输至地面站或控制系统，以辅助飞行决策和任务执行。

视觉传感器是无人机进行图像识别、物体跟踪等任务的基础，广泛应用于安防、农业监测、环境勘察等领域。高分辨率的摄像头能够提供清晰、精准的图像数据，并通过图像处理算法实现自动化任务，如目标识别、自动导航等。

激光雷达技术能够提供高精度的三维地形数据，广泛应用于地形测绘、环境扫描等任务。与传统的光学成像不同，激光雷达可以在不同的光照条件下进行准确的测距和成像，适用于复杂地形和恶劣环境中。

红外传感器能够通过感知热量变化，帮助无人机在夜间或低能见度环境下执行任务。它在安防、应急救援、灾后评估等领域有着重要应用，能够在无光环境下实现精准的目标探测与追踪。

（4）通信系统

无人机的通信系统是确保飞行器能够与地面控制站、其他飞行器以及监控系统进行实时数据交换的关键。现代无人机的通信系统主要分为上行、下行两种链路。

上行链路是无人机通信系统中用于将地面控制站的指令传输到无人机的关键链路，主要负责发送遥控指令和飞行状态调整信息。它通常采用无线电（射频）遥控技术，具备跳频扩频功能，通过频繁改变信号频率来提高抗干扰能力，同时采用数据加密技术以防止数据被截获或篡改。根据工业与信息化部的规定，上行链路使用的频段为840.5～845 MHz。随着技术发展，上行链路还可能结合中继技术和量子计算等新兴技术，进一步提升通信的稳定性和实时性。

下行链路是无人机将飞行状态数据、传感器信息以及任务数据（如图像、视频）传输回地面控制站的关键链路。它需要足够的带宽来传输大量数据，通常采用高带宽的无线电信号传输，支持多种调制方式（如 QPSK、16 - QAM 等），以满足不同传输速率和可靠性要求。下行链路使用的频段为 1 430～1 446 MHz，同时具备抗干扰技术（如扩频、跳频、OFDM 等）和数据加密功能，以确保通信的稳定性和安全性。未来，下行链路可能结合激光通信、第六代移动通信（6G）技术以及无线组网技术，实现更高的传输速率和更广泛的覆盖范围。

### 3.1.2 低空经济中游

低空经济中游部分作为产业链的核心枢纽，不仅承载着技术的创新与研发，还连接着市场应用与行业需求的实际实现。随着无人机技术的不断成熟和产业化进程的推进，中游环节的作用越来越突出。无论是无人机的制造还是系统集成，这些环节都直接决定了低空经济的发展速度，并在多个行业中实现广泛应用。从物流、农业到城市空中交通和环境监测，低空经济的中游环节不仅支撑着现有市场需求，还在不断开拓新的应用场景，如图 3-2 所示。

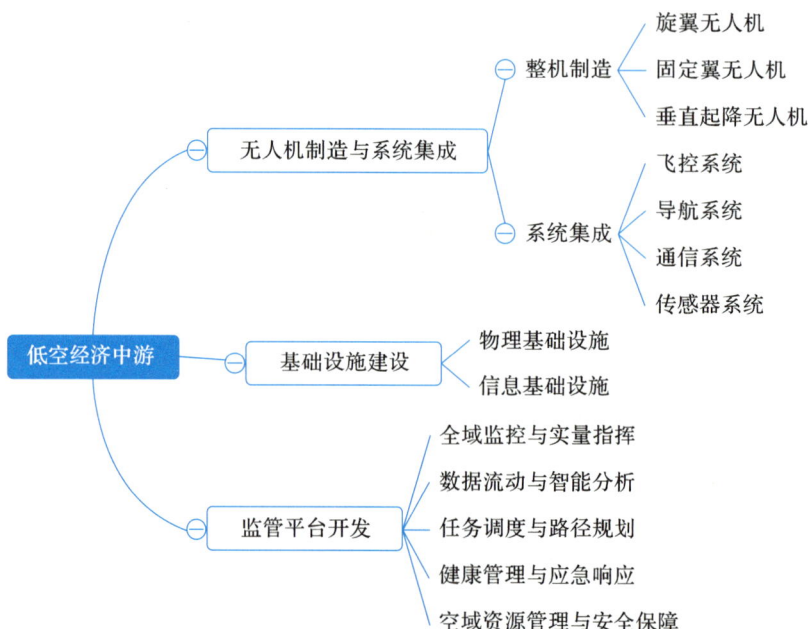

图 3-2 低空经济中游

### 1.无人机制造与系统集成

(1)无人机制造

整机制造是中游环节的核心部分,涵盖了多种类型飞行器的研发与生产,其中主要分为旋翼无人机、固定翼无人机和垂直起降无人机。

旋翼无人机通常也称为多旋翼无人机,是低空经济中应用最广泛的一类飞行器。其结构简单,操作灵活,适合近距离飞行,主要应用于航拍、农业喷洒、环境监测等场景。旋翼无人机由于其垂直起降的特点,在城市环境中具有较大的应用潜力,尤其是在城市空中配送、交通巡检等领域,能够提供高效、灵活的解决方案。随着智能化技术的发展,旋翼无人机不仅提升了飞行稳定性,还具备了自主飞行和避障能力,极大增强了其商业应用的可行性。

固定翼无人机主要适用于长时间、长距离的飞行任务,通常用于遥感、测绘、环境监测、农业管理等领域。与旋翼无人机相比,固定翼无人机的飞行速度更快、续航时间更长、适应范围更广。其主要优势在于高效的气动设计,能够完成大范围、高精度的数据采集工作,广泛应用于精准农业、气象监测、基础设施巡检等方面。随着技术的不断进步,固定翼无人机的负载能力和可靠性得到显著提升,能够满足更为复杂的任务需求。

垂直起降飞行器是未来低空经济的重要发展方向之一。这类飞行器结合了旋翼和固定翼的优势,能够在不需要跑道的情况下垂直起降,并能在空中像固定翼飞行器一样高速飞行。其电动驱动系统使其具有更低的噪声和更少的碳排放,成为解决城市空中出行、交通拥堵等问题的理想方案。随着技术突破和商业化进程的加速,电动垂直起降飞行器有望在城市空中交通、货物运输等多个领域获得广泛应用。国内外公司如广州亿航智能技术有限公司、Vertical Aerospace 等在这一领域开展技术研发和推出产品,推动了电动垂直起降飞行器的快速发展,带来了革命性的空中出行解决方案。

飞行器制造过程涉及多个关键环节,包括设计、材料选择、制造工艺、装配和测试等。先进的制造技术,如增材制造(3D 打印)、自动化装配线和智能制造系统,得到了应用,大大提升了生产效率和产品质量。同时,轻量化和高强度材料的应用,如碳纤维复合材料和铝合金,也显著提升了飞行器的性能和耐用性。此外,环保型制造工艺的采用,有助于减少生产过程中的碳足迹,符合可持续发展的要求。

以深圳市大疆创新科技有限公司(简称"大疆")为例,其在无人机制造领域的技术突破成为全球市场竞争力的标杆。大疆的飞控系统采用先进的自适应控制算法，使得无人机能够在极端天气和复杂环境中稳定飞行。这不仅满足了传统航拍的需求，还广泛应用于工业巡检、农业喷洒等领域，显著提升了无人机的使用价值。此外，大疆还在航拍、环境监测和娱乐等领域推出了针对性强的产品系列，通过系统集成打破了行业应用壁垒，推动了无人机技术的全面普及。

（2）系统集成

在飞行器制造的基础上，系统集成负责将各个子系统有机结合，确保飞行器的各项功能协同高效运行。系统集成主要包括飞行控制系统、导航系统、通信系统和传感器等的集成。这些子系统的高效协同是实现飞行器稳定、安全和智能化飞行的基础。飞行控制系统作为飞行器的"大脑"，负责飞行姿态的调节、速度控制和航向保持；导航系统通过 GPS、惯性导航系统（INS）等技术，提供精确的定位和航迹信息；通信系统则确保飞行器与地面控制中心及其他飞行器之间的信息畅通；传感器系统通过雷达、光学传感器和红外传感器等设备，实时监测飞行环境和飞行器状态，为飞行控制系统提供必要的数据支持。

飞行控制系统的研发不仅要保证无人机在飞行中的稳定性，还需要通过与传感器系统的紧密配合，实现实时避障、航线规划等智能化功能。在这些技术的推动下，低空经济的应用场景不断拓展。无人机不再局限于传统的拍摄和娱乐功能，更多的行业开始借助无人机完成高效的任务管理与资源优化，如农业中的精准喷洒、物流行业中的智能配送等。

此外，系统集成过程中必须确保各子系统之间的兼容性和互操作性，这需要通过标准化接口、协议和数据格式的制定，实现不同系统间的无缝连接。冗余设计和故障容错机制的引入，也进一步提升了飞行器在复杂环境中的可靠性和安全性。随着技术的不断进步，系统集成也需要不断更新和优化，以适应飞行器制造的新需求和新挑战。

2.基础设施建设

基础设施建设为低空经济提供了硬件保障，主要包括飞行器的起降平台、充电设施、维修基地及通信导航服务等。根据《2023 年无人机产业发展白皮书》，目前中国的无人机基础设施市场年增长率约为 15%，预计到 2025 年，相关设施投资将突破 100 亿元人民币，成为支撑低空经济发展的重要组成部分。

（1）物理基础设施建设

我国低空经济发展的物理基础设施数量尚显不足，各地正在加速推进相关设施的建设。根据中国民用航空局发布的《全国民用运输机场布局规划》,预计到 2030 年,我国通用机场数量将达到 2 058 个,而截至 2023 年 12 月,已在册的通用机场数量为 454 个,存在 1 604 个通用机场的缺口。同时,低空飞行活动所需的起降点、飞行营地、飞行服务站、维修基地、通讯导航气象站、油库等基础设施建设仍处于初期阶段,难以完全满足低空经济的发展需求。为此,各地正在加快推进基础设施的建设。深圳市已建立了马峦山城市低空融合飞行保障基地,并规划了 30 多个低空飞行器起降平台;四川省则出台了《关于促进低空经济发展的指导意见》,支持加快通用机场及各类起降场建设,完善飞行器起降、备降、停放、能源补给等功能,并鼓励在商业区、公园等地建设无人机物流配送起降平台。

在低空经济的快速发展中,物理基础设施建设是支撑行业可持续发展的关键环节。低空经济的物理基础设施不仅包括机场、起降站等传统基础设施,还涵盖了飞行营地、应急保障站、维修基地、能源补给设施等多个组成部分。随着低空飞行活动的增多和技术的进步,对这些基础设施的需求愈加迫切。物理基础设施建设的完善,直接关系到低空经济的安全性、可操作性和经济效益。

通用机场是低空经济中最基础的物理设施之一,提供飞行器起降、停放、维护等服务,是低空飞行活动的核心平台。在通用机场的建设中,除了传统的飞行跑道、停机坪外,还需涵盖适应低空经济需求的功能,如低空飞行器起降点、飞行器能源补给站、紧急备降场、维修站等设施。同时,随着低空飞行活动的多样化和频繁化,提升机场的智能化、自动化水平,成为建设的核心方向。此外,随着低空飞行器的体积、重量、任务多样性的差异,各类起降设施和平台的建设也必须因地制宜。从城市屋顶、商业区到公园、农田等区域,低空飞行器的起降点和站点逐步向城市空间延伸,满足不同类型低空飞行器的操作需求。

飞行营地是支持低空经济发展的重要配套设施,主要为低空飞行器的日常运行、训练、保养等提供保障。随着低空飞行任务的多样化,飞行营地的功能不断扩展,不仅包括飞行器的停放、维护和检查,还涉及飞行员的训练、应急响应和数据存储等。飞行营地建设需要考虑到飞行器的日常维护、维修及紧急修复需求。每个飞行营地都应配备专业的维修基地和技术团队,确保飞行器在飞行前后的检查、修复及调试工作高效进行。此外,营地内应设有数据处理与存储中心,以便及时处理飞行器产生的大量飞行数据,确保数据安全并支持后续任务分析。随着低空经济的产业化进程加快,飞行营地逐渐向智能化、数字化发展。

在低空飞行活动中,特别是在执行应急救援、灾后重建等高风险任务时,飞行器的可用性和应急保障能力至关重要。应急保障设施的建设,旨在提高飞行器在遇到紧急状况时的快速响应能力,包括备用飞行器、应急能源补给站、应急维修与返航指引系统等。应急保障设施不仅仅限于飞行器本身,还包括对地面工作人员、运营管理人员的保障设施。需要配备先进的指挥与调度系统,确保应急事件发生时,地面平台可以高效调度飞行器,并提供准确的任务信息和应急响应指令。此外,应急保障设施应具备智能化的故障检测与应急处理能力,在飞行器出现故障或偏离预定轨迹时,平台能够迅速评估风险并启动预定的应急方案。

低空经济的快速发展对能源与后勤保障设施提出了更高要求。低空飞行器在执行任务,尤其是长时间飞行时,必须依赖高效的能源保障系统。随着电动无人机和混合动力无人机的普及,除了传统的燃料加注设施外,充电桩、能源补给站和电池更换设施也成为能源保障系统的重要组成部分。

此外,低空飞行的环境需求与技术要求对后勤保障提出了更多挑战。飞行器在执行任务时可能需要跨越较长距离,甚至需要在偏远地区执行任务。因此,建设完善的后勤保障系统,包括运输、仓储、维修等功能,是支撑低空飞行长期运行的必要条件。

地面物理基础设施是低空经济活动的核心支撑,构建起了低空经济的"设施网"。许多企业已经开始涉足低空经济基础设施建设,如广州航新航空科技股份有限公司、广州海格通信集团股份有限公司、航天宏图信息技术股份有限公司、深圳市城市交通规划设计研究中心股份有限公司等公司专注于低空基础设施的技术与服务,威海广泰空港设备股份有限公司、中国国际海运集装箱(集团)股份有限公司、广电运通国际货运代理有限责任公司等则在机场设备制造方面具有竞争力。各类建设企业如中国航空集团有限公司、中化岩土集团股份有限公司、西北民航机场建设集团有限责任公司、上海城建(集团)有限公司、北京金港建设股份有限公司等,也在不断推动相关项目的实施,支持低空经济基础设施的完善。

(2)信息基础设施建设

我国在低空经济发展的信息基础设施建设上,始终秉持"适度超前"的原则,尤其在5G网络建设领域,取得了显著的国际领先地位。当前,我国已建成全球规模最大、技术最先进的5G网络,覆盖了所有地级市和县城城区。根据工业和信息化部的数据,截至2024年10月底,我国累计建设了414.1万个5G基站,每万人拥有5G基站数量达到29个。5G标准已经进入增强阶段,5G增强技术作为5G

的进阶版,凭借其超高速率、超大连接数、超低时延等核心特性,为低空经济的多个领域提供了强大的技术支持。

5G 增强技术在无人机远程实时操控、高清视频回传及低空交通管理的数字化、智能化方面展现出了巨大潜力。其全天候、无死角、高精度、低成本的优势,使其成为构建低空全域连续监测网络的重要支撑。在 2024 数字低空大会上,三大运营商均表示已在低空信息通信网络方面进行布局。中国移动基于 4.9 GHz 频段开展技术攻关,着重研究单站 A 发 A 收模式,并面向 6G 演进进行多维协同网络研究。中国联合网络通信集团有限公司(简称"中国联通")则通过调整现有地面网络参数,搭建 5G 对空专网,实现与卫星互联网的衔接,提出覆盖 300 m 以下及 300~1 000 m 低空的两种策略。而中国电信集团有限公司(简称"中国电信")则制定了两阶段发展策略,先利用现有的 5G 基站调整参数,实现低空通信覆盖,再通过毫米波技术实现低空监测功能的提升。

除了 5G 网络建设,低空飞行器的导航与通信也依赖于精准的卫星与惯性导航系统。在卫星导航技术方面,我国的产业链已趋于完备,2022 年与卫星导航技术相关的核心产值达到 1 527 亿元人民币。低空飞行器通常依赖卫星+惯性组合导航系统进行实时高精度定位,保证飞行安全与任务执行的精确性。然而,尽管国内厂商的技术在逐步提高,并且部分国产 IMU 的 MEMS 芯片技术已接近国际水准,但市场上的高精度惯性测量单元(IMU)仍由博世、意法半导体等国际厂商主导。

铁塔作为通信网络的支撑设施,不仅在 5G 基站的建设中发挥关键作用,也为低空经济提供了稳定的通信保障。铁塔在提高网络覆盖率、降低建设成本及提高网络稳定性方面具有重要作用,尤其是在低空通信网络的布局中,通过将铁塔与 5G 基站结合,能够有效提升低空飞行器与地面指挥系统之间的通信质量,为低空飞行提供更加精准的实时数据支持。目前,我国在铁塔基础设施的建设上已取得显著进展。中国铁塔股份有限公司(简称"铁塔公司")在全国范围内布局了大量的铁塔资源,为通信网络的覆盖和建设提供了坚实的基础。通过优化铁塔资源,推动低空经济信息基础设施的高效建设,铁塔公司正在成为低空飞行信息网络的关键节点之一,促进低空经济的智能化、数字化发展。

在未来,随着低空经济的不断发展,信息基础设施将成为支撑整个行业的核心要素。5G 增强技术的广泛应用、卫星与惯性导航系统的结合,以及铁塔基础设施的优化,将共同推动低空经济的飞速发展,为无人机操作、物流配送、空中交通管理等领域提供强有力的技术保障。

我国部分低空基础设施建设企业见表3-2。

**表3-2 我国部分基础设施建设企业**

| | 公司名称 | 登记状态 | 企业规模 | 所属省市 | 公司类型 | 国标行业大类 |
|---|---|---|---|---|---|---|
| 低空基础设施领域企业 | 广州航新航空科技股份有限公司 | 存续 | 大型 | 广东省广州市 | 其他股份有限公司（上市） | 软件和信息技术服务业 |
| | 广州海格通信集团股份有限公司 | 存续 | 大型 | 广东省广州市 | 股份有限公司（上市、国有控股） | 研究和试验发展 |
| | 成都交通投资集团有限公司 | 存续 | 大型 | 四川省成都市 | 有限责任公司（国有控股） | 商务服务业 |
| | 航天宏图信息技术股份有限公司 | 存续 | 大型 | 北京市 | 其他股份有限公司（上市） | 软件和信息技术服务业 |
| | 深圳市深城交低空运营有限公司 | 存续 | 小型 | 广东省深圳市 | 有限责任公司（自然人投资或控股的法人独资） | 专业技术服务业 |
| 机场建设领域企业 | 中国民航机场建设集团有限公司 | 存续 | 小型 | 北京市 | 有限责任公司（国有控股） | 航空运输业 |
| | 中化岩土集团股份有限公司 | 存续 | 大型 | 北京市 | 股份有限公司（上市、自然人投资或控股） | 房屋建筑业 |
| | 西北民航机场建设集团有限责任公司 | 存续 | 中型 | 陕西省西安市 | 有限责任公司（非自然人投资或控股的法人独资） | 航空运输业 |
| | 上海城建（集团）有限公司 | 存续 | 小型 | 上海市 | 有限责任公司（国有独资） | 建筑装饰、装修和其他建筑业 |
| | 北京金港建设股份有限公司 | 存续 | 大型 | 北京市 | 其他股份有限公司（非上市） | 房屋建筑业 |
| | 中铁航空港建设有限公司 | 存续 | 大型 | 北京市 | 有限责任公司（法人独资） | 土木工程建筑业 |
| | 安徽民航机场集团有限公司 | 存续 | 小型 | 安徽省合肥市 | 其他有限责任公司 | 航空运输业 |

截至2024年底，全国已有多个地区针对基础设施建设采取行动。

(1)四川省

2024年9月10日，西部地区空中交通管理协调委员会召开成都淮州机场军民航空域协同会，批准在成都淮州机场划设首个阶梯式低空空域，将机场原有的川内最大面积低空空域的飞行高度提升至3倍。此次空域优化将机场上空空域划设为2个高度层，在保证本场高负荷安全运行的情况下，破解各类转场飞行在地面、空中等待的困阻,在机场东北方向划设面积达 203. 3 km²、高度达 QNH 1 800 m 的管制空域,且参照低空空域管理模式,可实现仅提前 1 h 报告即可飞行。

2024 年 9 月 4 日,四川自贡以建设低空飞行管理服务示范区为牵引,探索高空与低空、有人驾驶与无人驾驶、运营与监管一体化飞行保障服务体系建设,实现低空监管精准识别、多目标轨迹跟踪、航线规划及预警、电子围栏告警和"黑飞"检测,建立起了全方位、智能化的低空管理服务体系。自 2024 年 4 月启用有人机无人机融合运行飞行程序以来,已累计保障服务飞行安全运行 4 000 余架次、2 000 余小时。

(2)河南省

2024 年 9 月 11 日,登封少林机场开始试运行。2024 年 9 月 9 日,该机场取得民航中南地区管理局颁发的使用许可证,这是河南省首个新建 A 类通用机场,在完成各项筹备工作后,将正式开航运营。试运行期间,登封少林机场主要保障轻型运动类固定翼飞机、动力伞、旋翼机、直升机等机型的运行。2024 年 9 月 11 日当天,共飞行 17 个架次(包含郑州上街机场至登封少林机场转场飞行 1 架次)。该机场距登封市区约 5.7 km,距少林寺约 10 km。现有 1 条 600 m×23 m 跑道、18 个停机位、2 个停放机库、1 个维修机库,综合航管楼面积 1 710 m²。其主要发展定位和功能是飞行训练、应急救援、医疗救护、森林防火、病虫害防治、世界地质公园空中巡查、短途运输和航空旅游等,同步开展航空科普研学等活动。

2024 年 9 月 20 日,河南省政府新闻办举行新闻发布会介绍,河南省已建成 8 个取证或备案通用机场,年通航飞行时间 7 万小时,郑州市已开通 3 条低空无人机物流试飞验证航线,河南省无人机质量检验中心参数认证实现民用无人机领域全覆盖。河南将从大力培育低空消费、完善低空基础设施网络、支持低空制造业发展壮大、加大政策支持力度、强化安全监管等 5 个方面推动低空经济发展。

(3)湖南省

2024 年 9 月 18 日,湖南株洲"无人机+北斗"低空综合服务中心已启用低空航线 21 条,主要航线有医疗运输、快递配送、农特产品运输、巡检及应急物资运输等,低空服务及北斗应用场景越来越丰富。据介绍,无人机采用多重安全冗余设计,配备降落伞并有完善的应急处理措施,配合北斗高精定位,在飞行稳定性、飞行路线选择、自主避障方面有很好的保障。

(4)安徽省

2024 年 9 月 19 日,安徽省政府新闻办举行新闻发布会,介绍安徽省聚焦低空基础设施建设、飞行保障能力提升和低空应用场景拓展三个主攻方向，正加快推进"三网一中心一平台"，即低空空域航线网、地面保障设施网、低空智能信息网、低空飞行数据中心和低空监管服务平台建设。自 2022 年以来，安徽省共发布 54 个空域和 43 条航线，并分期分批在获批空域及航线范围内布设 15 套 ADS-B 和 8 套 VHF 设备，初步实现省内 500 m 以上低空空域全覆盖。截至目前，安徽省已建成运营 5 个通用机场，指导各市建设临时起降场地 76 个，已开通 7 条低空短途运输航线，10 余条无人机配送航线。

### 3. 监管平台开发

在低空经济的迅猛发展中，监管平台的建设不仅仅是地面站功能的延伸，它代表了对低空飞行活动的全方位智能化监管体系，是低空经济基础设施中的核心支撑。监管平台的建设，不仅依赖于先进的通信技术、数据分析能力以及飞行器的实时控制能力，更是一个集成了多项现代科技的智慧系统。这个系统能够实现对飞行器状态的全面监控、飞行任务的动态调度、飞行路径的优化，并保障低空经济活动的安全、高效和可持续运行。

（1）全域监控与实时指挥

现代低空监管平台的核心功能之一是全域监控与指挥控制，它不仅能实现飞行器与地面系统的实时双向通信，还能够对低空飞行全程进行精准监控。这一平台通过高精度定位技术、雷达跟踪、卫星导航、5G 通信和物联网技术等手段，全面覆盖低空飞行区域。在这一平台的支持下，监管机构能够实时获取飞行器的飞行轨迹、环境信息、设备状态和电池电量等关键数据。平台通过数据可视化展示，使得飞行操作员可以在一个集中的界面上轻松掌握飞行任务的执行情况。

除了飞行器状态的实时监控，平台还会对飞行路径的安全性进行综合评估。通过与地面交通、气象系统及空域管理系统的联动，监管平台能够实时识别飞行路径中的潜在风险，如天气变化、空域拥堵等问题。对于一些突发状况，平台能够快速响应，及时向操控员发出警告并提供替代飞行路径，确保飞行器的安全和任务的顺利完成。

（2）数据传输与实时分析

随着大数据技术和人工智能（AI）的不断进步，监管平台的能力逐渐不仅限于数据的采集和传输，更多的是借助强大的数据分析引擎，实现对低空飞行的实时智能管理。飞行器在执行任务时，会生成大量飞行数据、环境数据和传感器数据，这些数据通过 5G 网络或卫星通信实时传输到监管平台，并进一步上传至云端存储。

在云端,平台借助先进的数据分析工具对数据进行深度处理,进行飞行路径优化、任务进度跟踪、飞行器健康状态监测等多维度的分析。大数据分析不仅能够帮助飞行员实时掌握飞行器的状态,还能预测飞行器可能出现的故障,提前进行维护预警。同时,通过对历史数据的积累和机器学习的训练,平台可以逐步提高飞行任务的执行效率和安全性。例如,AI 技术可以根据飞行器的实时状态自动生成任务调整建议,帮助操控员在复杂的任务环境中做出决策。

此外,平台还具备通过实时数据流分析来实现任务执行即时优化的功能。例如:在物流配送过程中,平台可以实时监控包裹的运输状态,判断最优配送路径;在农业喷洒任务中,平台可以根据实时气象信息动态调整喷洒方案,以确保作业效果与资源利用最大化。

(3)自动化任务调度与路径规划

低空经济的一个重要特点是任务的多样性和复杂性。许多任务需要多个飞行器协同作业,这就要求监管平台不仅要承担飞行器的监控与管理,还需要实现对复杂任务的自动化调度与路径规划。在这一方面,人工智能和机器学习技术的引入,极大提升了监管平台的自动化和智能化水平。

例如,在大规模的农田喷洒任务中,监管平台能够根据实时气象、地形、作物生长状态等多个因素自动调整飞行器的飞行路径和任务分配。AI 技术通过对飞行数据和作业环境的深度学习,能够实现自主决策,并为飞行器提供实时飞行指导,确保飞行任务的高效执行。

在多机协同任务中,平台不仅要调度飞行器的起降时间、飞行路径,还需要确保多个飞行器之间不会发生碰撞或冲突。例如,在城市空中物流的应用场景中,平台通过智能算法优化飞行器的起降顺序、路径规划以及任务分配,确保空域的合理使用和飞行器间的安全距离。

(4)飞行器健康管理与应急响应

飞行器的健康管理是保障低空经济安全运行的基础。现代监管平台通过对飞行器状态的全程监控,实现了飞行器的健康诊断、故障预警和维护管理。平台通过实时获取飞行器的电池电量、传感器状态、发动机运行状态等数据,能够分析出飞行器是否存在潜在故障或性能下降,并提前通知操控员进行维修或更换部件。尤其是在应急救援、城市空中出租等高风险场景下,飞行器的可用性至关重要,因此健康管理功能尤为重要。

平台还应具备高度自动化的应急响应能力。当飞行器出现紧急故障或脱离控制时,平台能够立即识别并采取相应的应急措施。根据故障类型和飞行器所在位置,平台可以指引飞行器返回基地、自动避让障碍,甚至启动备用飞行器完成任务,最大程度降低任务中断的风险。

（5）空域资源管理与安全保障

低空飞行的有效管理离不开空域资源的科学调度与安全保障。监管平台在空域管理方面发挥着重要作用,通过与国家空域管理系统的无缝连接,确保低空飞行器能够在合理的空域内执行任务,并避免与其他飞行器发生冲突。此外,平台还能够动态调整空域资源,针对特定任务需求,如灾后应急救援、特殊运输等,优化空域分配,确保飞行安全。

在空域安全管理方面,监管平台能够整合多种技术手段,如雷达监控、无人机识别与跟踪技术等,实时监控空域内的所有飞行器动态。平台通过对空域使用情况的全面掌握,能够及时识别出空域使用中的异常情况,避免空中拥堵、飞行器失联等问题,确保低空飞行活动的顺利开展。

低空监管平台不仅是飞行器操作的控制中心,更是低空经济活动的智慧"大脑",它通过集成先进的技术,如大数据、人工智能、5G通信等,实现了低空经济的全域监控、智能调度、飞行路径优化和健康管理。随着技术的不断发展,监管平台将在低空经济生态系统中扮演越来越重要的角色,推动低空经济的安全、高效、智能化发展。

### 3.1.3　低空经济下游

低空经济下游部分直接连接市场需求和行业应用,是整个低空产业链的最终实现端,如图3-3所示。下游主要涉及低空飞行器在各行业的应用场景开发。随着低空经济的快速发展,越来越多的行业开始关注并应用无人机技术,推动了低空经济的多样化发展。在下游,低空飞行器不仅满足了传统领域的需求,还开辟了新的应用场景,成为多个行业创新发展的重要驱动力。

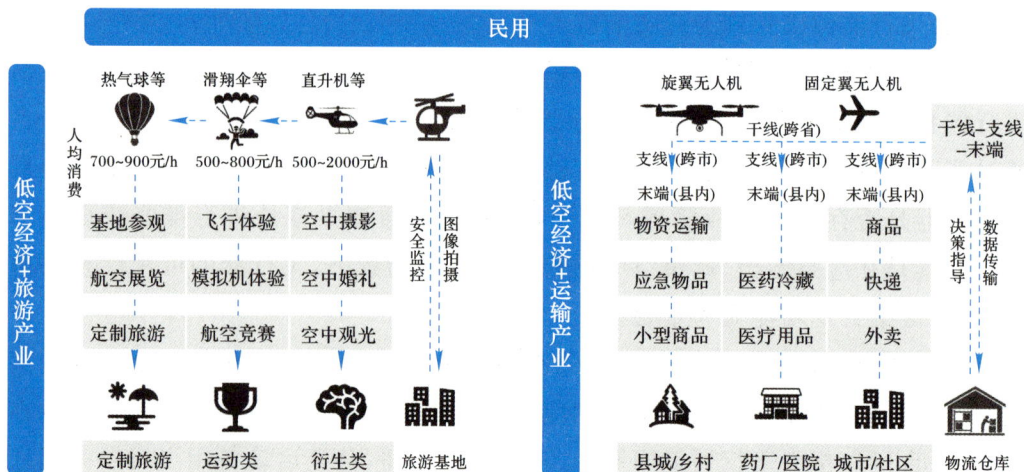

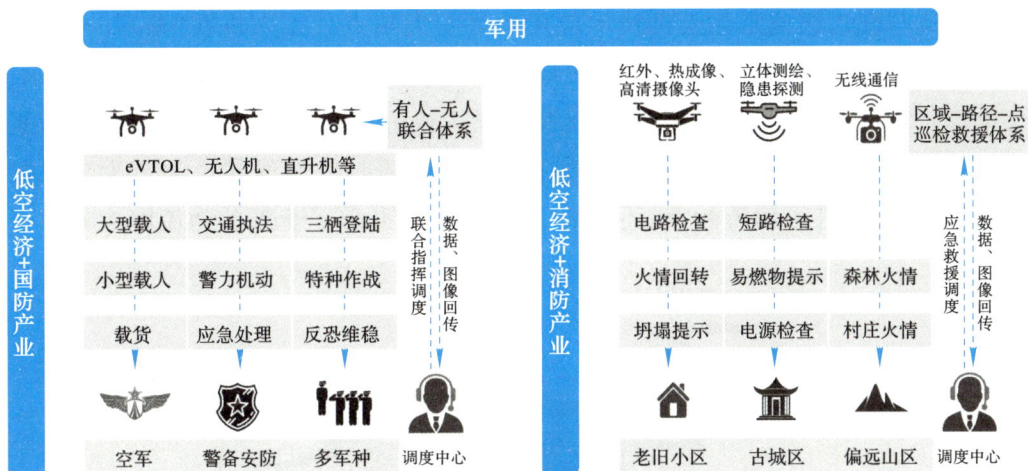

图 3-3　低空经济下游(资料来源：国联证券研究所)

### 1. 应用场景开发

低空经济下游的应用场景日益丰富，涉及农业、物流、旅游、应急救援和城市空中交通等多个领域，各行业对低空飞行器的需求不断增长。

在农业领域，精准农业已成为无人机应用的重要场景，如图 3-4 所示。农业无人机可完成作物植保、播种、施肥和农田监测等任务。无人机通过搭载多光谱传感器、红外线和热成像仪器，可以实时监测农田的作物健康状况、土壤肥力、病虫害等问题，提供精准数据支持，推动农业向数字化、智能化发展。例如，极飞科技的农业无人机可根据农田地形和农作物种植情况精确施药和施肥，显著提升作业效率，并减少农药浪费。在东北的某大型农场，无人机进行的春播作业相较于传统方式不仅速度更快，而且播种精度更高，大幅提高了作物产量。农业无人机的市场规模已从 2016 年的约 3 亿美元，增长至 2022 年的约 41 亿美元，预计到 2026 年将达到 114 亿美元。

图 3-4　无人机应用于农业

物流与配送领域是无人机技术应用的另一大热点。无人机在"最后一公里"配送中，尤其在偏远山区或交通不便地区，展现出独特的优势，如图 3-5 所示。顺丰等企业已开始在云南等偏远地区使用无人机进行快递配送，快速将小型包裹送达客户手中，解决了传统物流配送在这些区域的时效性问题。通过无人机配送，企业不仅提升了物流效率，还降低了运营成本，开辟了全新的物流解决方案。

图 3-5　无人机应用于物流

旅游行业也逐渐受益于低空经济的发展。低空旅游，尤其是空中游览项目，已经成为游客体验的新亮点。游客通过直升机或小型观光飞机在空中俯瞰自然景观和人文风光，享受独特的旅行体验。桂林漓江和海南三亚等地已经推出了直升机观光项目，游客可以在空中欣赏到这些景区的独特美景。同时，这种创新的旅游方式也推动了当地旅游业的繁荣。根据市场预测，全球低空飞行旅游市场将从 2019 年的 22 亿美元增长至 2027 年的 53 亿美元。随着电动垂直起降飞行器（eVTOL）技术的快速发展，旅游观光及城市空中交通的前景日益清晰。eVTOL 飞行器具备垂直起降能力，可以在城市内部实现短距离、高效的空中出行，缓解地面交通压力。例如，迪拜计划建立一个由 eVTOL 飞行器组成的空中出租车网络，连接主要商业中心、居民区和旅游景点，以提升城市交通的效率。其他城市（如洛杉矶和纽约）也在进行类似的试点项目，预计这一技术将在未来几年内进入商业化运营阶段，如图 3-6 所示。

应急救援领域的应用同样体现了无人机技术的强大功能。在自然灾害（如地震、洪水等）发生时，传统的救援方式往往受到地形和交通的限制，但无人机可以迅速到达灾区，提供空中侦查和灾情评估，帮助救援人员及时做出决策，如图 3-7 所示。无人机还可以搭载热成像设备进行人员搜救，并进行物资空投，为灾民提供急需的食品、药品等救援物资。例如，在四川九寨沟地震期间，无人机通过提供实时灾情图像帮助指挥中心进行决策，并空投了救援物资，极大提高了救援效率。

图 3 - 6    eVTOL 载人旅游观光

图 3 - 7    无人机应用于应急救援

### 2.市场拓展

随着低空经济的不断发展,各行业对低空飞行器的需求变得更加多样化。不同领域的客户对飞行器性能的要求差异显著,企业在满足客户需求的同时,也在拓展市场份额。

在农业领域,农业企业对无人机的精准作业能力和成本控制能力有着较高要求。无人机不仅要具备高效的作业能力,还需能够降低农药、化肥的使用量,避免浪费。此外,农业企业也关注无人机操作的便捷性和维护的简便性。无人机在精准农业中的应用可以显著提高农田管理效率,提升农作物产量,并降低劳动力成本。

物流企业则注重无人机的配送效率、稳定性和载重能力。尤其是在一些恶劣天气条件下,无人机的飞行稳定性成为关键。物流企业需要无人机具备在不同环境下的适应能力,并要求其具备较强的载重能力,能够在不受限制的条件下进行高效配送。随着电池续航能力和飞行稳定性的提升,无人机在物流配送中的应用越来越广泛,尤其是在偏远地区和高密度城市地区,能极大地提升配送效率。

旅游行业的客户需求则更注重低空飞行器的安全性、舒适性和观赏性。游客期望飞行器能够提供平稳的飞行体验,同时也要求飞行器在保障安全的前提下,提供高质量的观光体验。低空旅游项目的日益流行,吸引了大量游客参与,而飞行器的选择和安全保障成为游客最为关注的要素。

在市场拓展方面,企业采取了多种有效策略来打开新市场,扩大品牌影响力。参加行业展会是拓展市场的常见途径。通过在国际航空航天博览会等平台展示最新产品和技术,企业能够与潜在客户面对面交流,扩大市场影响力并促进合作。通过产品推介会,企业能够深入某一特定行业或地区宣传推广,吸引更多行业客户的关注。在农业领域,举办无人机植保产品推介会,能够让农业企业和种植大户更好地了解无人机产品的应用优势,并促成更多合作。

线上营销则是另一种重要的市场拓展手段。企业可以通过社交媒体、电商平台等网络渠道,发布产品介绍、使用案例、技术文章等内容,提升品牌知名度。例如,大疆公司每年都会参加全球各大行业展会,展示其最新研发的无人机产品,并在社交平台发布无人机航拍视频、技术科普等内容,吸引了大量潜在客户的关注。

## 3.2 低空经济产业链面临的制约与配套问题

### 3.2.1 产业链发展制约因素及配套问题

2010 年 11 月,国务院与中央军委联合发布《关于深化我国低空空域管理改革的意见》,明确提出深化低空空域管理改革的总体目标、阶段步骤和主要任务,标志着长期受限于空管体制的低空空域逐步开放。随后,2010 年 12 月,国家空管委发布《关于贯彻落实国务院、中央军委＜关于深化我国低空空域管理改革的意见＞的措施》,进一步细化了低空空域逐步开放的发展路径。随着我国低空空域的开放即将到来,低空经济产业链仍存在一些亟待解决的关键问题。

#### 1.产业链基础能力薄弱

低空经济产业链的整体基础能力仍显不足,具体问题主要表现在核心技术依赖外部、科技创新能力较弱以及产学研一体化不足等方面。低空经济作为典型的知识密集型产业,要求具备较高的科技创新能力。然而,目前我国在该领域的创新能力尚显薄弱。虽然近年来一些高校和科研机构已开始逐步加强与企业的合作,但我国低空经济产业链中的产学研协同程度仍然较低,资源共享与协同创新机制不完善。

低空经济的快速发展离不开技术和基础设施的有力支撑,而目前的配套能力仍需大幅提升,尤其是在航空制作技术和安全保障系统方面。首先,航空制造业的技术配套问题仍然突出,尤其是在飞行器的制造工艺、材料选择和生产技术上。同时,需要培养一批具备创新能力的技术人才,推动航空制造领域的技术突破。

飞行安全保障系统也是低空经济配套建设中的重要环节。目前,低空飞行的安全保障设施还不完善,相关技术和设施建设仍显不足。低空飞行需要完善的空域监控、飞行器监测和安全设施保障,尤其是在飞行监控设备、GPS 定位系统、飞行告警系统等方面。为此,我国需要进一步完善空域管制系统,提升飞行安全保障水平,确保低空经济在未来能够安全高效地运营。

### 2. 低空经济产业链的支撑体系不完善

低空经济作为一个应用型产业,面临着上游产业能力不足和下游市场开发不充分的问题。尽管低空经济的相关产业,如低空制造、基础设施建设、低空综合服务等领域,具备巨大的经济潜力,但目前这些领域的开发和市场化进程仍然较慢,产业链的整体生态系统未能形成良性循环。首先,上游产业的能力较为薄弱,未能支撑低空经济所需的复杂产品研发的突破。整体来看,我国低空经济产业中的无人机技术处于领先地位,而通用航空产业在整机组装和核心技术自主创新上仍处于起步阶段,难以支撑行业的快速发展。

此外,下游市场开发也存在较大瓶颈,未能有效促进技术的快速迭代和规模化生产。低空经济的技术突破往往依赖于用户需求的驱动,尤其是农业领域的无人机喷洒、监测等技术,只有通过广泛的市场应用,才能推动技术的快速进步。然而,当前我国低空经济消费类市场仍然处于较低水平。低空飞行活动的主要应用仍集中在警用航空、海关航空、救援抢险等领域,低空消费类市场尚未得到充分开发。2023 年,我国通用及小型运输航空公司共完成飞行 153.57 万小时,但低空消费类飞行时长仅占 33%,这一比例远低于国际市场的 60%。与此同时,由于审批周期较长、政策规范不完善,国产 eVTOL 飞行器等新型产品未能实现市场化量产,难以迅速积累用户群,进一步制约了产业链的快速发展和市场空间的拓展。

低空经济的发展离不开良好的产业配套保障。目前,在低空空域管理、基础设施建设及运行管理机制等方面,仍存在许多配套设施和体系未完善的问题。首先,在低空空域服务保障方面,亟须加强相关配套设施的建设。低空空域的管理、监控和报告等设施仍显薄弱。为此,需根据试点研究成果,制定不同空域内的管制、监视和报告设施建设标准,对地面设施建设进行具体规划,并要求各类航空器配备必要的导航、监控和通信设备。例如,在低空飞行过程中,航空器应装备 GPS

导航系统、应答机等设备,确保飞行安全。同时,需加快通用机场和航空服务站的建设,利用现有机场的资源进行功能扩展,为低空飞行提供全面支持,并鼓励地方政府和社会资本参与建设,特别是在空管能力覆盖不到的地区。

低空经济运行管理机制的完善同样面临挑战。当前,低空空域的管理效率较低,航线规划、飞行审批程序复杂且耗时较长,相比于民航和军航,低空航行的管理力度不足。为了提高低空空域的管理效率和保障安全,必须改进现有的管理机制。空军和民航系统之间的协作网络需要建设,实现信息共享和飞行计划的简化审批,缩短飞行申请的等待时间。同时,利用现代通信技术和卫星导航系统,将通用航空的飞行数据与管制系统进行联动,建立高效的空域管控体系。此外,低空空域管理的透明度和服务效率也需要提升。通过建立全面的信息网络管理系统,及时公布低空空域使用规定,发布航图和飞行计划信息,提高低空空域的服务质量和管理效率。

### 3. 低空经济产业链发展面临协同不足、区域不均衡和配套缺失

与传统通用航空产业相比,低空经济产业链的发展需要更为精准的资源配置,广泛运用数智技术,深度挖掘市场的多元化需求,克服产业融合过程中的现实障碍。当前,我国低空经济产业链尚未完全成熟,各产业领域间发展不协调,部分环节的不足直接影响到整体产业链的高效性、安全性与可持续发展。首先,缺乏完整的全链域发展格局,协同合作的意识较为薄弱。低空经济产业链目前整体尚显松散,技术创新、资金支持、空域开放、立法与相关产业的协同配合尚未形成有效的联动。我国虽然在多个低空经济技术领域取得了突破性进展,例如上海峰飞航空科技有限公司推出的 eVTOL 飞行器——盛世龙 4 号机已刷新了全球 2 t 级 eVTOL 飞行器的航程纪录,但相关的配套设施,如空域网络、基础设施建设等却未能同步推进,难以为低空飞行提供充分的支撑。此外,低空飞行的规则、应用规范及监管框架依然不够完善,低空出行审批程序烦琐、周期长,这些问题都制约了低空经济产业的有效融合和发展。

低空经济的区域性发展不均衡,严重影响了产业链的协同效应。在低空经济的推进过程中,新技术的研发和设备投入对资源的配置提出了更高要求。目前,低空经济的主力企业主要集中在北京、上海、江苏和广东等经济较为发达的地区,导致资源过度集中,其他区域的低空经济发展面临较大挑战。与此同时,部分地方在布局低空经济时没有充分考虑自身的产业特点和资源优势,而是盲目跟风,导致了区域间产业发展的同质化,缺乏差异化战略,这种同质化竞争不仅不利于区域间产业链的协同发展,也影响了全国低空经济一体化进程的推进。

低空经济产业链的顺利发展,离不开完善的配套设施和政策保障。首先,在法律法规方面,低空经济的相关法律体系尚未完全建立。我国在推进低空空域开发时,急需出台与低空经济发展相配套的法律法规,确保低空资源的合理利用和通用航空产业的健康发展。目前,我国的法律体系仍处于完善阶段,低空经济的相关法律法规亟须健全。理想的法律框架应涵盖四个层面:一是国家层面的法律保障,二是行政法规的具体操作,三是行业规章的执行细则,四是标准化文件的技术规范。

低空经济领域急需大量专业技术人才,但目前我国在飞行员及相关专业技术人员的培养方面存在明显不足。由于飞行培训机构的数量有限,导致飞行专业人才的培养与行业需求存在较大差距。我国的航空业近年来发展迅速,但由于通用航空领域的专业人才相对匮乏,飞行员和航空工程技术人员的竞争愈发激烈,尤其是通用航空领域在人才争夺中处于劣势地位。因此,加快飞行专业人才的培养,并确保培训质量,已经成为低空经济发展的关键之一。政府应加强对飞行员培训市场的引导,推动培训机构的建设,提升行业整体的人才培养能力。

### 4.产业政策扶持精度不足

我国低空经济的发展面临着政策支持精度不足的问题,主要表现为以下两个方面的不足。

首先,政策协同不足。尽管低空经济的多元化需求日益增加,但我国尚未建立起高效的空域政策协同机制。军方、地方政府与民用航空在空域使用方面有着不同的需求和侧重点,导致政策诉求出现分歧。军方对于空域的要求注重保密性和灵活性,确保军事行动的隐蔽性和效能;地方政府则倾向于将空域资源用于支持公共交通、应急救援等社会民生活动;而通用航空则希望通过高效利用空域资源和灵活调整飞行路线,以应对日益增长的飞行需求。除此之外,某些地方对于无人机的管理放宽,也带来了空域利用的新挑战。空域政策协调不足的根本原因在于低空经济尚处于新兴阶段,缺乏系统的顶层设计,且航空领域和产业领域之间的政策衔接不足,未能建立起有效的协作机制。同时,地方政府在制定空域管理政策时,往往缺乏整体的规划,导致执行层面存在困难。

其次,优惠政策的力度不足。低空经济产业多由民营企业主导,这些企业普遍面临高额的前期投资、较长的投资回报周期及运营成本难以控制等问题。目前,地方政府的相关政策往往对企业的税收优惠、产业基金投入、技术支持等方面支持力度不够。例如,在奖励和补贴政策上,许多政策措施是滞后的,往往偏向于事后奖励,而缺乏前期投资和运营成本的直接支持。这种政策设计虽然可以在一定程度上激励企业参与低空经济的建设,但对于解决企业初期投入巨大和运营困难等核心问题效果有限。

在产业政策的支持下,航空制造技术的发展同样是低空经济能否持续发展的关键。我国航空制造业需要借鉴国内外先进经验,尤其是引进先进的生产技术和管理理念。国家应加强对飞行机械及材料生产的研究和投资,培养更多优秀的生产人才,同时加大对科技研发的支持力度,推动低空领域技术的自主创新和发展。

### 3.2.2 对策及建议

#### 1.强化自主创新,构筑低空经济技术高地

低空经济的核心竞争力在于技术的自主创新和突破。为了加速产业链的发展,必须围绕无人机、飞行器动力系统、低空空域管理等关键领域,集中力量解决技术瓶颈,提升产业链的自给能力和技术水平。当前,低空经济面临的技术挑战主要集中在核心零部件的研发、飞行器的适航性保障以及信息化管理等领域。为此,应进一步深化基础技术的攻关,推动关键领域的技术突破。

在技术创新方面,国家与地方政府需要加大对研发的投入,特别是在航空动力系统、新型材料、智能控制等高技术领域,力求在核心技术方面实现自主可控。针对产业链中存在的技术短板,应采取多方协作的创新模式,依托行业龙头企业、高校以及科研机构,共同推进技术研究平台建设,突破制约产业发展的瓶颈。在此过程中,不仅要鼓励创新型企业在技术上实现快速突破,还要通过金融支持和政策引导,推动技术成果的商业化应用,确保技术创新能够转化为产业生产力。

#### 2.激发市场需求潜力,驱动产业链内生增长

低空经济的繁荣不仅依赖于技术的进步,更依赖于市场需求的激活和产业生态的优化。为了有效推动低空经济产业链的强链补链,必须从根本上优化需求市场的结构。作为市场的核心主体,企业在此过程中起到至关重要的作用。亿航智能控股有限公司(简称"亿航智能")作为全球领先的城市空中交通企业,其发展历程便体现了通过深度契合技术创新和市场需求来驱动产业链的示范作用。其通过积极响应政策、加大研发投入以及市场化推广,成功实现了从技术研发到市场落地的突破。

不仅如此,企业还应通过不断深入客户需求,推出具有市场竞争力的创新产品,打破传统市场的局限,推动消费模式的转型。面对多元化和个性化的市场需求,低空经济企业应进一步加强创新驱动,基于消费者需求变化,制定并推广定制化的低空出行、物流等服务,确保市场需求的持续增长和产业链各环节的良性

循环。

与此同时,政府也应通过政策响应、创新驱动、市场开拓等多维度措施,优化产业链的生态结构。政策方面,政府应加大对企业创新的支持力度,尤其是在研发补贴、税收优惠等方面给予企业更多的政策红利,推动企业在技术研发和市场拓展上获得更多支持。市场开拓方面,应鼓励企业通过丰富的营销渠道和品牌推广,激发消费者的购买欲望,推动低空经济在各个领域的普及和市场化。

### 3. 因地制宜,推动区域差异化发展战略

低空经济的快速发展需要根据不同地区的资源禀赋、产业基础和社会需求,制定切实可行的区域发展战略。各地方政府应因地制宜,结合本地区的特色产业、科技基础以及政策环境,明确低空经济发展的具体方向,确保区域间的协调发展。特别是在产业链布局方面,地方政府要避免过度竞争,避免同质化发展,以确保低空经济产业链的协同效应得以充分发挥。

深圳市作为低空经济发展的先行者,其成功的经验为全国各地提供了可借鉴的路径。深圳凭借其强大的产业基础、政策优势以及市场需求,已经在低空经济领域取得了显著成就。深圳的低空经济年产值已突破 900 亿元,其中无人机产业占据重要份额,推动了低空物流、空中出行等新兴产业的发展。深圳的成功不仅仅在于其雄厚的产业基础,更在于其明确的战略规划和政策导向。通过创新驱动和系统规划,深圳市打造了具有全球竞争力的低空经济产业集群。

为了推动低空经济在不同区域的均衡发展,地方政府应当制定区域化发展战略,结合本地的产业优势和市场需求,明确低空经济发展的重点领域。通过加大基础设施建设、产业集聚、政策引导等方式,推动区域内低空经济产业链的全面升级。

### 4. 优化政策体系,推动产业生态良性循环

低空经济产业链的完善离不开政策的支持与保障。随着低空经济的不断发展,政府在产业规划、政策设计和资源配置等方面的作用愈加重要。为了推动产业链的健康发展,政府应出台一系列长远规划,涉及产业发展、技术创新、市场应用、空域管理等多个领域。同时,应通过优化产业政策,提升产业的整体竞争力,确保低空经济能够在更广阔的市场中占据一席之地。

在政策支持方面,政府可通过财政补贴、税收优惠、融资支持等多种方式,帮助企业降低研发和生产成本,激励企业进行创新性技术研发。此外,政府还需为低空经济发展提供政策保障,推动低空经济与其他相关产业的协同发展,促进产

业链各环节的融合与创新。

同时,政府应当加大对基础设施的建设力度,特别是低空飞行管理系统和空域资源的优化配置。通过科学规划空域管理体系,确保飞行器能够在安全有序的空域中运行,为低空经济的健康发展提供良好的基础保障。

### 5.构建全方位安全保障机制,确保产业稳定发展

随着低空经济产业的飞速发展,飞行安全问题成为全行业关注的焦点。为了保障低空经济的发展,必须构建起完善的飞行安全保障体系,确保飞行器的适航性和飞行员的操作安全。政府在这方面应制定严格的飞行器适航认证标准,实施更加细致的飞行员资格认证体系,以确保低空经济的发展在安全的轨道上运行。

除了飞行器的安全认证,低空空域的合理规划同样至关重要。政府应科学合理地规划低空空域的使用规则,确保空域资源的合理配置和有效利用。通过建立智能化的空中交通管理系统,利用大数据、云计算等先进技术,提升空域管理的效率和精准度,为低空经济的长远发展提供强有力的保障。

## 3.3　全球经验与启示

### 3.3.1　国际低空经济的发展

#### 1.低空经济产业链发展:全球视野下的战略机遇

低空经济作为现代航空产业的新兴领域,近年来受到各国政策支持和市场需求推动,呈现出加速发展的趋势。虽然"低空经济"这一概念在全球范围内尚未得到统一的标准定义,但无论是中国,还是美国、欧洲、日本等地的市场和政策走向都显示出这一产业的潜力和未来发展方向。

目前,低空经济产业并没有专门的分类,各国和地区通常将其纳入到无人机产业、先进空中交通(AAM)产业或通用航空产业中。

(1)市场:创新引领的产业链

无人机市场的发展起步较晚,但凭借其低成本、体积小、灵活性高以及无人驾驶的优势,近年来逐渐渗透到公共事业、科学探测、农业植保、电力巡线等多个领域。此外,美国还在城市空中交通(UAM)和电动垂直起降飞行器(eVTOL)领域展开了广泛的研发与投资。

(2)东亚市场:中国、日本、韩国紧随其后

东亚地区,尤其是中国、日本和韩国,近年来在低空经济领域的投资和技术突

破逐渐显现。在中国,低空经济的主要组成部分包括无人机产业和通用航空产业。中国政府已出台多项政策推动无人机产业的快速发展,国内多个无人机制造商如大疆、亿航智能等,在全球市场上具有强大的竞争力。中国的无人机在民生领域发挥着重要作用,尤其是在农业、环保和公共安全等方面的应用。

韩国在低空经济领域的投入也逐年增加。2023 年,韩国政府宣布将在未来 5 年内投资 1.2 万亿韩元(约 10.6 亿美元),以推动无人机和 eVTOL 等技术的发展。预计到 2025 年,韩国的无人机市场规模将达到 4.1 万亿韩元,为该国创造约 16.4 万个新就业机会。

(3)欧洲市场:技术积累与政策支持并重

在西欧地区,德国、法国、英国等国家在低空经济的技术研发与市场布局方面取得了显著成效。德国在无人机发动机技术上取得了关键创新突破,尤其是在活塞发动机和涡轮发动机的应用上,推动了飞行器的广泛适用。此外,德国的 Lilium、Volocopter 等公司在 eVTOL 领域的研发,使得德国在全球低空经济竞争中占有一席之地。

法国在通用航空领域也具有传统优势,近年来也逐步转向无人机和先进空中交通(AAM)产业。英国的 Vertical Aerospace 在 eVTOL 技术上的突破,使得英国成为全球低空经济领域的一个重要创新中心。

### 2.全球低空经济产业链的技术创新与投资趋势

随着低空经济产业的快速发展,技术创新成为推动全球市场扩张的重要动力。从无人机到 eVTOL,再到智能空域管理系统,技术创新不仅提升了运营效率,还在多个行业和应用场景中推动了产业升级。资本市场的活跃度也在为技术进步提供资金支持,预计在未来的几年里,低空经济将迎来更多创新突破。

(1)无人机技术:市场驱动与技术进步的双轮驱动

无人机作为低空经济的核心组成部分,已经在多个领域得到广泛应用。从民用到商业用途,从农业到物流配送,无人机的多样化应用不断扩展市场空间。许多科技巨头和创新公司纷纷加大在无人机领域的投资。针对大规模无人机群体管理的问题,一些公司也开始研发新的无人机调度和管理系统,以便在更大范围内实现无人机群体的高效协同。

(2)电动垂直起降飞行器(eVTOL):未来城市空中出行的希望

电动垂直起降飞行器(eVTOL)的出现,标志着低空经济进入了一个新的发展阶段。eVTOL 是一种采用电动驱动系统并能进行垂直起降的飞行器,其低噪声、低能耗、高安全性等特点和短途运输能力,使其在城市空中交通(UAM)和区域空中交通（RAM）等场景中具有巨大的市场潜力。

eVTOL 的应用前景广泛。它不仅能够替代传统的直升机用于城市短途运输，还能在医疗救援、消防、电力巡线等任务中发挥重要作用。目前，全球已有近350 家公司涉足 eVTOL 飞行器的研发和生产，其中包括我国的亿航智能、沃飞长空科技（成都）有限公司、广州汇天航空航天科技有限公司（简称"小鹏汇天"）等，以及美国的 Joby Aviation、Archer Aviation，德国的 Lilium 等公司处于行业领先地位。

此外，eVTOL 作为"绿色航空"技术的代表，因其低能耗和低排放特性，得到各国政府的积极支持。根据摩根士丹利的预测，eVTOL 市场的潜在规模到 2040年将突破 1 万亿美元，成为低空经济产业中最具增长潜力的细分市场之一。

（3）低空空域管理技术：推动飞行器高效有序运行

随着低空经济的蓬勃发展，空域管理成为确保飞行器安全有序运行的关键环节。尤其是无人机和 eVTOL 的广泛应用，要求空域管理系统具备更高的智能化、数字化和自动化水平。目前，全球各国和地区纷纷加大对低空空域管理技术的研发投入，以确保飞行器之间的协调，避免冲突。

通过美国联邦航空管理局（FAA）实施的无人机系统整合试点计划，低空空域管理技术逐渐向数字化、网络化和智能化转型。未来，随着 5G 通信技术和人工智能技术的广泛应用，低空空域的管理将更加高效和精准。此外，欧洲和日本等地区的空域管理体系也正在不断完善，以支持无人机和 eVTOL 飞行器的广泛使用。

### 3. 全球低空经济的政策环境与市场支持

低空经济的快速发展离不开各国政策的积极支持和产业环境的不断优化。无人机、eVTOL 以及先进空中交通（AAM）技术相关法规的逐步完善和产业扶持政策的出台，为低空经济的发展提供了强有力的保障。

（1）政策支持：完善法规体系，推动产业健康发展

各国政府都认识到低空经济在推动经济增长、促进科技创新方面的巨大潜力，并采取了一系列政策措施进行扶持。在美国，联邦航空管理局（FAA）通过多项政策促进无人机和 eVTOL 的研发和应用。美国的《先进空中交通协调及领导力法案》明确指出，将加强对先进空中交通系统的建设和监管，为 eVTOL 等新型飞行器的推广创造良好政策环境。

在欧洲，欧洲航空安全局（EASA）也发布了一系列政策文件，致力于制定适用于低空经济的监管框架，以确保低空空域的安全、高效利用。欧洲还通过"地平

线2020"和"地平线欧洲"两期计划,为eVTOL的技术研发和应用提供了重要资金支持。根据这些计划,多个城市空中交通(UAM)相关项目在欧盟国家逐步落地,推动了低空经济的快速发展。

(2)基础设施建设:打造低空经济发展基础

除了政策支持外,基础设施的建设也是低空经济快速发展的关键要素。低空空域的管理、无人机的起降平台、eVTOL的充电设施等基础设施的建设,对于推动低空经济的应用与普及具有至关重要的作用。

美国、中国及欧洲部分国家等地在基础设施建设方面都做出了积极努力。例如,美国通过多个相关法案,增加了对通用航空机场、无人机起降平台以及eVTOL充电站等设施的投资,以保障低空经济的顺利发展。此外,一些亚洲国家(如韩国和日本)也在低空经济基础设施建设方面进行了大量投入,以为低空经济的发展提供更完善的支持。

### 4.低空经济产业链的市场应用场景

随着技术的不断进步和政策的逐步完善,低空经济逐渐渗透到各个行业,涵盖了多个应用场景。无人机、eVTOL、空中出租车等低空飞行器的应用,不仅为交通运输、物流配送等行业带来了变革,也在农业、环境监测、公共安全等领域展现出巨大的市场潜力。

(1)城市空中出行(UAM):实现"空中出行"的未来蓝图

城市空中出行(Urban Air Mobility,UAM)被认为是低空经济最具创新性的应用之一。UAM利用eVTOL等飞行器,解决了城市内交通拥堵的问题,通过垂直起降飞行,突破了传统地面交通的空间限制,提供了更加快捷的出行方式。根据研究机构的估算,到2030年,全球UAM市场的年收入将达到1 000亿美元。

在一些国际大城市中,UAM已经开始进入试运营阶段。美国的洛杉矶和纽约、德国的慕尼黑、日本的东京等城市正在进行空中出行服务的试飞,测试城市空中交通的可行性。eVTOL飞行器将城市空中出行推向新的高度,使市民能够享受更高效、更环保的出行选择。

同时,一些国际航空巨头也在积极投入UAM市场。波音、空中客车、洛克希德·马丁等公司已经在eVTOL的研发方面投入大量资金,并与当地政府合作,推动空中出行的实际落地。未来,UAM不仅能够服务个人出行,还能在紧急医疗、空中救援、紧急物资运输等方面发挥重要作用。

(2)无人机物流与配送:为全球物流产业带来革命性变革

无人机在物流和配送领域的应用,已经逐渐从初期的试验阶段走向实际运营,成为低空经济产业链中的关键组成部分。无人机凭借其快速、高效、低成本的特点,尤其适用于短途物流运输和最后一公里配送。特别是在偏远、传统物流网络难以覆盖的地区,无人机配送能够有效解决这一问题。

一些全球领先的电商平台如亚马逊、阿里巴巴和京东,已经开始大规模布局无人机配送业务。例如,亚马逊的"Prime Air"计划,旨在通过无人机在 30 min 内完成货物的配送,已在多个国家进行测试,并计划在未来几年内实现商用。

无人机配送不仅限于电商物流领域,它还在医疗物流、食品配送、紧急物资运输等方面展现出了巨大的潜力。尤其是在疫情期间,无人机的配送能力得到了广泛的验证,未来可能会成为更广泛场景中的常规物流方式。

(3)农业与环境监测:智能化应用提升农业生产力与环境保护

在农业领域,无人机的应用已经取得了显著的成果。无人机可用于农田巡检、植保喷洒、土地勘测、作物健康监测等多个环节,提高了农业生产的效率和精准度。例如,无人机能够在短时间内完成大面积农田的监测,利用传感器收集作物的生长情况,并通过数据分析优化农田管理。

此外,环境监测也是低空经济的重要应用领域。无人机能够进行大范围的环境监测,实时采集空气质量、水质、温湿度等数据,为环境保护提供决策支持。比如,在森林防火、气候变化监测、野生动物调查等方面,具有不可替代的优势。

随着农业与环保需求的不断增加,低空飞行器将在全球范围内发挥更加重要的作用,并推动相关产业的发展。

(4)公共安全与应急响应:低空经济的社会责任

低空经济在公共安全和应急响应领域的应用,尤其在自然灾害、交通事故、城市安全等方面的作用日益突出。无人机和 eVTOL 能够迅速到达灾区,提供实时信息,并执行救援任务。例如,在洪水、地震、山火等灾害发生时,无人机能够迅速通过航拍和数据采集进行灾情评估,指导救援行动。

在城市安全方面,无人机也被广泛应用于视频监控、交通监测、治安巡逻等领域。无人机的灵活性和低成本,使得其成为公安、消防等部门的重要工具。未来,随着技术的不断发展,低空飞行器在公共安全领域的应用将更加广泛。

### 5.低空经济的挑战与前景展望

尽管低空经济的前景广阔,但其发展过程中仍然面临诸多挑战。技术、法规、基础设施、市场需求等方面的障碍,可能会在一定程度上影响低空经济的推进速度。然而,随着技术的进步、政策的完善和市场的成熟,这些挑战将得到逐步克服,低空经济将迎来更加辉煌的未来。

(1)技术挑战:飞行安全与管理的关键问题

尽管低空飞行器(特别是无人机和 eVTOL)在技术上取得了长足进展,但飞行安全仍然是关键问题之一。如何确保飞行器的高效安全运行,避免与其他飞行器发生碰撞,如何应对突发情况等,都是需要解决的技术难题。此外,无人机飞行的自动化程度高,但在复杂环境下的自主判断能力尚未完全成熟,这也增加了操作风险。

为了解决这些问题,相关的飞行控制技术、空域管理技术、监控系统等正在不断研发。未来,随着人工智能、5G 通信、物联网等技术的进一步应用,飞行器的安全性和可靠性有望得到显著提高。

(2)法规与监管:全球政策协调的难题

低空经济的快速发展需要良好的法规和监管体系作为支撑。不同国家和地区在低空空域管理、飞行器适航、无人机飞行等方面的法规不尽相同,缺乏统一标准和跨国合作的体系,可能会导致低空经济的全球化进程受到制约。因此,全球低空经济的健康发展,需要各国政府和国际组织加强合作,制定统一的行业标准和监管框架,确保产业的可持续发展。

(3)市场与资本:产业链的健康发展需要资金保障

低空经济虽然有着巨大的市场潜力,但其前期研发和产业化的投入仍然非常巨大。无人机、eVTOL 的研发需要大量的资本支持,且回报周期较长,这对于投资者来说是一个不小的挑战。如何吸引更多的资金流入低空经济,推动产业链的完善与发展,仍然是一个需要解决的难题。

尽管如此,随着市场需求的不断增长,资本市场对低空经济的兴趣也在不断提升。未来,随着技术的成熟和应用场景的不断拓展,低空经济的投资回报将会逐渐显现,吸引更多的资金投入到这个充满潜力的产业中。

低空经济作为新兴产业,正在全球范围内蓬勃发展,涉及无人机、eVTOL、空中出行、物流配送、农业与环境监测等多个领域。尽管面临技术、政策、法规等多方面的挑战,但其巨大的市场潜力、创新的应用场景和政府的政策支持,正在推动这一产业向前发展。随着技术的突破和政策的完善,低空经济未来将成为全球经济中不可忽视的重要组成部分,为社会提供更多的创新解决方案和发展机会。

### 3.3.2 国内低空经济发展启示

近年来,中国低空经济在政策支持、技术进步和市场需求等多重因素的驱动下,呈现出快速增长的良好势头。根据赛迪研究院 2024 年发布的《中国低空经济发展研究报告》,2023年中国低空经济的整体市场规模达到了5 059.5亿元,年均增速高达33.8%,并预计到2026年,行业规模有望突破万亿元。中国在无人机及相关技术领域的快速发展也为低空经济提供了强有力的支撑。根据中国民用航空局的数据,截至2023年底,国内注册无人机达到126.7万架,同比增长32.2%。与此同时,eVTOL领域也取得了显著的技术突破,中国的技术创新和市场应用逐渐走在全球前列。2023年12月,亿航智能的EH216-S无人驾驶载人飞行器成功获得中国民用航空局颁发的适航证,成为全球首个获得适航证的eVTOL,标志着中国在该领域的技术成熟度大幅提升。

不能一拥而上,也不能一哄而散。低空经济的发展不能盲目跟风,也不能因市场过度乐观而急功近利。中国需要在政策引导、技术创新、基础设施建设等方面持续发力,避免过度投资与同质化竞争,确保产业健康、可持续地发展。借鉴国外成熟经济体的经验,注重理性规划与分阶段推进,才能在全球产业竞争中实现弯道超车。

### 1.加快低空领域技术创新

低空经济的发展高度依赖技术创新,尤其是在无人机技术、eVTOL技术、航空动力电池、自动驾驶、导航技术等领域。欧洲部分国家、美国及日本等发达国家在低空飞行器的整体设计与制造工艺、航电系统、飞行控制算法等关键技术方面具备较强优势。因此,中国应以技术创新为突破口,集中资源,加大对低空领域核心技术的研发力度,特别是在低空飞行器动力系统、飞行控制算法、智能导航系统、自动驾驶技术等方面,努力在全球竞争中抢占技术制高点。与此同时,中国应注重低空飞行器关键零部件的自主研发,减少对外依赖,提升产业链的整体技术水平。

为了突破技术瓶颈,中国应鼓励企业、高校及科研院所之间的合作,推动产学研结合,建立国家级创新平台和技术攻关机制,特别是在低空飞行器的制造工艺、航电系统、轻质复合材料和高性能电池等领域,加速技术突破和产业化应用。要注重技术的综合创新,通过技术集成创新推动低空经济的整体发展。通过强化技术研发投入和产业化推动,力争在未来的低空经济市场中占据领先地位。

### 2.加快政策法规体系的完善与实施

政策法规是低空经济发展的重要保障。在过去几年里,国家已经出台了一系列政策文件,如《无人驾驶航空器飞行管理暂行条例》,为低空经济的健康发展提供了法律框架。然而,要实现低空经济的全面发展,仍需要在政策体系的深度和广度上做出进一步完善。具体来说,政府应加快出台更多有针对性和组合性的政策,尤其是在空域管理、飞行器适航审定、飞行安全、企业激励等方面,加强政策的协调性和执行力。

在空域管理方面,中国仍然面临低空空域分配不均、空域审批程序烦琐等问题,制约了低空经济的快速发展。因此,政府应逐步放宽低空空域的使用限制,提高空域资源的利用效率。特别是在低空物流、电动飞行器、无人机等新兴领域,应加强低空空域的规划与布局,确保各类飞行器能够高效、安全地使用空域资源。地方政府应根据本地区的实际情况出台符合地方特色的低空经济政策,并在国家政策框架下推动地方性法规的制定与完善,以确保低空经济在地方层面的健康发展。

### 3. 加大企业主体的培育与支持

企业是推动低空经济发展的核心动力,只有依靠一批具有创新能力和市场竞争力的企业,才能形成完整的产业链并推动产业的持续发展。欧美发达国家在通用航空产业的成功经验表明,企业的技术创新和市场扩展是行业发展的重要推动力。因此,中国应进一步加大对低空经济相关企业的支持力度,特别是对于无人机、eVTOL、低空物流等新兴产业的企业,在研发、市场拓展和资本投入等方面提供政策支持。

具体来说,政府可以通过财政补贴、税收减免、创新奖励等方式激励企业加大研发投入,鼓励企业加强核心技术攻关,尤其是在低空飞行器的智能化、电动化、自动化等方面进行技术突破。同时,要注重培育企业的国际竞争力,支持优秀企业参与全球化竞争,并推动国内企业提升在国际市场上的影响力。对于战略性、前瞻性的创新型企业,政府应通过资金引导、市场化运作等手段,加大对这些企业的扶持力度,鼓励其不断创新,推动低空经济产业在全球范围内的全面发展。

### 4. 加强基础设施建设

低空经济的顺利发展离不开基础设施的支撑。当前,中国的低空经济基础设施建设仍处于起步阶段,面临着空域资源稀缺、通用航空机场建设滞后等问题。为了支撑低空经济的健康发展,中国应借鉴欧美等发达国家的经验,统筹规划低空经济的基础设施建设,特别是通用航空机场、飞行服务站、航路控制中心等关键设施的建设。

在机场建设方面,政府应将通用航空机场纳入全国交通网络的整体规划,推动"干线—支线—通用机场"的一体化布局,避免资源浪费和过度建设。在不同类型机场的建设中,要根据地区的经济发展需求、航空运输需求以及空域资源的供给状况,确定相应的建设标准和服务模式。同时,政府还应提供资金和技术支持,鼓励地方根据自身特点建设高标准的通用机场,并通过优化管理模式提升通用机场的运营效率。与此同时,要建设配套的飞行服务保障体系,确保低空飞行的安全性和高效性。

### 5.深化空域管理体制改革

空域管理是低空经济发展的瓶颈之一。目前,中国的空域管理体系较为僵化,低空空域的使用受限,审批流程烦琐,导致低空经济发展效率低下。因此,亟须对现有的空域管理体制进行改革。中国可以参考欧美国家的空域管理经验,逐步放宽低空空域的限制,提高民用航空在低空空域中的使用比例。空域的管理应更加灵活和高效,中央空中交通管理委员会、中国民用航空局等相关部门可探索军民空域共享的管理模式,在确保安全的前提下,最大化地释放低空空域的潜力。

此外,政府可以借鉴巴西等国家的空域共管模式,通过建立联席办公室等形式,加强民航与军方的协同合作,在确保空域安全的同时,提高低空飞行器的使用效率。这种管理模式有助于减少空域管理的冲突与重叠,从而推动低空经济的快速发展。

### 6.强化安全监管体系建设

随着无人机、eVTOL等新型飞行器的广泛应用,飞行安全成为低空经济发展的核心问题之一。为了确保低空经济的长期健康发展,中国必须建立健全安全监管体系,尤其是在低空飞行器的飞行安全、应急响应、事故处理等方面。中国应尽快完善飞行安全管理制度和应急救援机制,确保低空飞行活动的安全性和可控性。

此外,政府应通过技术创新来提升低空监管能力。例如,可以利用低空智能网联技术、低空雷达、多机协同等新技术,构建一个全面、跨区域的低空安全监管体系,确保低空飞行活动不受时空限制,实现全方位、全天候的监管。同时,要加强地方政府与相关部门的合作,推动安全监管体系在地方层面的实施,并通过数据共享和信息互通,形成高效的监管联动机制。

### 7.推动低空经济示范区建设

为了加速低空经济的应用与发展,中国应支持部分具备条件的地区建设低空经济示范区。这些示范区可以重点开展低空物流、城市空中出行、低空旅游等应用场景的试点,推动低空经济的实际应用。通过示范区的建设,可以积累宝贵的经验和数据,为全国范围内的低空经济发展提供实践依据。同时,政府可以通过政策引导、资金支持等手段,加大对示范区的扶持力度,鼓励创新应用的快速落地,并推动示范区成为低空经济发展的引领标杆。

### 8.促进低空经济市场多元化发展

低空经济的应用领域非常广泛,涵盖了物流运输、城市空中出行、农业植保、电力巡检、应急救援、环境监测等多个领域。中国应通过政策引导、技术创新等手段,推动低空经济市场的多元化发展,扩大低空经济的市场应用场景。政府应支持低空物流、电力巡检、城市空中出行等领域的企业进行技术创新,推动低空经济的全面普及和应用。加快市场化进程,能够提升低空飞行器的普及率和服务效率,推动低空经济的可持续发展。

【参考文献】

[1] 徐宁.加速"起飞",全力竞逐"低空赛道"[N].南京日报,2025-01-16(A04).

[2] 蒋博涵.论中国低空经济高质量发展的法律激励:目标、图景与工具[J].河海大学学报(哲学社会科学版),2025,27(1):148-160.

[3] 熊丽.低空经济飞得快更要飞得稳[N].经济日报,2025-01-03(5).

[4] 毛磊.低空经济产业:内涵界定、经验借鉴和政策建议[J].中国商论,2024(24):143-147.

[5] 樊睿,司玉锋,于明.我国低空经济市场应用研究[J].中国工业和信息化,2024(12):54-59.

[6] 朵灏,张鹤,卢海萌,等.我国低空经济发展问题研究[J].中国电信业,2024(12):18-20.

[7] 肖飞.以法治力量护航低空经济行稳致远[J].公安研究,2024(12):18-24.

[8] 唐德森.区域视角下的低空经济+[J].企业管理,2024(12):12-16.

[9] 朱克力.拆解低空经济产业链[J].企业管理,2024(12):6-12.

[10] 张澎.低空经济的产业链与超大规模市场优势研究[J].公关世界,2024(23):6-9.

[11] 张博钧,刘立平,曹珺飞,等.低空经济产业标准体系规划研究[J].信息通信技术与政策,2024(11):41-47.

[12] 孙国辉,聂鹏,赵丽彤.低空经济市场空间预测研究[J].信息通信技术与政策,2024,50(11):33-40.

[13] 张倩.低空经济发展现状与对策研究[J].老字号品牌营销,2024(22):73-75.

[14] 龚思兰,刘星语,王金鹤.低空经济产业蓄势待发[J].通信企业管理,2024(11):23-24.

[15] 蓝寿荣.低空经济产业促进法的法理逻辑与制度体系[J].新疆师范大学学报(哲学社会科学版),2025,46(3):140-153.

［16］李万晨曦.低空经济网络设施建设提速产业链公司加码布局［N］.证券日报，2024 - 10 - 25(B02).

［17］许世琳.国外低空经济产业发展的经验与启示［J］.中国发展观察，2024(9):69 - 76.

［18］严月浩.无人机概论［M］.西安：西北工业大学出版社，2018.

［19］瓦拉瓦尼斯，瓦克塞万诺斯.无人机手册［M］.樊邦奎，向锦武，严月浩，等译.北京：国防工业出版社，2019.

"抓科技创新和产业创新融合,要搭建平台、健全体制机制,强化企业创新主体地位,让创新链和产业链无缝对接。"——习近平

# 低空经济技术链

第**4**章

低空经济作为一项高度依赖技术创新的产业,其技术链的构建不仅是推动行业发展的根本动力,更是确保其可持续发展的核心。该技术链涉及飞行器设计、动力系统、智能控制、空域管理等多个技术领域,涵盖了从飞行器本身的研发到飞行保障措施的应用。与产业链的视角不同,技术链注重的是各项技术的不断突破与协同创新,它揭示了技术与产业需求之间的紧密联系及其相互促进的作用。无论是飞行器的性能提升,还是飞行安全的保障,都深深扎根于技术链的各个环节。

低空经济的技术不仅贯穿了飞行器的整个生命周期,还扩展到了飞行器起降点的规划、航线管理、空中交通调度及飞行过程中的保障措施。这些环节相互联系、相辅相成,共同构成了一个高度集成的技术体系。在此体系中,飞行器的设计和动力系统的创新直接影响到飞行器的航程、载重、稳定性等基本性能,而智能化与自主控制技术的引入则极大地提升了飞行器控制的精度与安全性,使其能够在复杂、动态的空域环境中顺畅运营。同时,飞行器的起降点与航线管理技术确保了飞行的高效与安全,而空中交通管理的技术调度则在动态复杂的空域中优化了资源配置,有效规避了潜在的飞行风险。

在技术链的各个环节中,飞行器设计与动力系统技术是基础,也是技术链的

起点。飞行器设计不仅仅是构型选择,更是对飞行性能、负载能力以及操作环境的全面考量。动力系统的效率与续航能力是决定飞行器适用范围和市场竞争力的关键因素,而这一点依赖于电池技术、动力传输和能量管理等方面的突破。随着电池续航能力与能源利用率的不断提高,飞行器的持续飞行时间和飞行距离得到了显著提升。智能化与自主控制技术的应用,使得飞行器能够在复杂的空域中进行自主导航、避障与精准操作,推动了低空经济在农业、物流、应急救援等多个领域的广泛应用。

飞行器技术的发展并非孤立存在的,它与起降点规划、航线管理、空中交通调度等技术紧密相连。飞行器的起降点规划不仅要考虑地理条件,还要结合城市空间、空域管理、飞行器起降模式等多重因素进行系统设计。航线管理技术则需要综合考量空域的容量、飞行器的性能和任务需求,进行精确的航线调度与资源分配。在空中交通管理方面,随着低空经济的迅速发展,空域的复杂性与飞行任务的多样性对管理技术提出了更高的要求。智能化调度系统、实时空域监控、飞行数据采集与分析等技术的集成应用,使得低空飞行器能够在动态变化的空域环境中实现高效、安全的飞行。

除了飞行器和空域管理相关技术,飞行过程中的保障措施技术也至关重要。飞行安全保障技术涉及飞行器稳定性、容错能力以及在突发情况下的应急响应能力,以确保飞行器在不同环境下的安全性。通信与导航技术则是保障飞行器与地面控制系统、其他飞行器之间高效协作的基础,它确保了飞行器在飞行中的实时信息传输和精准导航。随着低空经济技术的逐步发展,如何在保障飞行器安全的前提下提升其自主飞行能力、优化空域管理并确保飞行过程的合法合规,已成为推动低空经济可持续发展的核心议题。

低空经济技术链的构建不仅关乎单一技术的突破,更是一个多维度、多层次技术协同的过程。随着低空经济在全球范围内的迅速发展,如何将飞行器技术、起降点规划、航线管理与飞行保障技术深度融合,并通过技术创新驱动产业应用的拓展,已成为行业发展的关键课题。通过持续的技术进步和体系优化,低空经济将在未来实现更加广泛、深入的行业应用,推动全球经济的数字化转型和空域资源的高效利用。

本章将深入探讨低空经济技术链的构建,重点分析飞行器技术链、飞行器起降点及航线管理、飞行保障措施技术等方面的关键技术及应用。通过对这些技术的详细解析来揭示低空经济技术链的全面构成及其各环节之间的内在联系,进而展现各项技术如何协同作用,推动低空经济的高速发展。

# 4.1 飞行器设计与制造技术

飞行器技术是低空经济体系的核心,贯穿从飞行器的设计、研发、制造到后续运营与维护的整个产业过程。低空经济的快速崛起,飞行器技术的不断进步,尤其是无人机和 eVTOL 飞行器的创新,成为推动这一产业快速发展的重要动力。飞行器技术不仅涵盖飞行器本体的设计和制造,还包括飞行控制、通信、导航、监视、传感器技术等关键子系统的协调发展,这些技术的进步共同支撑着低空经济的多元化应用。

以无人机为代表的低空飞行器,在物流、农业、环境监测、文旅等领域广泛应用,展示了其强大的产业潜力。eVTOL 飞行器作为未来城市空中出行和空中物流的重要组成部分,正迎来前所未有的发展机遇。随着飞行器性能的持续提升及智能化水平的不断提高,低空飞行器在商业化运作中的价值愈发凸显,市场需求逐步增大。

然而,飞行器技术的发展同样面临一些问题。飞行器在复杂的城市环境中运行,要求更高的飞行稳定性和安全性,尤其是在多样化应用场景下,如何满足个性化需求,以及如何实现与空域管理系统和其他技术平台的无缝对接,仍然是行业关注的重点。此外,电池续航、飞行器可靠性、空域资源协调等技术瓶颈,也使得低空飞行器的商业化进程面临考验。

飞行器技术的发展,不仅依赖于单一技术的突破,更需要多领域的协同创新。飞行器设计、动力系统的创新、智能控制技术的融合将是低空经济持续健康发展的关键。随着政策的支持和技术创新的加速,飞行器技术必将在未来的低空经济蓝图中发挥更加核心的作用。

## 4.1.1 飞行器设计与制造技术组成

飞行器设计与制造技术主要分为无人机设计与建模、气动设计与仿真、结构分析、动力系统设计、控制系统开发、通信技术、制造与生产、系统集成与测试,如图 4-1 所示。飞行器设计与制造技术涉及多个学科和复杂流程,通常需要使用多种计算机辅助软件来完成设计、分析、测试和制造任务。

**图 4 - 1 飞行器设计与制造技术的组成**

## 1. 无人机设计与建模

无人机设计与建模支持无人机的概念设计、气动优化、结构分析、动力系统建模以及控制系统仿真等各个方面的开发。设计软件(如 AutoCAD、SolidWorks)帮助创建无人机的三维模型,进行机身、翼型、载荷等的几何设计。气动模拟工具(如 ANSYS Fluent、XFLR5)提供对气动性能的分析与优化,预测飞行器在不同飞行状态下的升力、阻力等气动特性。结构分析软件(如 ABAQUS、ANSYS)用于评估无人机在不同载荷下的应力、变形和疲劳寿命,确保其结构的可靠性。动力系统建模工具(如 MATLAB/Simulink)可用于开发并测试动力系统模型,优化电池、电机和推进系统的性能。控制系统仿真软件(如 Simulink、X-Plane)则提供飞行控制系统的设计与验证,确保无人机的稳定性与操控性能。此外,集成的仿真平台还支持多学科协同设计和虚拟飞行测试,帮助设计人员评估整体系统性能并进行优化。常见软件有 SolidWorks、CATIA、Autodesk Fusion 360、Siemens NX、PTC Creo 等。

## 2.气动设计与仿真

气动设计与仿真用于分析和优化飞行器的气动性能,确保其在飞行中的稳定性、升力效率和低阻力特性。其功能包括气动形状建模、流场仿真、升力与阻力计算、气动载荷分析以及飞行性能预测。通过采用计算流体力学(CFD)技术,这些软件能够模拟飞行器在不同飞行状态下的空气流动情况,识别潜在的气动问题,并进行优化设计。此外,气动设计与仿真工具还支持翼型设计、空气动力学控制面分析以及多体动力学耦合仿真,以确保飞行器在各种工况下的最佳气动表现。通过这一系列功能,气动设计与仿真软件为飞行器的设计和测试提供了强大的虚拟验证手段,极大地提高了设计效率和飞行安全性。常用软件有 ANSYS Fluent、OpenFOAM(开源)、XFOIL(适合翼型设计)、Star-CCM+、FlyGear 等。

## 3.结构分析

结构分析用于评估飞行器各部件在各种载荷条件下的强度、刚度和可靠性,以确保其满足安全和性能要求。其主要功能包括应力分析、形变分析、疲劳分析和断裂力学分析。通过有限元分析(FEA)技术,结构分析软件可以模拟飞行器在不同飞行状态和外部环境下的受力与变形情况,识别结构薄弱点和潜在失效模式。此外,软件还支持多种边界条件和材料模型,能够对复杂的结构进行全面的分析和优化设计。通过这些功能,结构分析软件不仅能够帮助设计人员提高产品的强度与耐久性,还能够在设计阶段提前发现问题,减少物理试验的需求,降低开发成本和时间。常用软件有 ANSYS Mechanical、Abaqus、Siemens NX Nastran、HyperMesh 等。

## 4.动力系统设计

动力系统设计用于优化飞行器的推力来源和能源系统,以满足性能需求和运行效率。其功能包括发动机选型与匹配、推力计算、能源管理、热力学分析以及传动系统设计。通过模拟飞行器的动力需求,动力系统设计软件能够精确计算发动机的推力输出、燃料消耗和排放情况,并对动力系统的效率进行优化。它还支持传动系统的设计与分析,能够确保推力传递的平稳性与可靠性。此外,软件还能够进行动力系统的整合,确保各子系统之间的协调工作,降低能源损耗和提高系统的整体性能。通过这些功能,动力系统设计软件为飞行器提供了高效、可靠的动力支持,能够保证其在多种飞行工况下的稳定运行。常用软件有 MATLAB/

Simulink、Motor-CAD、X-Plane（用于飞行器动力模拟）等。

### 5.控制系统开发

控制系统开发软件主要用于设计和实现飞行器的自动控制系统，确保其在各种飞行状态下的稳定性和任务执行能力。其核心功能包括控制算法设计、状态估计、传感器融合、控制律优化和闭环系统分析。通过开发先进的控制策略，如比例积分微分（PID）控制、自适应控制、鲁棒控制和最优控制，软件可以实现飞行器的姿态控制、轨迹跟踪和故障诊断等任务。控制系统开发工具还支持实时仿真和虚拟测试，帮助工程师验证控制系统在复杂环境中的响应与稳定性。此外，软件通常与硬件接口紧密结合，支持嵌入式系统的集成，确保控制指令的快速执行与系统的高效运行。通过这些功能，控制系统开发软件为飞行器提供了精确的控制能力，确保其在不确定性和干扰条件下依然能够可靠飞行。常用软件有 MATLAB/Simulink（广泛用于控制算法设计）、PX4 开发工具链（QGroundControl、Gazebo 等仿真器）、ROS/ROS 2（机器人操作系统）、LabVIEW 等。

### 6.制造与生产

制造与生产软件主要用于优化飞行器的生产过程，提高生产效率，降低成本并确保产品质量。其主要功能包括生产规划与调度、物料管理、工艺设计、制造过程仿真、质量控制和设备管理。通过集成的制造执行系统（MES）和企业资源规划（ERP）系统，软件能够实时监控生产进度、资源利用率和库存状况，协调各环节的工作流程。此外，制造与生产软件还支持工艺优化和精益生产，能够模拟不同生产工艺的效果，帮助减少浪费并提高产能。质量控制模块则确保飞行器的每个生产环节都符合设计标准，通过数据驱动的分析和监控，提前识别潜在的质量问题。通过这些功能，制造与生产软件能够帮助企业实现高效、精确的生产过程，确保飞行器的稳定性和可重复性。常用软件有 Mastercam（CNC 编程）、Siemens NX CAM、Autodesk Fusion 360（带有 CAM 模块）、Cura（3D 打印切片软件）等。

### 7.系统集成与测试

系统集成与测试软件主要用于将飞行器各个子系统（如气动、结构、动力、控制等）整合为一个完整的系统，并验证其在实际工作环境中的功能和性能。其核心功能包括子系统的集成管理、系统仿真、接口测试、功能验证和故障诊断。通过虚拟环境和硬件在环（HIL）测试，软件能够模拟飞行器在不同飞行工况下的行为,检测各子系统之间的协同效果,并评估系统的稳定性、可靠性和安全性。测试模块能够进行自动化测试,实时监控系统状态,并生成详细的测试报告,帮助工程师识别潜在问题,优化系统设计。通过这些功能,系统集成与测试软件确保飞行器的各个子系统能够无缝合作,满足设计要求并具备良好的实战表现。市面上的主流软件有 dSPACE、NI VeriStand、MATLAB/Simulink(HIL 模块支持),常用软件有 X-Plane、Gazebo(与 ROS 结合)、RealFlight 、FlyGear 等。

### 4.1.2　气动设计

空气动力学设计中的反问题是气动设计的核心之一,其研究始于翼型设计领域。20 世纪 30 年代,美国国家航空咨询委员会(NACA)设计了 6 系列翼型,奠定了翼型反设计的初步基础。1945 年,Lighthill 提出了基于目标压力分布的翼型反设计方法,为该领域提供了理论支撑。然而,由于反设计方法依赖于对理想压力分布的掌握,所以设计效率受到经验的限制。

随着计算流体力学(CFD)技术的发展,气动分析逐步从实验室风洞测试转向数值模拟。CFD 技术经历了从速度势方程、Euler 方程到 Navier-Stokes 方程数值求解的演变,网格数量从几万级增长到数千万级,为复杂流动计算提供了可能。CFD 的应用使得三维机翼、翼身组合体及增升装置等复杂气动布局的分析成为可能,大幅提高了设计效率并降低了成本。例如,波音 787 的研发中广泛采用 CFD 技术完成高速机翼、发动机短舱和翼尖小翼的优化设计。

20 世纪 80 年代后,CFD 技术的成熟推动了优化理论与气动设计的结合,形成了以气动优化为核心的研究方向。近年来,多学科优化设计(MDO)进一步拓展了气动设计的研究领域。然而,由于气动优化涉及多学科交叉(包括几何造型、网格生成、数值优化等),CFD 计算的高复杂性和高成本仍然限制了其在工程实践中的广泛应用。

国际上,为规范和推动气动优化设计的发展,欧美国家设立了标准算例和研究课题。美国 AIAA 成立了空气动力优化设计讨论组(ADODG),发布了一系列标准问题,旨在评估不同优化方法的能力。欧洲 GARTEUR Action Group (AD/AG52)则着重于基于代理模型的气动优化研究,探索复杂设计空间的降维和多目标优化方法。

国内在气动设计方法研究方面也取得了一定进展,"十二五"以来,有关单位组织了联合研究,发展了相关的计算与设计程序,取得了良好的研究成果。通过联合研究和算法开发,初步形成了适合工程需求的气动设计程序。然而,针对具体方法的专题研究仍较为有限，未来需加强在高效算法、代理模型精度与稳健性优化等方面的研究，进一步提升气动设计的应用水平。

### 1.反设计方法

反设计方法的核心是通过给定的流场信息（如物体表面边界的压力分布）反推出相应的几何外形。1945年，Lighthill通过保角变换实现了二维翼型的反设计，并提出了压力分布需满足的约束条件，为反设计方法奠定了理论基础。

20世纪70年代，反设计方法从不可压缩流动研究拓展至可压缩流动领域，进一步发展了跨声速小扰动反方法（Stiger 和 Klincberg）、笛卡儿网格法（Carlsor）和虚拟气体法（Sobiczky），以应对更复杂的气动需求。20世纪80年代，Takanashi基于小扰动速势方程提出了余量修正法，Weed 和 Henne 将其应用于三维机翼设计，NASA 的 Campbell 和 Smith 则发展了表面曲率法。我国张仲寅和华俊教授结合余量修正法，开展了翼型和超临界机翼的反设计研究，取得了显著成果。

进入21世纪，数据挖掘技术的进步进一步推动了反设计方法的发展。Bui-Thanh提出了基于本征正交分解（Proper Orthogonal Decomposition,POD)和数据填补技术的 Gappy POD反设计方法，随后邱亚松和李思怡等研究者对该方法进行了改进，提出了差量 Gappy POD 方法，显著提高了设计精度与鲁棒性。

反设计方法的主要优点在于计算效率高且无须大量 CFD 计算。然而，其应用受到目标压力分布难以准确确定的限制，为此引入了压力分布优化方法。尽管如此，对于满足不同设计需求的翼型或三维机翼，其理想压力分布的确定仍是限制反设计方法进一步推广的主要难点。

### 2.优化设计方法

与反设计方法相比，优化设计方法具有更大的灵活性和适应性。气动优化设计通过将计算流体力学（CFD)技术与优化理论结合，将气动设计问题转化为求解目标函数极值的数学问题，并满足一定的几何和物理约束。利用现代计算机的高效计算能力，优化设计方法可以实现更加自动化和鲁棒性的气动设计，从而显著提升设计效率和性能。

优化设计的核心是建立优化模型。首先，根据设计需求确定目标函数，例如升力、阻力或力矩系数等空气动力学性能参数；其次，定义几何外形的设计变量与设计空间，用于描述外形变化；最后，结合工程约束条件，构建完整的约束体系，使优化模型更贴近实际需求。

在具体实施中,气动优化设计通常包括以下步骤:①建立几何参数化模型与动态网格生成技术;②采用 CFD 或代理模型计算气动性能;③结合数值优化方法求解目标函数极值。通过将这些步骤有机结合,优化设计方法不仅可以解决传统反设计中的压力分布问题,还能够针对升力、阻力等直接影响飞行器性能的特性进行全局优化。

气动优化设计自 20 世纪 70 年代由 Hicks 等提出以来,已在翼型和飞行器外形设计中得到广泛研究与应用。其在处理复杂工程问题中的优势,使其成为现代气动设计的重要研究方向。其流程框架如图 4-2 所示。

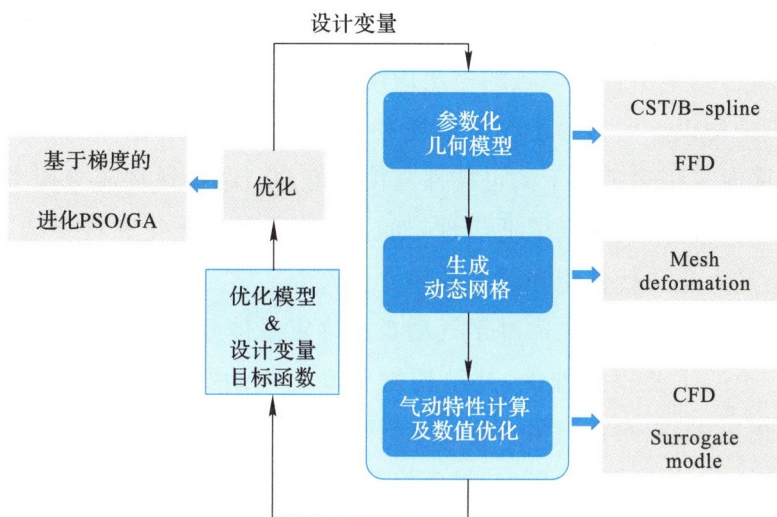

图 4-2 气动优化设计流程图

### 4.1.3 结构设计

飞行器的结构设计也是一项至关重要的技术。低空飞行器需具备轻量化和强度足够的机体结构,以确保飞行器的耐久性与安全性。采用复合材料和高强度铝合金材料,能够在保证飞行器强度的同时减小自重,提高能效。此类结构设计的优化使得飞行器能够在复杂的低空环境中稳定飞行,尤其是在城市空中出行和空中物流等多场景应用中,飞行器需要适应各种风速变化和空气涡流等环境因素。

随着低空经济需求的多样化,飞行器设计开始向模块化与多功能化发展。模块化设计使得飞行器能够根据不同的任务需求,迅速进行调整和配置。以物流无人机为例,它们可以根据具体任务更换货舱或电池,从而适应不同质量和续航需求的任务。这种设计不仅能提高飞行器的运营效率,还能降低生产和维护成本。飞行器的模块化设计还便于实现快速的维修和升级,从而延长使用寿命并提高经济效益。

全球范围内,多个国家和企业在飞行器设计与开发方面取得了显著进展,并为低空经济的技术创新提供了重要推动力。在美国,Joby Aviation 和 Lilium 等公司通过推出先进的电动垂直起降飞行器,推动了城市空中出行的商业化进程。这些飞行器以其创新的设计和高效的电动驱动系统,逐步实现了从概念到实际应用的转化,为低空经济的快速发展奠定了基础。在中国,大疆在消费级无人机领域取得了领导地位,其设计理念不仅涵盖了高效能飞行器,还在多种应用场景中推动了低空经济的应用拓展。随着国内市场对低空经济需求的快速增长,飞行器设计与开发的技术持续创新,逐步实现了工业级无人机、eVTOL 飞行器等在物流、农业和城市空中出行等领域的广泛应用。

无人机结构设计的目的是在复杂任务需求下实现轻量化、高强度、高刚度的结构方案,同时保障多工况下的可靠性与使用寿命。结构设计需全面考虑载荷分布、刚性约束、功能集成和环境适应性,通过科学的布局优化和材料选择,在有限质量约束下最大化飞行性能和任务效率。

无人机结构的设计首先需基于气动布局确定总体框架。对于固定翼无人机,机翼作为升力的主要提供部件,其结构需要满足气动载荷和结构载荷的综合要求,通常采用单梁、双梁或箱梁结构,结合蜂窝芯蒙皮以提升整体刚度和局部稳定性。机身结构则需承受气动压力、设备质量和飞行振动载荷,采用壳体-框架混合结构分散应力。旋翼无人机的设计则更注重对称性与刚度控制,其机臂通常采用高扭转刚度材料,并通过有限元分析优化振动特性以提升稳定性。

轻量化设计是无人机结构设计的核心要求之一,通过材料选择、结构优化和功能集成实现质量的最小化。材料选择优先考虑高比强度和高比刚度的轻质材料,例如碳纤维复合材料、铝锂合金和钛合金,综合考虑其疲劳特性和抗环境能力。结构优化包括拓扑优化和参数优化,以去除冗余材料并强化关键部位。功能集成通过将承载结构与任务设备结合,例如将机体内部设计为电池舱或电子设备舱,进一步减少附加质量。

可靠性设计贯穿于无人机结构的全周期评估,涉及静力学分析、动态响应分析和疲劳失效评估。静力学分析确保结构在最大设计载荷下不发生塑性变形或失效。动态响应分析则通过模态分析和振动特性优化,降低振动对结构寿命和飞行稳定性的影响。疲劳失效评估基于载荷谱,计算关键部件的疲劳寿命并进行设计冗余补强。对于极端环境条件,例如高速飞行时的气动加热和高空低温,结构需通过热力耦合分析确定适应性。

　　无人机的结构设计还需注重模块化与可维护性。模块化设计通过标准化的连接与分段式结构,便于快速拆装和任务升级。关键连接部位需采用高强度设计,并结合有限元分析优化载荷分布,避免因应力集中导致的局部失效。

　　无人机结构设计在轻量化、高强度和多功能集成之间实现平衡,并通过力学优化与可靠性评估确保其在多种复杂载荷条件下的适应性与稳定性。

　　无人机结构设计流程图如图4-3所示。

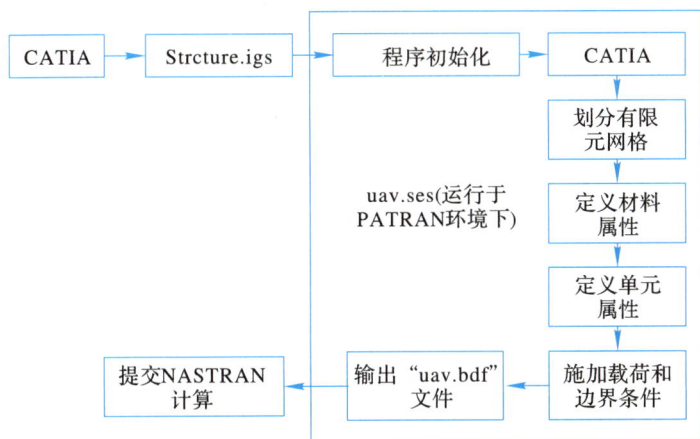

**图4-3　无人机结构设计流程图**

### 4.1.4　动力系统与续航技术

　　动力系统与续航技术是低空飞行器设计中的关键技术之一,对飞行器的性能、可靠性和应用范围具有直接影响。随着低空经济需求的不断增长,飞行器的动力系统正朝着电动化、绿色化和高效化发展,续航技术也不断突破瓶颈,推动飞行器在更多应用场景中的可行性和普及性。尤其是在无人机、电动垂直起降(eVTOL)飞行器等低空飞行器中,动力系统与续航技术成为飞行器实现长时间、高负载飞行的核心驱动力。

　　电动化动力系统成为低空飞行器最具前景的动力方案。传统燃油发动机因质量大、效率低且污染严重,在低空飞行器中的应用逐渐被替代为电动动力系统。电动驱动系统通过电池为飞行器提供动力,相较于燃油系统,电动动力系统更加环保、噪声更低,维护成本也较低。因此,电动飞行器在多个应用领域,如城市空中出行(UAM)、空中物流和农业喷洒等,成为可持续发展的理想选择。然而,电动系统的关键技术之一是电池系统,尤其是电池的能量密度和续航能力,这对飞行器的飞行时长和有效载荷有着重要影响。

　　目前,锂电池是低空飞行器中最常用的电池类型,它以较高的能量密度和较长的使用寿命，满足了大部分飞行器的需求。然而，锂电池的能量密度仍然存在一定局限性，尤其是在长时间飞行和高负载任务的场景下，续航能力往往难以满足要求。因此，推动高能量密度电池的研发成为飞行器动力系统发展的重要方向。目前，固态电池、镁电池以及钠离子电池等新型电池技术逐渐成为研发热点，这些电池相较于传统的锂电池具有更高的能量密度和更长的使用寿命。

此外，氢燃料电池作为一种零排放的绿色动力技术，正在受到越来越多的关注。氢燃料电池的优势在于其较高的能量密度和较强的续航能力，这对于高负载、高飞行时间的飞行器尤为重要。例如，空中客车公司推出的"ZEROe"氢能源飞行器概念，采用氢燃料电池作为主要动力来源，标志着飞行器动力系统向更绿色、可持续的方向发展。氢燃料电池不仅能够减少温室气体的排放，还能提供较长的飞行时间和较高的载重能力，适应更复杂的飞行任务和更大范围的飞行场景。

为了进一步提升飞行器的续航能力，能源管理技术也得到了广泛关注。高效的能源管理系统不仅可以优化电池的能量使用，延长电池的使用寿命，还能在飞行过程中实时调整能量分配，以确保飞行器在不同任务和环境条件下始终保持最佳性能。这类技术涉及飞行器的能量回收系统、实时监控和数据分析等领域，可以有效提高飞行器的飞行效率和安全性。例如，通过能量回收技术，飞行器在飞行过程中可以回收部分能量，将其转化为电池电量，从而延长续航时间。此外，智能化的能量管理系统还可以根据飞行任务的不同需求，动态调整能源分配，确保飞行器在长时间飞行或复杂环境下也能稳定运行。

飞行器的动力系统与续航技术的发展还面临着一系列的挑战。电池技术的瓶颈仍然是最为突出的问题，现有电池的续航能力远不能满足某些高负载任务的需求，尤其是在城市空中出行和空中物流等长时间飞行的应用场景中，续航能力仍是制约技术进步的瓶颈。此外，氢燃料电池的高成本、基础设施的缺乏以及燃料的运输问题，也是当前技术发展的障碍。为了解决这些问题，飞行器制造商和研究机构正加大研发投入，推动新型能源技术的应用与成熟。例如，固态电池和氢燃料电池的应用，预计将解决当前动力系统中能量密度不足、续航能力有限的问题，为低空飞行器提供更为高效、长效的动力支持。

在全球范围内，多家领先的飞行器企业和研究机构已经在动力系统与续航技术领域取得了显著进展。例如，Joby Aviation 和 Lilium 等公司开发的 eVTOL 飞行器，采用了高效的电动驱动系统和优化的能源管理技术，以实现城市空中出行的目标。在氢燃料电池领域，空中客车、波音等航空巨头正在积极推动氢能技术在飞行器中的应用,以期使未来的飞行器实现长时间、高效能的飞行。

动力系统与续航技术是低空飞行器技术发展的核心驱动力之一,直接决定了飞行器的性能、适用场景以及市场竞争力。通过推动电动化、绿色化、智能化的动力系统技术创新,低空飞行器能够实现更高效、更环保的飞行模式,满足日益增长的低空经济需求。随着新型电池技术、氢燃料电池和能源管理系统的突破,飞行器的续航能力将逐步提升,推动低空经济在更广泛的领域取得应用进展。

### 4.1.5 控制系统设计

无人机系统控制架构主要由硬件系统和软件系统构成,它们共同实现了无人机的飞行、控制和任务执行。

#### 1.无人机硬件系统

1)飞行器平台分系统:无人机的主体,旨在实现无人机的飞行和任务执行。该系统主要包含:①机体结构,是无人机的"骨骼",指无人机骨架及其机械结构部分,包括机翼、机身、尾翼等部件,提供无人机的基本外形和气动特性;②动力系统,是无人机的"心脏",包括电池装置、电子调速器(电调)发动机或电动机、螺旋桨或旋翼,动力系统之间的匹配和选择极其重要,它们的性能直接决定了无人装备的载荷能力、升限、续航飞行速度、机动性等总体性能;③飞控机构,是无人机的"大脑",负责感知飞行状态、计算飞行控制指令并控制执行机构,从而实现飞行器的稳定飞行和操控;④惯导机构,是无人机的"小脑",通过陀螺仪、惯性传感器等惯性测量元件(IMU)来获取无人机的位置、姿态加速度等信息;⑤导航模块,主要包含全球定位系统(GPS)、北斗卫星导航系统。

2)信息传输分系统:包含机载信息传输和地面信息传输,用于无人机与地面站、其他飞行器或控制设备之间进行数据通信和信息传输,完成数据的接收和发送。

3)任务载荷分系统:旨在提供实时情报信息,包含光电传感器、合成孔径雷达(SAR)。

4)地面测控分系统:无人机系统的指挥和控制中心,可实现控制、通信、处理一体化,具备任务规划、系统控制、数字地图、数据链路、图像处理、状态显示等功能。

5)地面保障设备:负责无人机的地面发射与设备回收。

无人机硬件系统的组成如图4-4所示。

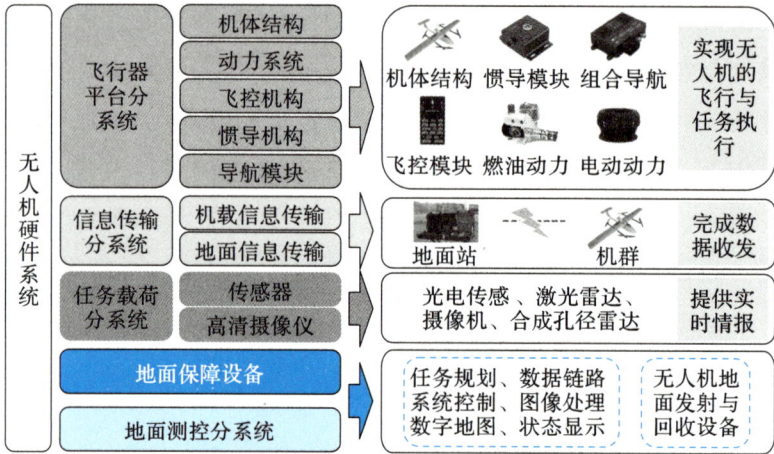

图 4-4　无人机硬件系统组成

### 2. 无人机软件系统

无人机软件系统主要包括感知与估计模块、运动规划模块和飞行控制模块，这些模块相互协作，共同实现无人机信息搜集、指令执行、稳定飞行等功能。各模块之间的联系如图 4-5 所示。

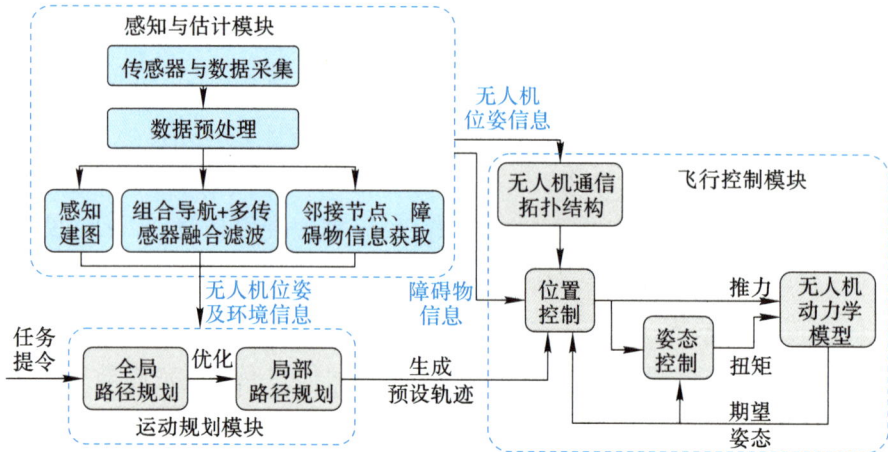

图 4-5　无人机软件系统

（1）感知与估计模块

各类传感器采集无人机相关数据，由于传感器数据可能包含误差、噪声或不完整信息，所以需要对其进行预处理，包括降噪、校准、坐标转换、时空同步、异常点处理等操作，以提高数据的准确性和可靠性。同时，可获取点云数据、邻接节点及周围地形和障碍物等信息，结合同步定位与地图构建（SLAM）算法和地图构建技术，可得到数字地图。最后，结合数学模型，将多个传感器的数据进行融合，估计无人机状态（包括位置、速度、姿态等），常用的状态估计方法包括卡尔曼滤波、扩展卡尔曼滤波、粒子滤波等。感知与估计模块如图 4-6 所示。

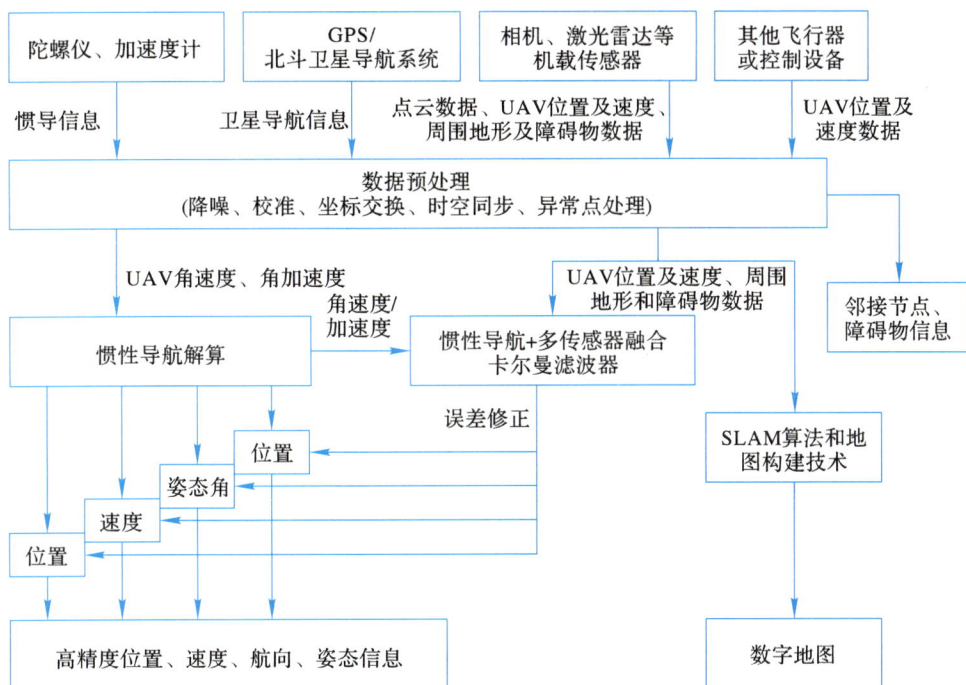

图 4-6　感知与估计模块

（2）运动规划模块

运动规划模块结合任务需求、周围环境和飞行器动力学特性等要素，基于各种类型的寻优算法获取无人机的参考飞行路径或轨迹，一般将其分为全局路径规划和局部路径规划。全局路径规划是在全部目标点及障碍物已知条件下的一种运动规划，属于静态规划。实际运用中，目标点及障碍物数量和位置可能会产生动态变化，此时，全局路径规划已不再适用。局部路径规划建立在全局路径规划基础上，根据系统实时的反馈信息判断是否需要进行局部路径规划，若需要，则结合路径规划算法动态调整无人机的飞行路径。

（3）飞行控制模块

飞行控制模块基于运动规划模块得到的预设轨迹和无人机运动学模型，设计高效的控制算法，计算出相应的控制指令（如电机转速、舵面角度等），并发送给飞行器的执行机构（如电机、舵面等），对其姿态、位置和速度等参数进行控制，驱动无人机沿期望的轨迹飞行。同时，无人机与其动力系统之间的协调控制问题也是飞行控制模块需要解决的关键问题之一，需要考虑以下几点。

1）由无人机的飞行状态和任务需求合理进行动力分配，如悬停状态需要保持各个电机推力的平衡、转弯过程调整部分电机的推力；

2）调整舵面的偏转角度以控制无人机姿态，如水平飞行中调整副翼的偏转角度进行滚转运动、垂直飞行中调整升降舵的偏转角度进行俯仰运动；

3）实时计算电机转速以精确控制无人机速度，如加速过程中需逐渐提高电机转速、减速过程中需逐渐降低电机转速；

4）通过协调控制解决无人机的姿态、位置和速度耦合问题，如转弯过程中同时调整电机的推力和舵面的偏转角度，以实现对无人机姿态和速度的协调控制。

飞行控制模块如图 4-7 所示。

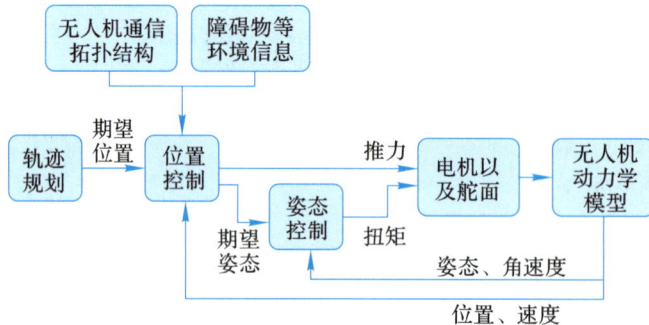

图 4-7 飞行控制模块

### 3. 无人机系统定位技术

惯性导航利用 IMU 获取无人机的加速度和角速度等信息，存在漂移误差、跳跃误报等缺点。GPS 通过经纬度信息推算得到无人机的位置和速度，但定位误差会不断积累，且 GPS 信号受环境干扰影响大，因此通常采用组合导航滤波的方式实现融合滤波，提高了无人机导航精度和鲁棒性，但在实际应用中需要克服一些挑战和限制，如计算复杂度、系统延迟、传感器误差、故障容错和数据一致性等问题。此外，超宽带（UWB）技术和实时动态测量（RTK）技术等也可进行定位，但工作环境受限，对外部设备依赖性大。视觉导航技术利用无人机搭载的摄像头或其他视觉传感器获取环境的视觉信息，通过图像处理和计算机视觉技术实现无人机的导航和定位。同样，SLAM 算法可以利用视觉信息实现无人机的同时定位与建图，使其能在未知环境中实现导航和探索。视觉 SLAM 算法的主要流程可概括为感知数据获取、特征提取与匹配、运动估计、地图更新、闭环检测、优化与估计、导航和定位。通常采用的视觉传感器有单目/多目相机、深度相机和事件相机。SLAM 算法适应性强、信息获取全面、精度高，但受光照和环境影响大、使用场景受限、计算复杂度高，导致其对机载电脑的算力要求也很高。视觉里程计利用相邻图像之间的位移关系来跟踪相机的运动，在实时性、无须先验地图等方面具有优势，但也面临着累积误差、环境变化敏感等挑战。

### 4.智能化与自主控制技术

随着低空经济的发展,智能化与自主控制技术正逐步成为飞行器设计的核心组成部分。这些技术的应用使飞行器能够在复杂的环境中高效、安全地完成任务,尤其是在无人驾驶飞行器和eVTOL飞行器领域,智能化和自主控制技术的创新对其商业化应用起到了至关重要的作用。

智能化技术首先体现在飞行器的自动化驾驶系统上。通过先进的传感器和人工智能算法,飞行器能够自主感知周围环境,实时处理飞行数据,执行自主飞行。无人机和eVTOL飞行器的飞行路径规划、目标识别与避障等功能,都是基于深度学习、计算机视觉和环境感知技术的。这些技术使飞行器能够自主调整飞行策略,从而有效应对动态复杂的环境变化,如避免与建筑物、其他飞行器或障碍物的碰撞。

在飞行器的自主控制方面,关键技术之一是飞行控制系统(FCS)。现代飞行控制系统采用了多重冗余机制,确保飞行器在遭遇部分系统故障时依然能够保持飞行稳定性。通过自主控制系统的整合,飞行器能够在恶劣气候、复杂地形或繁忙的城市空域中安全运营。例如,eVTOL飞行器需要具备强大的垂直起降能力和在城市环境中的精确控制能力,这要求飞行器不仅具备精密的传感器技术,还需通过高度智能化的飞行控制系统来调节推力分布,确保稳定性与安全性。

飞行器的自主控制技术还包括实时数据处理和预测能力。借助强大的计算平台和算法,飞行器能够根据飞行状态和环境变化实时进行调整,优化飞行路线和能量消耗。此外,智能化技术还推动了飞行器的协同控制。例如,在物流配送中,多架无人机可通过智能化的调度系统实现协同作业,最大限度提高运输效率。这种智能调度技术依赖于对空域的实时监控、飞行任务的自动分配和飞行路径的动态规划。

1)自主飞行与导航技术:使飞行器实现自主飞行的技术,包括自动化飞行控制系统、路径规划算法和避障技术;解决自主飞行中涉及的复杂问题,如不规则地形、动态环境等。

2)人工智能与机器学习的应用:通过机器学习算法提升飞行器的自主决策能力,如通过深度学习来改进飞行路径规划、气象数据分析等。

3)协同控制与群体智能:主要解决多飞行器协同工作时的控制问题,包括群体路径规划、飞行器之间的协调与合作等。可利用无人机集群的优势提高任务完成效率,解决交通密集区域的飞行问题。

4)数据融合技术:通过融合多传感器(如视觉、红外、激光雷达等)数据,提升飞行器的感知能力和决策能力。

除了飞行控制技术,智能化还在飞行器的维护和监测系统中发挥着重要作用。通过物联网技术,飞行器能够实时监控自身的运行状态,传输关键数据,如电池电量、引擎状态和传感器运行情况等。这些数据可以为运营商提供重要的故障预警信息,从而提前进行维护,减少飞行器的停机时间,提升整体运营效率。

智能化与自主控制技术不仅提升了飞行器的安全性、效率和灵活性,也为低空经济的广泛应用提供了技术支撑。从物流配送到城市空中出行,再到农业监测和环境保护,智能化技术使得飞行器能够更好地融入各个行业,推动低空经济的快速发展。随着技术的进一步成熟,这些自主控制系统将更加精确和高效,成为推动低空经济创新和拓展应用场景的核心力量。

### 4.1.6 飞行器通信技术

#### 1. 飞行器数据链类型

无人机的通信部分包括几个无人机组件和通信链路,每个通信链路传输不同类型的信息数据。一般来说,根据传输的信息类型的不同,无人机网络包括三种通信链路,如图 4-8 所示。

①无人机与卫星的通信链路
②无人机与无人机的通信链路
③无人机与地面站的通信链路

图 4-8 典型无人机通信链路

#### 2. 通信信道

通信系统按照信号传输形式的不同可分为模拟通信系统和数字通信系统,按照传输媒质(信道)的不同可分为有线通信系统和无线通信系统。

无线信道的共同特点是带有消息的信号以电磁波的形式在空间传播。与有线通信比较,其机动性好,但保密性较差。信道多属变参信道,即信道参数往往会因时间和空间环境的变化而变化。无线电信道按照频段的不同,可分为超长波、长波、中波、短波、超短波和微波(见表4-1)。其中,频率低于 300 kHz 的超长波、长波沿地球表面传播衰减小,多用于远洋或潜艇通信。中波一般用于电台广播业务。通信经常使用短波、超短波和微波。短波及超短波利用地球表面传播时,其传输距离近,适用于近距离通信,但短波利用电离层反射进行天波通信时,其传输距离很远,条件好时,可在地球任意两点进行通信。此外,短波通信硬件的造价低、体积小、机动性好。

**表 4-1 无线电波频段划分**

| 波段名称 | | 频率范围 | 波长范围 | 频段名称 | 主要用途 |
|---|---|---|---|---|---|
| 超长波 | | 3～30 kHz | $10 \times 10^3 \sim$ $100 \times 10^3$ m | 甚低频(VLF) | 海岸潜艇通信、远距离通信、超远距离通信 |
| 长波 | | 30～300 kHz | $1 \times 10^3 \sim$ $10 \times 10^3$ m | 低频(LF) | 越洋通信、中距离通信、地下岩层通信、远距离导航 |
| 中波 | | 300～1 500 kHz | 100～$1 \times 10^3$ m | 中频(MF) | 船用通信、业余无线通信、移动通信、中距离导航 |
| 短波 | | 6～30 MHz | 10～100 m | 高频(HF) | 远距离短波通信、国际定点通信 |
| 超短波 | 米波 | 30～300 MHz | 1～10 m | 甚高频(VHF) | 电离层散射、流星余迹通信、人造电离层通信、对空间飞行体通信、移动通信 |
| | 分米波 | 300～ $3 \times 10^3$ MHz | 10～100 cm | 超高频(UHF) | 小容量微波中继通信、对流层散射通信、中容量微波通信 |
| 微波 | 厘米波 | $3 \times 10^3 \sim$ $30 \times 10^3$ MHz | 1～10 cm | 特高频(SHF) | 大容量微波中继通信、数字通信、卫星通信 |
| | 毫米波 | $30 \times 10^3 \sim$ $300 \times 10^3$ MHz | 1～10 mm | 极高频(EHF) | 卫星通信、对流层散射通信 |

超短波被广泛地应用在雷达、通信、导航、气象等各方面。在无人机通信波段的选择方面一般集中在超短波的波段上,频率分布在 HF～UHF。超短波传播的特点是超短波的频率很高。其地面波衰减很快,传播距离很近,通常又不能被电离层反射回来,故不能用天波传播。因此,超短波传播方式以直接波传播为主。直接波传播方式的特点是:受多种地形、地物的影响很大,通信距离一般都限制在

视线距离以内或稍远一点。其优点是:①通信稳定;②由于频率很高,受天电及工业干扰很小;③超短波波段范围较宽,可容纳大量电台工作。一般会通过采用中继通信的方式提高通信距离,在无人机系统中就体现为无人机中继通信。

在民用领域,无人机通信系统受相关法律法规限制,不能够如军事领域那样占有专用的通信信道,占用相应信道要进行特殊申请。但是,工业、科学和医疗(ISM)频段则为无人机系统提供了丰富的频段资源。ISM 频段主要开放给工业(902~928 MHz)、科学(2.4~4.835 GHz)、医疗(5.725~5.858 GHz)三个主要行业使用,该频段是依据美国联邦通讯委员会(FCC)所定义出来的,属于 Free License,并没有所谓的使用授权的限制,无须许可证,在中国只需要遵守一定的发射功率(一般低于 1 W),并且不对其他频段造成干扰即可。在欧洲,900 MHz 的频段则有部分用于 GSM 通信,用于 ISM 的低频段为 868 MHz 和 433 MHz。2.4 GHz 为各国共同的 ISM 频段。因此,无线局域网、蓝牙、ZigBee 等无线网络均可工作在 2.4 GHz 频段上。

在以上各个频段中,430 MHz、900 MHz、2.4 GHz、5.8 GHz 是各小型无人机系统数据链一般选用的频段。在 900 MHz ISM 操作频段,采用商用无线射频数字电台可实现远距离无线通信。2.4 GHz 频段的频率范围为 2 400~2 483.5 MHz,该频段下 WLAN 802.11 b/g 无线局域网现在已经得到普及应用,借助于在 802.11 b/g 的 Wi-Fi 设备,可实现低成本通用的无人机通信系统,同时其也有着较大数据载荷的优势,但是在传输距离上一般在 1 km 之内。采用以上 Wi-Fi 设备和无线射频数传电台设备及相应通用通信技术可以分别实现小型无人直升机的实验通信和远程飞行通信。

### 3.调制方式及传输干扰分析

(1)调制方式

无线数据传输系统的数字调制方式的选择很多,表 4-2 列出了一些数字调制方式,它们都是在幅移键控(ASK)、频移键控(FSK)和相移键控(PSK)这 3 种基本调制方式上发展而来的。在选择无人机通信系统的调制方式时,考虑的主要因素有频谱利用率、抗干扰能力、对传输失真的适应能力、抗衰落能力、勤务信号的传输方式、设备的复杂程度等。

#### 表 4-2 数字调制方式的最佳解调性能比较

| 调制方式 | | 解调方式 | 归一化信噪比 | 频谱利用率 |
|---|---|---|---|---|
| 英文缩写 | 汉语名称 | | | |
| OOK/2ASK | 二进制幅移键控/通断键控 | 相干解调 | 11.4 | 0.5 |
| | | | 12.3 | |
| 2FSK | 二进制频移键控 | 相干解调 | 11.4 | <0.5 |
| | | 非相干解调 | 12.3 | |
| TFM | 平滑调频 | 相干解调 | 9.6 | 0.6 |
| MSK | 最小频移键控 | 相干解调 | 8.4 | 0.6 |
| | | 差分编译码 | 8.7 | |
| 2PSK/BPSK | 二相相移键控 | 相干解调 | 8.4 | 0.5 |
| 2DPSK/QPSK | 差分二相相移键控 | 差分编译码 | 8.7 | 0.5 |
| | | 差分解调 | 9.3 | |
| 4PSK/QPSK | 四相相移键控 | 格雷码相干解调 | 8.4 | 1 |
| 4DPSK/DQPSK | 差分四相相移键控 | 格雷码差分编译码 | 8.7 | 1 |
| OQPSK | 偏移四相相移键控 | 相干解调 | 8.4 | 1 |
| 4QAK | 4进制正交调整 | 正交相干解调 | 8.4 | 1 |
| 3QPR | 3电平正交部分响应 | 正交相干解调 | 11.6 | 2 |
| 8PSK | 8相相移键控 | 正交相干解调 | 11.8 | 1.5 |
| 16PSK | 16相相移键控 | 正交相干解调 | 16.2 | 2 |
| 16QAM | 16进制正交调幅 | 正交相干解调 | 12.1 | 2 |
| 64QAM | 64进制正交调幅 | 正交相干解调 | 16.5 | 3 |
| 256QAM | 256进制正交调幅 | 正交相干解调 | 21.4 | 4 |

针对无线数字继通信系统的容量等级来考虑分析,对于小容量系统,以选择4PSK/4DPSK 为主,也可选择 2PSK/2DPSK 或 2FSK;对于中容量系统,以选择4PSK/4DPSK 力主,也可选择 8PSK 或 2PSK/2DPSK;对于大容量系统,以选择16QAM 为主,也可选择 8PSK。今后将逐步采用频谱利用率更高的调制方式,如64QAM、256QAM 等。2PSK/2DPSK 设备简单、抗干扰能力强,对衰落信道和非线性信道的适应能力强,但频谱利用率不高。2FSK 设备简单,对衰落信道和非线性信道的适应能力强,但其频谱利用率和抗干扰能力都比 2PSK/2DPSK 弱。4PSK/4DPSK 的频谱利用率是 2PSK/2DPSK 的两倍,抗干扰能力与后者一样,设备复杂程度只有少许增加,对衰落信道的适应能力适中,对信道的线性指标要求也不太高。8PSK 与 4PSK 相比具有更高的频谱利用率,但设备复杂程度有所增加,对信道的衰落和失真特性也比后者敏感,需要采取一定措施来改善性能。

16QAM 的频谱利用率很高,设备也不太复杂,但对信道的幅相畸变、线性性能以及电波传播的频率选择性衰落都比较敏感,需要采取信道线性化措施和均衡措施,这将增加设备的复杂性和设备的成本。其他多信号状态调制方式(如16QAM、256QAM 等)都在具有很高频谱利用率的同时存在类似 16QAM 需要解决的问题,但这些问题随着技术进步,已经得到不同程度的解决。无人机通信系统数据量就飞控数据链来讲并不大,现在市面上常用的电台调制方式也一般为FSK 调制。

COFDM(Coded Orthogonal Frequency Division Multiplexing)即编码正交频分复用,是目前世界最先进和最具发展潜力的调制技术。现在大功率、远距离、高速率的无线设备采用该技术。其基本原理就是将高速数据流通过串并转换,分配到传输速率较低的若干子信道中进行传输。COFDM 技术的推出其实是为了提高载波的频谱利用率,或者是为了改进对多载波的调制,它的特点是各子载波相互正交,使扩频调制后的频谱可以相互重叠,从而减小了子载波间的相互干扰。COFDM 每个载波所使用的调制方法可以不同。各个载波能够根据信道状况的不同选择不同的调制方式,如 BPSK、QPSK、8PSK、16QAM、64QAM 等,合成后的信道速率一般均大于 4 Mb/s。因此,可以传输 MPEG2 中 4:2:0、4:2:2 等高质量视频。编解码以频谱利用率和误码率之间的最佳平衡为原则。COFDM 技术使用了自适应调制,根据信道条件的好坏来选择不同的调制方式。COFDM 技术还采用了功率控制和自适应调制相协调工作方式。信道好的时候,发射功率不变,可以增强调制方式(如 64QAM),或者在低调制方式(如 QPSK)时降低发射功率。该技术满足了当前民用数据链对于大数据量数据链的需求。

(2)干扰分析

无人机无线通信系统有可能工作在干扰较强的环境。这些干扰通常包括自然的干扰噪声或工业环境中的电波干扰。自然干扰来自信道传输衰落、多径衰落、大气或雨雪带来的干扰噪声以及接收机内部的热噪声等。工业环境电波干扰则包括电网传输电缆的电磁影响、GSM 通信系统的干扰、同频段电台的相互影响等。COTS 电台设备一般能够较好地解决这种环境下的抗干扰处理。

电波可以通过若干条路径或者不同的传输模式到达接收端,由于这些路径具有不同的长度,所以到达接收端的各条射线经历的传播时间不同,这种现象叫作多径传输。在无人机通信系统中,旋翼可能引起多径传输。小型直升机的旋翼材料一般为玻璃纤维、碳纤维、航空铝等,在飞机旋翼旋转时整个旋翼面类似于一个圆形的平板,玻纤材料射频信号能够穿透,而碳纤和航空铝射频信号不能穿透。

有信号传输时,信号经过旋翼面反射使地面接收机多次接收发射机传来的信号,造成多径传输,因此在选择主旋翼桨叶时一般选择玻璃纤维材料的桨叶。另外,当飞机飞行的高度不是特别高而比较接近于一些金属材料制品时,如汽车、大型金属材料的广告牌,一般也会发生多径传输,这种情况在模拟视频传输时尤为突出。

### 4.数据传输模型

一般通用的无人机数据传输系统如图 4-9 所示。

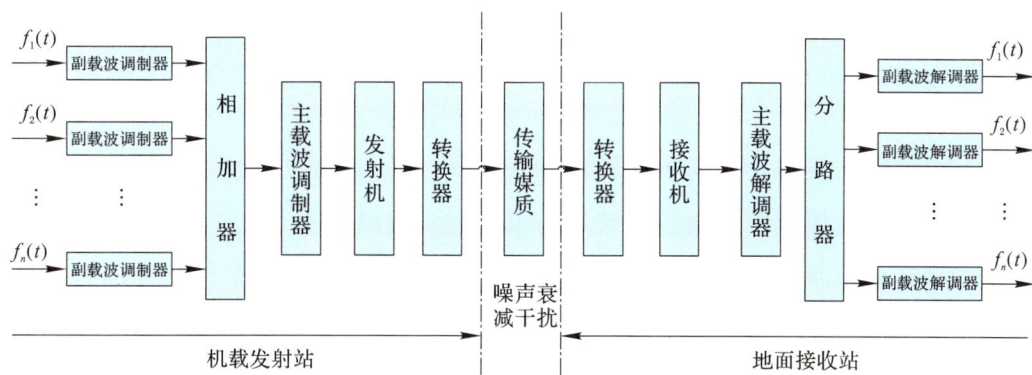

图 4-9 无人机数据传输系统

$f(t)$ 表示 $n$ 个被测物理量经过输入设备转换成传输数据信号加到传输系统输入端,$n$ 个信息信号分别对 $n$ 个副载波进行调制,一般下行任务数据信号包括音视频负载、常规飞机状态等信息,目的是实现多路综合传输,各已调副载波经过相加器形成多路信号,对主载波进行调制。已调主载波信号加到发射机上,发射机的输出信号送往转换器(即天线)上,通过电磁波发射出去。

主载波调制器、发射机和转换器合称为发射端。接收端设备包括转换器、接收机、主载波解调器和分路设备(分路器和各副载波解调器)。接收端中的转换器用来将电磁波信号转化成电信号,并送给接收机。接收机通常由低噪声高频放大器、混频器和中频放大器组成。整个接收机等效于一个带通滤波器,同时假设该接收机的传输函数是理想和归一化的,即在带宽内传输函数等于 1,在带宽外传输函数等于 0。

接收机输出的已调信号送给主载波解调器,将调制信号(多路信号)从已调主载波信号中解调出来,并送至分路器;分路器先分离出各路已调副载波信号,再经过各路副载波解调器将信息信号恢复出来。由于传输系统本身性能不完善,再加上受干扰和噪声的影响,恢复出来的信号可能和原来输入端的信号不同,所以接收端的信号用 $\hat{f}_n(t)$ 来表示,以示区别。

### 5.通信协议

**(1)性能指标**

通信协议定义了数据传输的载体及编码方式,以及传输接收与发送如何实现等具体细节。根据无人机系统的要求,除了满足一般协议的指标之外,还需要满足以下指标:

1)可靠性。无人机数据链中,尤其是对于飞控数据出现命令错误传输将导致无人机失控的灾难性的后果,其数据可靠性传输为所有要求之最根本和最重要的。通过选用商用货架产品(COTS)硬件,可保证数据安全性和低误码率。协议需充分考虑数据校验方法,对于重要数据用应答和重传机制保证数据顺利可靠传输。

2)易配置。针对民用无人机数据链需求,通信协议应尽量简单、可读性强、易修改。机间通信同上下行通信协议用简单的方式编码编程。

3)可扩展。软件设计遵循通用编程标准,硬件设备、网络连接设备接口采用标准串口或者网口,为将来功能的扩展留有空间,软件采用通用的接口编程模块。协议本身保持一致性,为更多数据加入做准备。

4)多机通信。考虑到远距离任务的需要,同时限于现有无人机通信硬件设备的局限,多机中继的需求被提出,协议需为多机的网络拓扑提供支持。协议标准提供多机通信的每个节点的全局唯一的标识,每个飞机节点有自己唯一的信息地址,能够在多机网络中被识别并实现自主通信。

**(2)功能模块划分**

在系统实现上,如图4-10所示,实现了以上所有的数据链内容成分。针对数据链属性,协议实现可以分成以下几个模块:飞控数据链、任务数据链及多机条件下的机间数据链。其中以飞控数据链组件最为重要,它是实现无人机飞行的先决条件,而任务协议组件和机间协调协议组件是针对应用任务需求提出来的,在不同的应用场合下有不同的实现方式。

1)飞控数据链协议。飞控数据链内容主要由上行的无人机控制器参数信息、轨迹规划信息及下行的飞机状态信息组成。飞控数据链是保证无人机安全稳定自主飞行的必备数据链,必须保证其安全性和可靠性。飞机控制器参数及轨迹规划信息,一般根据无人机飞行需要随机非周期性发送,数据量较小。下行的飞机状态信息,一般周期性发送,数据量相对较大。本质上来讲飞控数据链是一个典型的非对称数据链,上行信息是数据量较小且随机的,而下行数据则是周期性的大数据量数据。

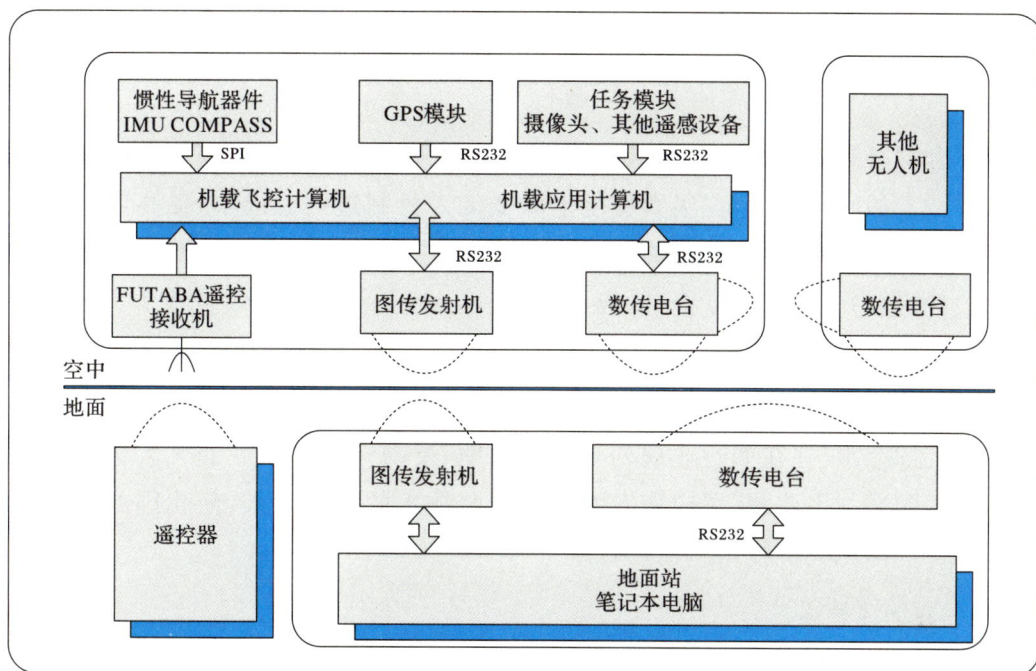

**图 4 – 10　小型无人机通信系统**

2)任务数据链协议。任务数据链一般为下行的应用信息,如图像、视频或其他遥感数据,其根据各种无人机应用需求提出,数据量一般会非常大,一般都需达到 1 Mb/s 的数据传输率。在上文我们提到硬件任务数据链的两种选择,一种是采用以图传设备为主的视频传输数据链路,上面会辅以简单的串口低速下行通道。在该情况下数据链协议一般由设备供应商定制好,我们可得到处理好的图像影像资料。另外一种是采用无线网桥,许多设备供应商采用微波技术现可以供应功率低于 1 W 但是数据传输率为 1 Mb/s 的设备。对于这种设备,采用通用的 TCP/IP 协议即可进行数据传输,传输信息的类型可以有自己更丰富的选择,可以实现各种类型遥感数据的组织传输。而在数据内容编码可以采用和控制数据链相同的编码方式,只是底层的传输协议和接口不同而已。但是对于图像视频传输需要采用基于 UDP 等的码流技术,在飞机下行数据前进行相应的数字化处理。

3)机间协调协议。多机应用主要考虑到中继远距离任务执行、多机协调执行等应用,还有在多机条件下的相互避障交通管理。协议主要通过两个方面实现:第一是在基于安全避障及轨迹规划应用下,多机中的每个成员定期向所有其他编队飞机发布自己的位置、速度、航向等信息,飞机接收到相应的信息与自己的位置比较实施避障规划,在中继任务时对中继机的位置规划。第二是在多机地面站上可以根据任务需求管理无人机之间的通信,如要求某飞机传送特定信息给另一架指定飞机,实现部分飞机向地面站传送特定信息等。

### 4.1.7 飞行器制造工艺及技术

复合材料的制造技术占无人机总制造费用的 70% 左右,如果加大对复合材料制造技术的研究,将会在很大程度上降低无人机制造的总成本,提高无人机的经济性能和质量性能,提高我国的综合科技实力。以下就无人机结构用复合材料及制造技术展开研究,在复合材料的制造工艺方面就传统、整体、低成本、3D 制造技术进行阐述。

虽然我国复合材料制造技术取得了可观的成就,但是与发达国家相比,仍然具有一定的差距,存在如行业规划与规范问题、发动机瓶颈问题和无人机技术人才缺乏等问题。因此,我国应加大无人机研制技术的经费投入,使我国的无人机技术朝着国际无人机技术迈向新台阶。

#### 1. 复合材料工艺

与有人机相比,无人机在机体结构设计中既不需要考虑机动飞行过程中人的生理承受能力限制问题,也不需要因为特别强调人的生存性而对隐身及抗弹伤能力结构和材料做特殊考虑。不过由于无人机机载设备技术先进、要求高,因此也要求无人机有相当好的机体结构性能,这使无人机在结构选材上具有一些有别于有人机的新特点。

与传统金属材料相比,复合材料具有比强度和比刚度高、热膨胀系数小、抗疲劳能力和抗振能力强的特点,将它应用于无人机结构中可以减重 25%～30%。据统计,目前世界上各种先进的无人机复合材料的用量一般占机体结构总重的 60%～80%,即复合材料的用量可达 90% 以上。在无人机上大量采用复合材料的优点是多方面的:①复合材料本身具有优异的可设计性;②聚合物基复合材料具有特殊的电磁性能;③复合材料中易植入芯片或合金导体,形成智能材料、结构。

#### 2. 传统制造技术

无人机复合材料的机身制造技术方面主要包括热压罐成型工艺、模压成型工艺和真空袋成型工艺等技术工艺。美国的"全球鹰"无人战斗机采用热压罐成型制造技术,机翼的制造主要利用 Nomex 芯体材料在 121 ℃ 的高温下进行液压罐装成型技术。"全球鹰"的机翼成型构件良好,经济性能略差,在阿富汗战争期间累计飞行 1 000 h,提供了多方面的情报和侦察图像,因此,"全球鹰"在阿富汗战争中被形象地称为"图像信息处理器"。

民用无人机主要采用真空袋成型制造工艺技术,降低了无人机的制造成本,这种工艺操作性简便,而且在技术要求上标准性不高。我国中等型号的无人机机翼和尾翼采用玻璃钢蒙皮泡沫夹芯制造,弥补了上述两种制造工艺技术上的缺陷,结合两种技术的优势提高了无人机机翼的加工精度和整机质量。

### 3.整体化制造技术

用于无人机机身的复合材料具有整体成型的技术优势,复合材料具有的这一优势是无人机材料制造的核心技术。整体化制造技术极大地降低了机身生产的总成本,并且缩短了生产和科研经费的投资回收期,减轻了机身的整体质量,增加了机身的最大负重载荷量。整体化制造技术制成的机身结构框架外表光滑,胶接技术和共固化技术的结合应用提高了无人机飞行的稳定性,降低了无人机在飞行途中所需克服的阻力和油耗,其在军事方面的重要作用是降低了敌方雷达的勘察能力,实现战略意义上的隐身功能。

### 4.低成本制造技术

国外很多无人机的整体材料为复合材料,大量复合材料的应用需要较高复合材料制造技术的研发和应用,这些技术不但要满足技术要求,还要满足经济结构的合理化标准。从先进复合材料研制的成本方面进行分析,制造费用占总成本的70%以上,造成了复合型材料应用的资金结构不合理问题。低成本制造技术的应用弥补了这一缺陷,其可以在较低温度环境下完成聚合树脂的固定化成型技术操作,而且制成的产品硬度、质量等性能和高温环境下制成的固化产品十分相似,各无人机巨头公司都极力推崇低成本制造技术,因为低成本制造技术降低了将近一半的无人机制造成本。

### 5.3D 打印制造技术

3D 打印技术是快速成型技术的一种,其制造原理为以计算机图形绘制软件制作的数字模型文件为依据,以金属或塑料等可以黏合的粉末材料为原材料,通过分层打印的方式完成飞机的整体框架和外壳的构建。世界上第一架采用 3D 打印制造技术的无人机是 SULSA,该无人机最高速度可达 160 km/h,翼展为 2 m,是由英国南安普顿大学工程师制造的,其主要用途是对南极科考项目进行实地考察,指导和规划破冰船的工作路径。该无人机的四个主要部件之间通过卡扣连接,完成整体组装只需要几分钟。SULSA 机身整体由 ABS 塑料打印制成,是 3D 打印无人机技术的标志。此外,洛克希德·马丁公司宣布臭鼬工厂研制出的 P-175 无人机的主要用途是对无尾布局的飞行动力性能进行更好的掌握和研制，并完成美国空军"远程攻击"计划中所涉及的各项技术的实验工作。

当前，各国都将3D打印技术作为研究发展的重点，在今后一段时间，3D打印技术将朝着高精度化、高智能化、通用化、便捷化等方向发展。在速度、效率、精度提升的基础上会涌现出并行打印、连续打印、大件打印、多材打印等一系列新的工艺。伴随着计算机技术的发展，在3D打印技术中引入微桁架构设计和力学仿真，获取符合实际使用的力学结构；开发出功能梯度材料、智能材料、纳米材料、非均质材料等更为多样的3D打印材料；应用非金属表面选择性沉积金属技术，可以加工出一体化的带电子元器件的部件以及电子皮肤，全面实现不同材料一次成型的整机打印，使无人机更小、更轻、更精、更智能。

当今无人机的发展趋势注定了3D打印技术在无人机制造领域的应用前景是日益广阔的。也正是因为3D打印技术的介入，才会出现各种新技术、新材料和新创意，不断推动无人机进化。

## 4.2 飞行器基础设施保障技术

随着低空经济的蓬勃发展，这一新兴产业正逐步渗透到城市空中出行、物流配送、农业监测等多个领域，涵盖无人机、电动垂直起降（eVTOL）飞行器以及空中出租等多种飞行器。低空经济的成功不仅依赖于先进的飞行器技术，还在于如何科学规划和建设起降点、合理优化航线布局，以及构建高效的空中交通管理与保障技术体系，从而确保飞行安全，提升运营效率，实现经济效益的最大化。

飞行器起降点的规划与建设是低空经济的基础设施核心之一。合理的起降点布局不仅能够为低空飞行提供物理空间支持，还能缓解地面交通压力，提升飞行任务的执行效率，尤其是在城市空中出行和空中物流等场景中具有重要意义。而航线规划与管理则是保障低空空域安全、高效运行的关键。航线设计不仅要充分考虑飞行器的续航能力和航程需求，还需应对密集的空域环境，避开潜在障碍物，并兼顾飞行效率与安全性。

在此基础上，空中交通管理与调度体系是低空经济稳定运行的重要保障。通过整合飞行器、起降点、航线和空域使用等信息，空中交通管理系统能够实现飞行器运行状态的实时监控和动态调度。智能化的管理系统确保了飞行器在高密度空域中的有序运行，为无人机和eVTOL飞行器等新型飞行器的广泛应用奠定了坚实基础。

在这一过程中，飞行器的安全性、通信与导航的可靠性以及实时数据监控的精准性与合规性成为行业能否持续、稳定发展的关键因素。保障措施技术在此背景下扮演着至关重要的角色,它们是确保低空飞行器高效、精准、安全运行的基石。飞行安全保障技术不仅聚焦于预防空中碰撞、飞行失控等突发事件,还涵盖事故发生后的紧急处置方案,是低空经济稳定运行的第一道防线。通信与导航技术通过高精度定位和高效指引,确保飞行器能够在复杂空域中稳定运行,并与其他飞行器及地面控制中心保持无缝连接。而数据监控技术通过实时数据反馈和动态调整,持续优化飞行器的运行效率与安全性,为低空经济的长远发展提供了重要支持。

未来,随着低空飞行器数量的持续增长和技术的不断进步,保障措施技术将向更高的智能化、自动化和系统化方向发展。这些技术不仅是单一飞行器运行的核心支撑,更是优化空域资源利用效率、推动低空经济高效运行的重要环节。通过对基础设施与技术保障的不断创新,低空经济将迈向更加安全、高效、可持续的发展阶段。

### 4.2.1 起降点规划与建设

垂直起降场地建设是低空经济的必要前提条件,对低空经济的运行起到至关重要的支撑作用,可保障低空经济在"异构、高密度、高频次、高复杂度"的情况下正常运转。国家已出台了一系列政策支持低空经济发展,推动垂直起降场地建设。

2024 年 3 月底,工业和信息化部、科学技术部、财政部、中国民用航空局等四部门联合发布了《通用航空装备创新应用实施方案(2024—2030 年)》,明确"推动新型基础配套设施体系建设"。鼓励地方政府将低空基础设施纳入城市建设规划,加强与城市运输系统连接。支持探索推进楼顶、地面、水上等场景起降点建设试点,完善导航定位、通信、气象、充电等功能服务,形成多场景、多主体、多层次的起降点网络。充分利用好现有航空基础设施,推动建设一批智能化、集成型、多用途的通用航空基础设施。鼓励新建住宅与商业楼宇预留低空基础设施。充分结合通用航空业发展特性,研究设定适用于通用航空业发展的机场建设标准。

同时,国家政策积极推动电动垂直起降(eVTOL)航空器商业化运营。2023 年 10 月,工业和信息化部等四部门印发《绿色航空制造业发展纲要(2023—2035 年)》,提出加快 eVTOL 等创新产品应用,到 2025 年 eVTOL 实现试点运行,2035 年实现商业化、规模化应用;研究建设多场景、多层次的起降点网络,具备保障 eVTOL 等航空器起降、停放、充电等功能。

低空经济的快速发展离不开起降点的科学规划与建设。作为低空飞行器,特别是无人机和 eVTOL 飞行器等新型飞行器运营的关键基础设施,起降点的建设不仅影响飞行器的运营效率,还直接关系到飞行安全与低空空域的高效利用。合理规划和建设起降点,不仅能够提升飞行器的整体效能,还能够推动低空经济各领域应用的发展,尤其是在城市空中出行、空中物流等重要场景中,发挥着举足轻重的作用。

起降点规划需要全面考虑多个层面,包括地理位置、环境适应性、安全性、技术配套和服务设施等方面。在城市化加速的背景下,低空飞行器的起降点建设必须兼顾城市的空间布局、交通需求以及环境保护等因素。理想的起降点不仅要便于飞行器的接入和离开,还需要尽量减少对城市生活环境的影响。例如,城市中心、交通枢纽、物流园区等地,通常被选为起降点建设的优先区域。这些地方交通便利,能够便于飞行器的起降,并能有效连接各个城市功能区域。

在选址时,起降点的安全性是规划中的关键因素。由于低空飞行器通常在城市低空空域运行,起降过程中容易受到气候变化、风速、障碍物、鸟类等多种因素的干扰。因此,在选择起降点时需要进行详尽的安全评估,确保飞行器能够在安全的环境中完成起降操作。例如,避免将起降点设置在人流密集或建筑物密集的区域,减少飞行器与建筑物、道路、人员等的冲突风险。此外,起降点应具备应急预案,以应对突发状况,如飞行器故障或紧急降落,确保有备用区域和救援设施,保障飞行器的安全。

起降点的建设还需要关注技术支持和基础设施的完备性。起降点应具备支持飞行器高效起降的设施,如充电站、维修点、监控系统等。不同类型的飞行器对起降点的要求也有所不同,eVTOL 等飞行器需要特定的起降平台,而无人机可能需要更为宽敞的开阔区域。因此,起降点的设计要充分考虑飞行器类型的差异,支持多类型飞行器的快速调度和无缝衔接。

此外,随着低空飞行器的运营逐渐规模化,起降点的密度和网络化布局也变得尤为重要。在城市区域,通过合理分布多个起降点,不仅能够降低飞行器的起降压力,还能提高低空空域的利用率。起降点的密集布局使飞行器能够更快速地完成任务,并且减少因飞行器之间的等待导致的空中拥堵问题。城市规划部门需根据低空飞行器的使用需求与城市发展需求协调布局起降点,确保不同起降点之间的相对距离合理,从而提升整体运营效率。

随着低空飞行器运营对效率和安全性要求的提升,自动化技术也开始在起降点建设中得到广泛应用。例如,自动化的起降平台、精确的导航与定位技术、无人机自动充电系统等都能够极大提高飞行器的运营效率。这不仅可以减少人为干预和操作风险,还能加速飞行器的转场和调度。自动化的技术应用不仅提高了飞行器的周转率,也为未来大规模低空飞行器的运营奠定了基础。

在政府和政策层面,起降点的规划与建设同样离不开政策支持。各国政府可以通过出台优惠政策,提供土地资源、资金支持等方式,推动起降点的建设和运营。政策的扶持可以帮助企业降低建设成本,加速低空飞行器的普及和应用。例如,政府可以为建设起降点提供税收减免、财政补贴等支持,同时出台相关法规,规范起降点的建设标准与运营要求,为低空飞行器的安全高效运行提供保障。

低空飞行器起降点的规划与建设是低空经济成功发展的基石。随着技术的进步和市场需求的提升,起降点的建设将朝着智能化、网络化、自动化的方向发展,成为低空经济体系中不可或缺的一环。通过合理的规划、完善的基础设施建设和政策支持,低空飞行器的运营将更加高效、安全,推动低空经济的发展迈向新的高度。

国内部分省市对于起降点建设的规划如下。

(1)深圳

根据深圳政府的消息,深圳计划建设 600 个以上的低空飞行器起降平台。为此,深圳正在加速完善低空经济的软硬件基础设施,实施低空智能融合基础设施项目,推动市区联动,支持企业加快末端转运节点和社区级无人机起降场的布局。市政府致力于构建低空经济的四张网络——设施网、空联网、航路网和服务网,形成"数字蓝图"。此外,深圳还计划开通 220 条以上的市内无人机航线,并推动产业链企业数量突破 1 700 家,产值达到 1 000 亿元以上。

(2)湖南省

湖南省将布局建设 5 000 个直升机临时起降点。《湖南省培育通用航空产业工作方案》明确提出,湖南将推进"1+13+N"通用机场网络建设,强化核心技术攻关,巩固中小型航空发动机及起降系统技术的领先优势。此外,该方案还包括鼓励地方政府出台政策推动通用航空产业发展,扩大通航应用场景,该探索新业态,如通航物流配送,并通过打造特色通航小镇进一步推动地方经济发展。

(3)安徽省

根据《安徽省加快培育发展低空经济实施方案(2024—2027 年)》的通知,安徽省到 2025 年计划建设 10 个通用机场和 150 个临时起降点。到 2027 年,计划建设 20 个通用机场和 500 个临时起降点,全面形成低空智联基础设施网,并建立高效精准的低空飞行服务保障体系。目前,安徽省已有通用机场 9 个,临时起降点 20 个。

（4）苏州

根据《苏州市低空经济高质量发展实施方案（2024—2026 年）》，到 2026 年，苏州将建设 1～2 个通用机场和 200 个以上垂直起降点，形成低空飞行地面基础设施骨干网络。此外，苏州还将建设低空飞行试验基地，完善试验、试飞、检测等功能，并围绕物流配送、载人飞行、旅游消费等领域，打造示范应用场景。预计到 2026 年，市内将开通 3～5 条通用航空短途运输航线和 100 条以上的无人机航线，推动无人机商业飞行取得突破性进展。

（5）内蒙古自治区

根据《内蒙古自治区低空经济高质量发展实施方案（2024—2027 年）》，到 2027 年，内蒙古自治区计划初步实现低空空域改革，构建起低空空管和运行服务保障体系。内蒙古将建设 50 个通用机场、100 个标准化临时起降场（点）及 2 个以上的低空飞行综合服务站。同时，还将丰富低空经济应用场景，打造 8～10 个典型应用模式，并推动低空经济制造业发展，力争引育 3～5 家产业龙头企业。

部分地区垂直起降场地建设规划见表 4-3。

**表 4-3　部分地区垂直起降场地建设规划**

| 地　区 | 低空起降点规划 |
| --- | --- |
| 安徽省 | 到 2025 年：10 个通用机场＋150 个临时起降场地；<br>到 2027 年：20 个通用机场＋500 个临时起降场地 |
| 安徽省芜湖市 | 到 2025 年：30 个以上临时起降场地、起降点 |
| 江苏省苏州市 | 到 2026 年：1～2 个通用机场＋200 个以上垂直起降点 |
| 江苏省南京市 | 到 2026 年：1～2 个通用机场＋240 个以上低空航空器起降场（点）及配套的信息化基础设施 |
| 江苏省无锡市 | 到 2026 年：构建"2（硕放机场、丁蜀机场）＋N（直升机场、起降点）＋x（无人驾驶航空器起降场、智能机巢）"起降设施体系，建成 200 处各类起降设施 |
| 浙江省杭州市 | 到 2027 年：建成低空航空器起降场（点）275 个以上。其中公共无人机起降场 40 个以上，末端无人机起降点 220 个以上，试飞测试场 3 个以上，各类直升机起降点 15 个以上 |
| 广东省深圳市 | 到 2025 年底：建成 1 000 个以上低空飞行器起降平台。其中宝安区明确到 2025 年要网格化布局 100 个以上低空飞行器起降平台，开通 50 条以上无人机航线 |
| 广东省珠海市 | 初步规划形成"2＋44＋N"的三级起降点体系，即 2 个大型起降枢纽、44 个中型起降场站、N 个小型起降点 |
| 广东省中山市 | 到 2027 年：打造 1 个飞行试验基地以及若干个适应低空飞行航空器航线需要的起降点，打造 30 个无人机机库 |

续表

| 地　　区 | 低空起降点规划 |
|---|---|
| 山东省 | 到 2026 年:建成 40 个通用机场、400 个数字化低空航空器起降平台 |
| 河南省 | 到 2025 年:完成低空基础设施布局,初步建立低空空域管理机制,建成 10 个左右通用机场和一批直升机、无人机起降场地、起降点 |
| 江西省 | 到 2026 年:建成 23 个左右通用机场、500 个左右直升机起降点(含固定及临时起降点)和一批无人机(含 eVTOL)起降场地 |
| 四川省 | 到 2027 年:建成 20 个通用机场和 100 个以上垂直起降点 |
| 湖北省十堰市 | 到 2026 年:建成 10 个中、大型无人机起降场和 200 个以上垂直起降场(点) |

### 4.2.2　航线规划与管理

低空经济的发展离不开科学的航线规划与有效的空域管理。航线规划不仅是低空飞行器高效、安全运营的基础,还直接影响飞行器的运营成本、飞行效率及整个低空经济生态的可持续性。随着无人机、eVTOL 飞行器等新型飞行器的大规模应用,低空空域的管理面临新的挑战,而航线的规划与管理在确保飞行器按时、按需完成任务的同时,也对飞行安全、空域资源的合理配置以及环境保护等方面产生重要影响。

低空航线的规划不仅需要充分考虑飞行器类型、飞行任务和空域条件,还要与城市规划、交通需求、气候条件等多方面因素相协调。尤其是在城市空中出行(UAM)和空中物流等场景下,航线的设计必须满足快速、精确、高效的需求,避免空域的过度拥挤与资源的浪费。因此,如何科学规划低空航线,最大限度地提升飞行器的运营效率,并确保飞行安全,成为低空经济发展的关键问题。

欧美及亚太地区纷纷探索并推进城市空中出行(UAM)的发展,并已取得初步进展。欧洲航空安全局已部署多个 UAM 试点项目,预计在未来 3～5 年内实现 UAM 的商业化运营。美国联邦航空管理局(FAA)发布了《城市空中交通运行概念 2.0》白皮书,提出了 UAM 的管理体系架构。而我国则通过国务院和中央军委发布的《无人驾驶航空器飞行管理暂行条例》,为无人驾驶航空器飞行管理工作奠定了法律基础,这也是我国首部专项行政法规,全面规范了无人机的飞行管理。

城市低空航路是 UAM 的重要组成部分,关系到城市低空无人机的安全、有序与高效运行。欧美、韩国和新加坡等国家已提出适应各自情况的低空航路布局规划。美国联邦航空管理局批准了 50 英里(mile,1 mile≈1.609 km)的无人机空中走廊建设;韩国在其城市空中交通规划中明确表示,于 2025 年设立"城市空中通道专用空域",并预计到 2035 年建成 100 条航路;新加坡则于 2023 年推出首条空中出租车航线。

在我国，《交通强国建设纲要》和《国家综合立体交通网规划纲要》已经明确提出，要加强新型载运工具的研发，并构建城市群之间的快速空中交通网络。中国民用航空局也发布了《促进民用无人驾驶航空发展的指导意见（征求意见稿）》和《城市场景轻小型无人驾驶航空器物流航线划设规范》，并启动了低空航路规划与构建的技术研究。随后，中国民用航空局发布了《民用无人驾驶航空发展路线图V1.0》，提出到2030年实现空域信息的数字化，进一步拓展航线网络。

在地方层面，湖南、四川、深圳等地已率先开展低空飞行服务体系建设，试点划设低空航路并逐步构建低空航图。杭州迅蚁网络科技有限公司也在杭州、广州、温州等地开通了无人机医疗样本运输航线；上海金山华东无人机基地开展了无人驾驶航空器的超长距离海岛物流航线运输；南京航空航天大学国际创新港城市空中交通研究院则与济南、青岛等地的企事业单位深入合作，建立了济南低空物流公共运营示范中心。

航线规划的核心目标是确保飞行器能够以最短的时间、最低的能耗完成任务。在城市空中出行领域，飞行器的航线需要经过精心设计，以避开高密度区域、重要建筑物以及其他航空器的飞行路径，保证飞行器能安全顺畅地在复杂的城市环境中穿行。对于空中物流，航线设计则要考虑到多个配送点之间的最优路径，同时避开可能存在的障碍物、气流波动及极端天气等不利因素。

随着低空飞行器数量的增加，空域的资源管理显得尤为重要。低空飞行器运行主要集中在低空空域，这一空域通常受到各种环境、气候和安全等多重因素的影响，因此，如何合理配置空域资源，避免飞行器之间的碰撞和冲突，是航线规划中的重要任务。在航线规划过程中，应根据空域类型、飞行器类型、飞行目的等因素，分配不同的空域段，并对每个空域段进行合理的飞行器调度和管理。例如，针对城市核心区、高空障碍物多的区域，可以规划专门的低空航道，避免飞行器与地面设施、建筑物发生冲突；在城市边缘或乡村区域，可以规划更宽松的飞行路径，以保证飞行器顺利完成任务。

除了合理规划航线，飞行器的航线管理同样重要。航线的实时管理和调度能够在飞行器出现突发状况时，快速进行应急处理。例如，当某一航线出现异常或飞行器出现故障时，系统可以通过调整航线、修改飞行路径等手段，将影响降至最低。此外，航线的动态管理也有助于缓解城市空中出行的拥堵情况。在多个飞行器同时在一个区域内飞行时，航线管理系统能够通过智能调度技术，合理分配航线、避免拥堵，确保飞行器能够高效、安全地完成任务。

随着低空飞行器的智能化程度不断提升,航线管理也逐步向数字化和自动化方向发展。航线的规划和管理不再单纯依赖人工操作,现代的航线管理系统已经开始采用大数据、云计算、人工智能等技术手段,进行全自动的航线优化和调度。这些技术能够实时采集和分析飞行器的位置信息、空域条件、天气变化等多维数据,从而为航线管理提供更加精准、智能的决策支持。例如,AI 技术可以实时分析飞行器之间的距离、飞行速度和航向等信息,预测潜在的飞行冲突,并自动调整航线,避免碰撞风险。

航线规划与管理还面临着法规和政策的挑战。随着低空飞行器数量的激增,各国政府和相关部门需要出台相应的政策和标准,确保低空空域的安全和高效利用。例如,美国联邦航空管理局(FAA)已经发布了《城市空中交通系统(UAM)空域管理政策》,并且各国航空管理机构也在逐步建立针对低空飞行器的空域管理框架。这些政策的制定不仅为航线规划与管理提供了法律依据,也帮助规范低空飞行器的飞行行为,提升飞行安全性。

从技术层面来看,航线规划和管理的未来发展趋势将集中在智能化、自动化和一体化上。随着 5G 网络的建设和物联网技术的发展,低空飞行器将能够在更大范围内进行实时互联和数据交换,航线规划与管理的效率也将进一步提高。航线管理系统将能够根据即时的飞行器需求、天气条件和空域状态等数据,实时优化航线,减少飞行器的延误和空域拥堵,提高飞行器的整体运营效率。

加拿大滑铁卢大学针对航路网络结构提出了初步的定义与设计,明确了航路、交叉口、航路节点等概念,并通过有序交替的航路和交叉口序列来实现地面网络节点的互联。荷兰代尔夫特理工大学则引入了自由航路、扇形航路、管道航路和分层航路等新的概念,并将这些理论应用于城市空中交通的运行场景。新加坡南洋理工大学提出了"城市适应空域"的概念,研究了三种低空航路网络类型:矩阵节点型航路、建筑节点型航路以及道路沿线型航路,并基于容量和吞吐量等指标对航路网络的性能进行了评估。美国国家航空航天局根据城市空中交通的发展阶段,提出了以垂直起降机场为枢纽的辐轴式城市空中交通网络模型。中国科学院地理科学与资源研究所则基于地理信息和遥感技术,构建了低空无人机公共航路的理论体系,提出了适用于城镇化地区的低空公共航路网络。中国航空运输协会推出了"微小航路"概念,并建立了低空航路审批及运行保障机制。同时,南方航空航天大学国际创新港城市空中交通研究院通过考虑复杂城市低空环境、无人机性能和需求分布,针对"最后一公里"物流配送问题,提出了多级起降场点和航路航线网络的协同分层规划模型,并设计了空地协同运输航路网络,旨在提高低空资源的动态、高效利用。

根据无人机管理模式、智能化水平和空中交通流量的不同,城市空中交通的发展可以分为四个阶段:兴起、初级、高级和成熟。在兴起阶段,无人机的运行主要依赖隔离模式,没有固定航路的引导,通常通过手动控制进行低密度试运行;在初级阶段,航路逐渐固化,运行以小流量、低密度为主,通过手动辅助完成独立飞行;在高级阶段,航路网络变得更加灵活,采用自动驾驶技术在较密集的航路上实现中流量的按需运行;进入成熟阶段后,无人机将完全依靠自主运行,通过数字精密航迹和智能驾驶技术,能够有序地进行高密度、大流量的运行。因此,城市低空航路的演变呈现出从"手动无序"到"固化有序",再到"柔性灵活",最终实现"自主精密"的发展趋势。城市空中交通发展趋势如图 4-11 所示。

| 兴起阶段 | 初级阶段 | 高级阶段 | 成熟阶段 |
| --- | --- | --- | --- |
| ▶无航路隔离飞 | ▶固化航路航线 | ▶柔性航线网络 | ▶数字精密航迹 |
| ▶手动控制驾驶 | ▶手动辅助驾驶 | ▶巡航自动驾驶 | ▶智能自主驾驶 |
| ▶低密度试运行 | ▶低密度、小流量 | ▶中密度、中流量 | ▶高密度、大流量 |
| 隔离运行 ▷ | 固化运行 ▷ | 灵活运行 ▷ | 自主运行 ▷ |

**图 4-11 城市空中交通发展趋势**

为科学合理地划定城市低空航路航线,并有效利用低空空域资源,确保城市空中交通的安全与有序运行,航路航线的设计应遵循以下基本原则:

1) 安全第一。保障无人机安全运营是首要原则。航路航线的规划应避开人口密集区域、加油站、发电厂、交通枢纽等关键地面设施的上空,并与高层建筑保持足够的安全间隔,确保飞行过程中的安全性。

2) 需求导向。航路规划应根据不同的应用需求,如物流运输、空中出行和安全巡检等,综合考虑各类需求的差异性与共性。航路设计要与城市发展方向相契合,注重平衡性与灵活性,确保能够适应各种需求。

3) 统筹兼顾。航路航线的规划需要具备整体性、系统性和可持续性。应结合空域管理、城市空间布局和具体应用场景,推动不同区域的衔接与协调,并分阶段、分类型实施低空航路的统一规划。

4) 灵活适应。根据不同应用场景的需求、基础设施条件和无人机性能等因素,航路航线应具备动态调整的能力,以适应城市空中交通需求的变化,确保空域资源的高效配置,提高资源的使用效率。

5) 绿色环保。航路设计应遵循低污染、低能耗、低排放的原则,并严格执行城市环境噪声标准,避开学校、医院、机关单位等噪声敏感区域,同时避免航路航线穿越环境保护区的上空。

6)合法合规。航路规划必须遵循国家、军队、民航及地方政府发布的相关法规、政策和标准,确保符合空域管理、飞行程序、通信导航监视等各方面的要求,保障国家安全、航空安全和公共安全。

根据《无人驾驶航空器飞行管理暂行条例》规定,国家空中交通管理领导机构负责统筹建设无人驾驶航空器的综合监管服务平台,实施对全国范围内无人驾驶航空器的动态监管和服务。该平台将支持物流配送、空中出行、应急救援、城市治理等多种应用场景,并在空地数据支持和法律法规约束的框架下,协同军民航空管理部门,在地方政府的指导下,设立专门的城市低空管理服务机构,负责低空航路的规划与管理。

城市低空管理服务机构依据具体需求的类型、规模及时空分布特征,开展数字空域离散化建模、基础设施配置和航路航线划定工作,最终形成空地协同、立体化的航路航线网络规划。航路规划方案将从碰撞风险、通行能力、能耗、噪声影响以及居民隐私等多个维度进行综合评估。基于此,实施航路的准入管理、动态调整及灵活运用,并将最终的航路划设方案报送至地方政府、军民航空管机构及综合监管平台,以便共享相关航路航线信息。城市低空航路航线划设总体流程如图4-12所示。

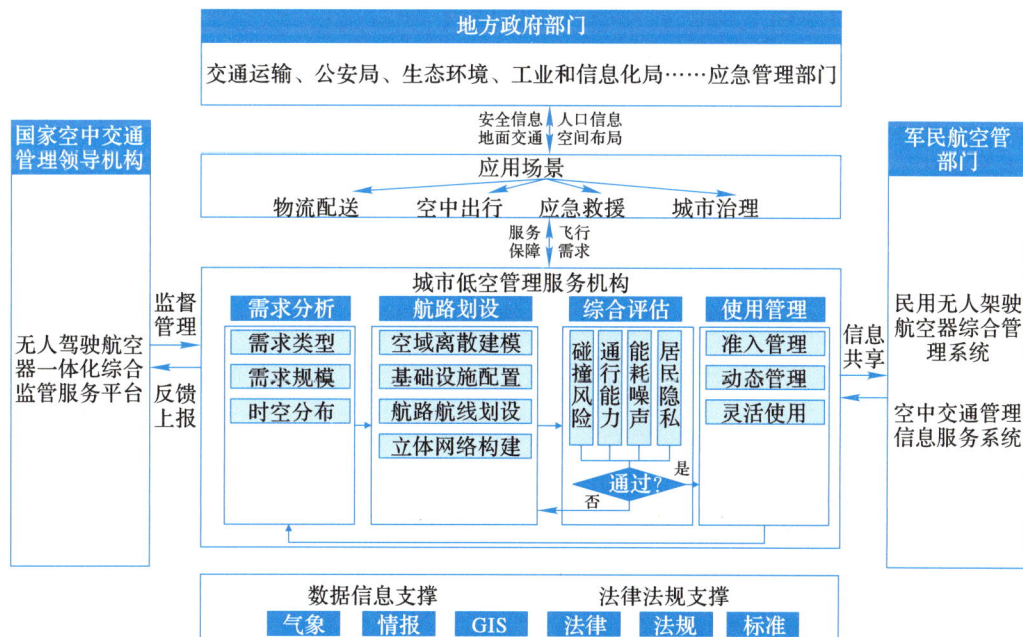

图4-12 城市低空航路航线划设总体流程

低空飞行器的航线规划与管理是推动低空经济高效、安全发展的关键环节。随着技术的不断创新，智能化航线管理将在低空经济中发挥越来越重要的作用。航线规划与管理的科学性与智能化将直接影响低空飞行器的运营效率与安全性，进而推动低空经济的蓬勃发展。

### 4.2.3　空中交通管理与调度

随着低空经济的快速发展，低空飞行器的数量不断增加，空中交通管理与调度的需求愈加迫切。在传统的航空管理模式中，空中交通的主要任务是保障高空飞行器的安全运行，而在低空空域，尤其是在城市空中出行和空中物流的应用场景中，飞行器数量多且分布密集，空中交通管理的复杂性显著增加。因此，如何高效、安全地调度和管理大量低空飞行器，成为低空经济中不可忽视的技术挑战。

中国民用航空局空中交通管理局（简称"民航局空管局"）是民航局管理全国空中交通服务、民用航空通信、导航、监视、航空气象、航行情报的职能机构。中国民航空管系统现行行业管理体制为民航局空管局、地区空管局、空管分局（站）三级管理；运行组织形式基本是区域管制、进近管制、机场管制为主线的三级空中交通服务体系。其主要职责是：①贯彻执行国家空管方针政策、法律法规和民航局的规章、制度、决定、指令；②拟定民航空管运行管理制度、标准、程序；③实施民航局制定的空域使用和空管发展建设规划；④组织协调全国民航空管系统建设；⑤提供全国民航空中交通管制和通信导航监视、航行情报、航空气象服务，监控全国民航空管系统运行状况，研究开发民航空管新技术，并组织推广应用；⑥领导管理各民航地区空管局，按照规定，负责直属单位人事、工资、财务、建设项目、资产管理和信息统计等工作。中国民用航空局空中交通管理局领导管理民航七大地区空管局及其下属的民航各空管单位，驻省会城市（直辖市）民航空管单位简称空中交通管理分局，其余民航空管单位均简称为空中交通管理站。

现有的空中交通管理体系涵盖了空中交通服务（ATS）、空中交通流量管理（ATFM）和空域管理（ASM）等方面，其中，空中交通服务具体分为空中交通管制、飞行情报和告警等服务。其主要任务是确保空中交通的安全、高效运行，维护交通秩序并保障空中航行的顺畅。因此，空中交通管理不仅是航空事业发展的关键组成部分，也是国家航空运输系统不可或缺的基础。然而，目前的空中交通管制服务在空域管理上仍存在一定局限。现行空域管制服务通常局限于航路和航线的管理，航路宽度为 20 km，最窄处为 8 km，并要求具备特定的通信和导航设施，其他区域则无法灵活使用。

针对低空交通,现行空域管理体系尚未设立明确的使用范围和权限。此外,低空交通的特点包括活动范围广泛、航路不固定及全天候运行等,这使得现有的空中交通管理无法有效应对低空交通日益增加的高密度和广阔空域需求。

中国在 2019 年提出了无人机交通管理系统框架(UOM),参考《低空飞行服务保障体系建设总体方案》,B 类飞行服务站应具备飞行计划处理、航空情报、航空气象、告警及救援协助等基本功能,为通用航空飞行活动提供服务,并定期将飞行计划和执行情况报送至区域信息处理系统。目前,已通过审批的无人机云系统仅能提供部分 B 类飞行服务功能,尚不具备区域性服务属性。未来,随着无人机云系统的升级,它将转变为无人机交通服务系统,具备 A 类飞行服务站的全部功能,并实现区域属性。

无人机交通管理系统框架如图 4-13 所示,其各自功能单元组成如下:①无人机系统,主要包括无人机、遥控器,还包括企业服务器和 PC 机(地面站),可通过实时连接蜂窝网络用于自动化物流、巡检等;②通信网络,包括移动 4G/5G 通信、卫星通信、民航专网通信等,用于完成无人机系统与无人机交通服务系统之间的数据通信;③无人机云/交通服务系统(无人机云系统升级),充当整个空中交通管理系统的大脑的角色,主要负责决策及风险评估;④无人机云交换系统,负责无人机信息管理,其中包括信息的收集、储存、转发与同步等;⑤无人机实名登记系统,负责对无人机系统、运营人、驾驶员等进行信息登记;⑥国家无人机综合监管平台,重点负责无人机的飞行监视、交通管制、信息服务、飞行计划等。无人机云交换系统、无人机实名登记系统均属于 UOM 平台的子系统,这些功能和模块均统一由政府部门提供。

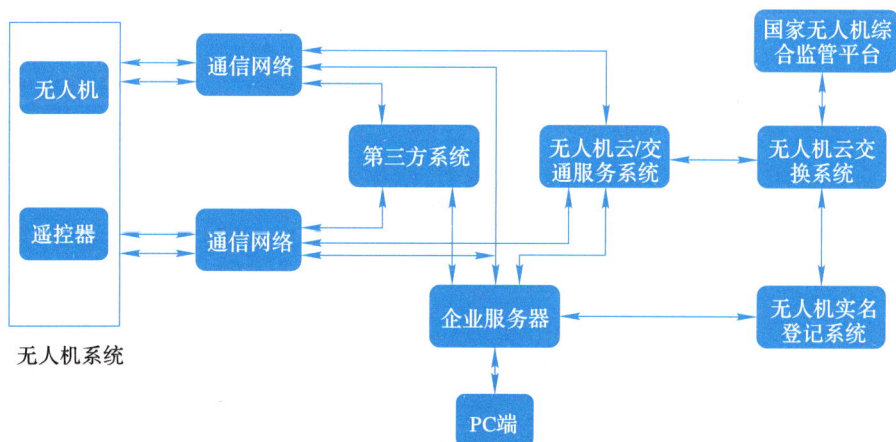

图 4-13 无人机交通管理系统框架

空中交通管理与调度的核心目标是确保低空飞行器在高密度空域中能够安

全、有序地运行。这不仅需要充分考虑飞行器的飞行轨迹、起降点位置、航线规划等要素，还要考虑天气条件、空域结构、飞行器类型以及可能的飞行冲突等多方面因素。在城市空中出行和空中物流的场景下，空中交通管理的任务不仅是避免飞行器之间的碰撞，还要在保证安全的前提下，提高飞行器的运输效率，减少空中拥堵，提升空域的利用率。

在低空空域中，空中交通管理的难点之一是如何对飞行器进行实时监控与调度。不同于高空空域的管制模式，低空空域的飞行器类型更加多样化，包括无人机、eVTOL飞行器以及传统的飞行器等，且其飞行高度通常较低，飞行轨迹也更加复杂。为了实现对这些飞行器的有效管理，需要部署先进的监控技术与调度系统，确保飞行器能够在空域内安全运行，避免出现碰撞、航线冲突等问题。

空中交通管理系统的核心组成部分是飞行器的实时跟踪与定位。现代空中交通管理系统通常依赖于先进的定位技术，如全球导航卫星系统（GNSS）、雷达、自动相关监视广播（ADS-B）等，通过实时采集飞行器的位置、速度、高度等信息，确保管理人员能够全面了解空域内飞行器的动态。这些信息不仅可以提供飞行器的即时位置，还能预测飞行器的轨迹，帮助系统提前识别潜在的冲突区域，为调度提供数据支持。

除了飞行器的实时监控，空中交通管理还需要针对飞行器之间的空中冲突进行预测与规避。在低空空域中，飞行器之间可能存在较短的相对距离，因此，飞行器之间的冲突风险较高。为此，空中交通管理系统需要引入智能化的碰撞预警与规避技术。这些技术通过分析飞行器的航向、速度、飞行高度等参数，计算出可能的冲突路径，并及时发出警报或自动调整飞行器的航向，从而避免飞行器之间的碰撞。

随着低空经济的快速发展及飞行器数量的不断增加，空中交通管理的负担日益加重。为了解决这一问题，空中交通管理系统正在向智能化和自动化方向发展。通过大数据、云计算、人工智能等技术，空中交通管理可以实现更加精准的调度与管理。例如，人工智能技术可以实时分析空域状态、飞行器需求、天气变化等信息，自动优化飞行器的路径和飞行时间，减少航路冲突和空中拥堵。大数据技术则通过对大量历史飞行数据的分析，帮助预测空域的拥堵情况，并根据预测结果提前做出调整，以确保飞行器的安全和效率。

智能化调度系统的核心作用是自动化的飞行器调度。传统的空中交通管理方式通常依赖人工干预来调整飞行器的航线或飞行高度，而智能化的调度系统则可以基于实时数据自动进行飞行器的路径规划与调度。通过集成空中交通管理系统与飞行器的自主控制系统,飞行器能够根据空中交通的实时状况自动调整飞行路径,避免与其他飞行器发生冲突。这不仅大大提高了空中交通管理的效率,也降低了人为干预可能带来的错误和风险。

在城市空中出行和空中物流场景下,空中交通的调度不仅需要关注飞行器之间的关系,还需要考虑空域资源的合理分配。例如,某些特定区域的空域可能存在较高的飞行密度或限制条件,空中交通管理系统需要根据空域的不同等级、飞行器的任务优先级等因素,动态调整飞行器的调度计划,以优化空域资源的利用效率。

空中交通管理的法规和政策制定也是不可忽视的部分。在低空空域中,不同国家和地区的空域管理规定可能存在差异,因此,建立统一的国际或地区性空中交通管理标准尤为重要。例如,美国的 FAA 和欧洲的 EASA 等监管机构已经开始着手制定针对低空飞行器的管理标准,以确保低空空域的安全与高效使用。同时,政府应支持空中交通管理系统的建设,提供资金和政策保障,以促进低空经济的可持续发展。

随着低空飞行器的技术进步,空中交通管理将逐步进入一个更加智能化和自动化的时代。未来的空中交通管理系统不仅可以支持大规模飞行器的动态调度和安全管理,还能够在全球范围内实现互联互通,打造统一的低空空域管理平台。通过这些技术创新,空中交通管理与调度将成为低空经济发展的重要推动力,确保低空飞行器能够在高效、安全的环境中运行,从而为低空经济的繁荣发展提供坚实的保障。

空中交通管理与调度是低空经济体系中的核心组成部分,它涉及飞行器的实时监控、冲突预警、路径优化和空域资源管理等多个方面。随着技术的不断发展,未来的空中交通管理将更加智能、自动化,并能够更好地适应低空经济的快速发展。

### 4.2.4　飞行安全保障技术

飞行安全是低空经济得以健康发展的基石。随着低空飞行器,尤其是无人机和电动垂直起降(eVTOL)飞行器等新型飞行器的大规模应用,如何确保飞行器在复杂多变的环境中安全运行,成为行业面临的重要课题。飞行安全保障技术正是在这一背景下应运而生,它涉及飞行器的设计、运行、监控、应急响应等多个层面,旨在确保飞行器在所有飞行阶段都能够稳定、安全地完成任务。

在低空经济中,飞行安全保障技术的主要任务是通过各种先进的技术手段,减少飞行过程中可能出现的风险,如飞行器故障、碰撞、恶劣天气等因素带来的威胁。这些技术不仅包括飞行器的硬件设计,还涉及飞行控制系统、传感器、自动化技术、数据通信等多个方面,它们协同作用,构建了一个全面的飞行安全体系。

飞行器的硬件设计是飞行安全保障的基础。从飞行器的结构、材料选择到飞行控制系统的冗余设计,每一项都与飞行安全密切相关。现代飞行器的设计普遍采用了冗余系统,即关键的飞行控制系统、动力系统和通信系统都配置了备用系统。这些冗余系统的设计确保了在主系统发生故障时,飞行器能够自动切换到备用系统,继续维持飞行任务。例如,飞行器上的多重传感器和控制单元,能通过相互验证和交叉检查来提高系统的容错性。一旦某一系统出现问题,冗余系统会自动接管,确保飞行器的稳定运行。

此外,飞行器的稳定性与抗干扰能力同样至关重要。在低空空域,飞行器经常面临着来自风速、气流变化、障碍物、鸟类等外部因素的挑战。为了应对这些问题,飞行器通常配备有高度精确的飞行控制系统和多种传感器,包括气压传感器、陀螺仪、加速度计、磁力计、激光雷达(LiDAR)等,确保飞行器能够实时调整姿态、航向和速度,保证飞行的平稳与安全。

低空飞行器通常需要在城市、农村、复杂的自然环境中运行,这些环境中的障碍物和其他飞行器增加了碰撞的风险。因此,避障技术成为飞行安全保障中不可忽视的一环。当前,飞行器普遍配备了基于传感器的数据融合避障系统,通过实时监控飞行器周围环境,自动计算出最佳的避障方案。

利用 LiDAR 和计算机视觉实现飞行器避障。LiDAR 利用激光扫描探测周围环境的三维信息,可以精确检测到飞行器周围的障碍物,包括建筑物、树木、桥梁等,并计算出最佳避障路径。计算机视觉系统通过安装高清摄像头或红外传感器,结合图像识别算法,实时判断飞行器前方的物体,帮助飞行器避开潜在的障碍。随着人工智能技术的发展,这些避障系统变得更加智能,能够自动学习和优化避障策略,以应对日益复杂的飞行环境。

除了障碍物避让,飞行器的动态飞行控制也同样关键。在城市空中出行和空中物流等高密度应用场景中,飞行器往往需要与其他飞行器、建筑物以及地面设施密切互动。飞行器的飞行控制系统需要实时处理来自环境传感器的数据,动态调整飞行路径,确保飞行器之间的安全距离,避免发生碰撞。

即便在高度安全保障的飞行环境下,飞行器依然可能遭遇故障或突发状况,因此,自动返航与紧急处置技术显得尤为重要。自动返航技术可以帮助飞行器在失去与地面控制的联系、出现设备故障或遭遇不可预测的天气条件时,自动规划并执行返航任务,确保飞行器能够安全返回起降点。例如,一些先进的飞行器配备了全球定位系统(GPS)和惯性导航系统(INS),能够在丢失信号的情况下,通过内置的算法推算出飞行器的位置,并自动启动返航程序。此外,飞行器还可以根据实时气象数据和飞行状态,调整飞行高度和速度,避免进入危险区域或遇到恶劣天气。这些技术为飞行器提供了一种"智能返航"的能力,最大限度地减少了飞行事故的发生概率。

在更为极端的情况下,飞行器的紧急处置系统能够确保飞行器安全迫降,其包括紧急降落伞系统、自动迫降系统等。当飞行器遇到不可修复的故障时,这些紧急系统会被自动激活,帮助飞行器在短时间内迅速脱离危险区域,并进行安全迫降。特别是在高密度的城市环境中,紧急迫降技术对于降低事故带来的人员伤亡和财产损失具有重要意义。

飞行安全保障技术的最后一环是实时监控与数据传输技术。随着飞行器数量的不断增加,飞行器之间的协调与调度变得更加复杂。为了确保低空飞行器的安全,飞行器及其运营方需要通过持续的数据传输和监控系统,确保飞行器在飞行过程中的状态能够实时反馈给地面控制中心。基于无线通信技术,飞行器能够与地面控制中心保持持续的双向通信,传递飞行状态、传感器数据、位置信息等。通过数据分析平台,地面控制人员可以实时了解飞行器的运行状态,发现潜在的故障隐患,及时采取措施。此外,飞行器与飞行器之间的通信也能通过集中的空中交通管理系统进行协调,避免飞行器之间的碰撞风险。

在未来,随着 5G 和低空通信网络的建设,飞行器的通信能力将得到进一步提升。更高的数据传输速率和更稳定的通信连接将有助于提升飞行安全保障技术的响应速度和数据准确性,推动低空经济的安全稳定发展。

### 4.2.5　通信与导航保障技术

低空经济的快速发展依赖于飞行器在空中安全、有效地运行,而这一切的前提是强有力的通信与导航保障技术。随着低空飞行器数量的不断增加,飞行器在空中需要保持稳定的通信与导航能力,以确保飞行过程中的实时信息传递和飞行路径精确控制,避免发生误差或冲突。特别是在复杂的城市环境中,飞行器必须与地面站、其他飞行器和管理中心保持高效、准确的通信和定位,才能确保飞行任务的顺利完成。

通信技术是低空飞行器能够安全、高效运行的基础。现代低空飞行器需要通过高速、低延迟的通信网络与地面控制中心及其他飞行器进行信息交换。针对低空飞行器的特殊需求,无线通信技术正在逐步向高频、高容量、低时延的方向发展。尤其是 5G 技术的应用为低空飞行器提供了极大的助力。5G 的高速数据传输和低时延特性,使得飞行器能够实时传输飞行状态、环境数据及高清影像,实现更精确的导航控制和飞行状态监控。同时,5G 网络的低时延特性能够使飞行器在复杂飞行任务中的指令传输与响应更加快速,提高飞行安全性与任务响应速度。

然而,低空飞行器通信的安全性也至关重要。在开放的空域中,飞行器通信网络可能面临黑客攻击、信号干扰等风险,可能导致飞行器偏离预定航线,甚至发生失控。因此,为了保障飞行器的通信安全,先进的加密技术和防干扰技术必须得到广泛应用。通过加密传输协议,确保飞行数据在传输过程中不被窃取或篡改;同时,通过频谱监测和抗干扰技术,减少信号的干扰风险,提高通信的可靠性和稳定性。

低空通信基础设施主要由通信、感知和智算三大核心模块构成。通信模块负责提供数据接入、转发、处理、上报和身份标识等传输服务;感知模块则提供测速、定位、跟踪和监测等数据采集服务;智算模块相对独立,专注于音视频数据处理和决策辅助等加工服务。

在通信功能方面,低空通信实现的方式主要包括移动通信网络等三种路径。目前,针对无人机的低空数据传输通信方式有无线电、Wi-Fi 和运营商公网(移动通信网络)三类。无线电是无人机的首选通信方式,通常的通信距离在 15～30 km 之间,广泛应用于军警、植保、航测等工业级无人机。根据《中华人民共和国无线电频率划分规定》以及我国频谱使用情况,已规划 840.5～845 MHz、1 430～1 444 MHz 和 2 408～2 440 MHz 等频段用于无人机系统。Wi-Fi 通信通常选择 2.4GHz 频段,通信距离一般为 600～800 m。

传统无线网络主要面向地面覆盖,在低空场景中存在性能差距,长期以来采用"按需选择"的方式进行供应,且融合程度不高,而低空信息网络则需要实现空中立体覆盖。由于天线旁瓣复杂、信噪比普遍较差且波动较大、天线辐射存在零陷区域以及时延不稳定等因素,传统无线网络难以保障无人机全程连续的业务服务和不中断的飞行控制,尤其在 300 m 以上的飞行高度,信号覆盖较为薄弱。同时,传统地面覆盖的移动网络主要服务于人群,下行链路容量较大,但对低空视频采集回传等上行需求的适配性较差。

在感知功能方面,空域感知与空管系统的深度融合至关重要。空域感知主要融入空域监视系统,关键实现方式包括一/二次雷达系统与 ADS-B(自动依赖监视广播）系统。一种是一次监视雷达，地面上的雷达装置向空域发射无线电波，遇到飞行物后反射回波，从而计算飞行物的位置和距离信息。另一种是二次监视雷达，地面上的雷达装置向空域发射询问信号，飞行器上的应答机接收到信号后，返回飞机的高度和识别码等信息。ADS－B 是一种基于卫星导航系统的自动监视系统，装备有 ADS－B 的飞行器定期通过空-空或空-地数据链广播位置信息等数据，如图 4－14 所示。

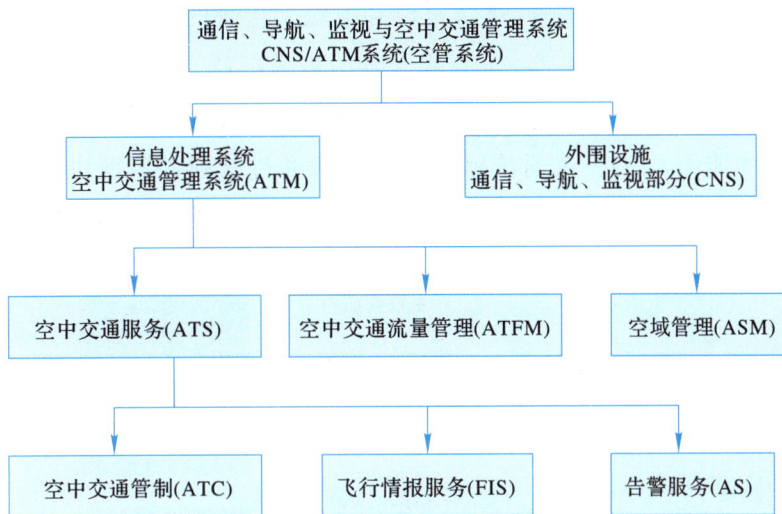

图 4－14　空管系统架构

长期以来，通信网与感知网各自独立发展，地面无线通信与飞行器感知分别属于不同的产业链，并且各自发展相对独立。传统的移动通信网络，基于 3GPP（第三代合作伙伴计划）标准体系发展，其产业链由电信运营商和主要设备制造商主导，涵盖了通信/基带芯片、滤波器、射频等元件厂商，代表企业有中国移动、中国电信、中国联通、中国信科、华为、中兴等，演进方向主要集中在网络容量、速率等性能的提升。而飞行器的感知技术则属于航空与制造领域，融入空管系统产业链，涉及雷达、空管平台、定位导航以及飞行器制造商等，代表企业包括四川九洲电器股份有限公司、川大智胜软件股份有限公司、国睿科技股份有限公司等。

作为 5G 网络的进化和增强版本，5G－A（5G－Advanced）不仅继承了 5G 在高速率、低时延、大连接等方面的核心优势，还增加了通感融合、天地一体化、网络智能化等新特性，成为推动无人机、低空飞行器及整个低空监管生态系统智能化、安全化和高效化的核心驱动力。5G－A 技术支持天地一体化的通信网络建设，能够将地面通信网络与卫星通信网络融合，从而实现更广泛和稳定的覆盖，这对于低空产业在广阔空域中的作业具有巨大的优势。智能化方面，5G－A 通过引入人工智能和大数据技术，能够实现网络的智能管理和优化，这不仅提高了网络的运行效率，还降低了运维成本，从而为低空产业提供更加可靠和高效的通信服务。最关键的是，5G-A将通信与感知能力结合，能够智能感知环境并实时传输数据，这对于低空产业尤为重要，因为它能帮助飞行器实现精准的导航和避障。

传统的通信与感知系统各自承担不同功能，虽然它们都向空间发射和接收电磁波，但通常是独立运作。通信系统的主要功能是数据传输，而感知系统则侧重于获取周围环境或物体的信息，进行定位和追踪。传统的感知系统通常依赖于电磁波、雷达、红外线和摄像头等，其中雷达应用最为广泛。随着5G网络的不断演进（见图4-15），5G-A将通信与感知功能融合，移动通信网络将同时具备通信和探测感知的能力。5G-A通信感知融合技术通过软硬件资源以及频谱资源的共存和共享，实现了在同一网络上同时支持无线感知与无线通信功能。

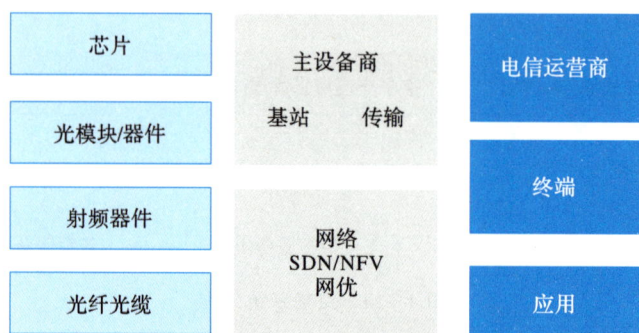

图4-15 5G通信技术

设备商在通信感知一体化方面发挥着重要作用，通过联合设计空口和协议、软硬件设备共享，利用相同的频谱资源来融合通信与感知功能。这一技术使得无线网络在进行数据传输的同时，还能够分析无线通信信号的直射、反射和散射，从而感知目标或环境信息，并实现定位、测距、测速、成像、检测、识别以及环境重构等多种功能。像华为、中兴、爱立信、诺基亚以及中信科移动等设备商，都在Massive MIMO技术上不断创新，以确保通信与感知性能的稳定性。此外，相关天线厂商也在加速研发具备感知能力的天线产品。

作为网络建设的主力军，通信运营商如中国移动、中国电信和中国联通等，正积极承担低空智联网的建设任务，旨在为低空经济的可持续发展提供全域监管能力和高效服务。中国移动不仅拥有全球规模最大的5G精品网络和5G+北斗高精度定位网络，还在重庆与华为合作，在两江新区率先完成了全市首个5G-A通感一体基站的低空感知功能验证，成功实现了无人机入侵感知和航迹监测。此外，中国移动还建立了国内最大单体算力中心，将大数据与基础设施能力深度融合,支持空域开放、监管管理、风险评估和安全管控等一系列服务需求。

中国电信也在 5G－A 通感一体方面取得了显著进展。在深圳落地的 5G－A 低空通感网已完成低空物流、安防和航路保护等应用验证,雄安新区的 5G－A 新型基站感知技术验证实现了对无人机飞行轨迹的精准定位,并有效防控"黑飞"无人机。与此同时,中国电信还通过 5G－A 低空通感组网,在南京推动低空经济在物流、安防、监测以及城市治理等多个领域的创新应用。特别是在低空"天地一体"卫星互联领域,中国电信自研的电子机牌、天通机载卫星终端和低空智慧化管服平台,为低空经济的安全保驾护航,确保了全空域管控的能力。

中国联通也在积极参与低空经济的发展。在深圳沙河产业生态园和南京民用无人驾驶航空试验区,通过 5G－A 通感基站的建设与低空感知数据的深度挖掘,推动了飞行员训练与飞行轨迹评估的创新。广东联通还在建设低空专网,已覆盖超过 9 100 km² 的空域,为环境监测、智能物流和安全应急等多个领域提供解决方案,助力低空经济的蓬勃发展。

2023 年,中兴通讯联合产业合作伙伴,在深圳完成了"5G 通感算控一体化"低空无人机航线验证。这一验证采用了全球首个支持自发自收的通感一体原型机,能够精确探测到面积仅为 0.01 m² 的无人机,提供亚米级的感知精度与超过 1 km 的感知距离,且检测准确度超过 99%。在同年的亚运会期间,中兴通讯在杭州亚运村开展了单 AAU 通感一体化设备的应用验证,通过该设备实时感知无人机飞行轨迹,实现无人机靠近警戒区域时报警,确保了亚运会期间低空安全。

根据赛迪顾问发布的《中国低空经济发展研究报告(2024)》数据,2023 年中国低空经济规模已达到 5 059.5 亿元。报告预测,随着低空飞行活动日益增多,低空基础设施的投资效益逐步显现,预计到 2026 年,低空经济规模将突破万亿元,达到 10 644.6 亿元。5G－A 凭借其超高速度、低延迟和大连接数的特点,正逐步成为未来通信领域的核心技术,特别是在低空产业中,展现出广阔的应用前景,为无人机、飞行汽车等新型交通工具提供了前所未有的通信支持。

然而,5G－A 技术在低空产业的推广仍面临一些挑战。首先,5G－A 的高昂部署与运营成本是一个不可忽视的问题。作为一项前沿技术,5G－A 的建设需要铺设大量的基站、数据中心等基础设施,而通感一体基站的单价比普通基站高出三倍。同时,为了确保网络的稳定性,还需持续投入资金进行设备维护、电力消耗及网络安全等方面的保障。随着低空产业的不断发展,对通信技术的需求将变得越来越复杂,尤其是无人机、飞行汽车等新型交通工具的普及,将带来更加多样化的通信需求,这要求 5G－A 技术不断创新与优化。

有专家认为,低空经济属于新兴产业,具有巨大的发展潜力,但仍需要通过技术积累与产业基础的不断完善,避免一哄而上的情况。要在传统产业基础上进行质的升级,加快自主研发,推动低空经济向高质量发展迈进。低空经济的发展需要在各种应用场景下形成成熟、可盈利的商业模式,这将为低空经济产业的高质量发展提供坚实的推动力。

导航保障技术也是低空飞行器安全飞行的核心组成部分。精准的导航能力使得飞行器能够在复杂的城市空域中避开障碍物,精确按规划路线飞行。低空经济中,精确的导航是确保飞行器安全运行、高效完成任务的基础。其次,卫星导航技术还提供了高精度的定位服务。通过接收卫星信号并计算其与飞行器之间的距离,卫星导航系统能够确定飞行器的准确位置。这种定位能力使得飞行器能够在复杂的空域环境中准确识别目标、规划路径,从而提高了任务的执行效率和成功率。在低空经济中,卫星导航技术的应用广泛且多样。无人机、直升机等低空飞行器通过搭载卫星导航设备,能够实现自主飞行、远程监控、精准打击等功能。在农业领域,无人机利用卫星导航技术可以进行精确播种、施肥、喷药等作业,提高了农业生产的效率和质量。在物流领域,无人机通过卫星导航实现快速、准确的货物配送,降低了物流成本并提高了客户满意度。此外,卫星导航技术还通过提高低空经济的运行效率和安全性,促进了相关行业的发展。精确的导航和定位服务使得低空飞行器能够更加安全、高效地执行各种任务,降低了事故发生的概率和损失。同时,卫星导航技术的应用也推动了相关技术的创新和发展,为低空经济的持续发展提供了有力支持。

当前,全球定位系统(GPS)依然是低空飞行器的主要导航方式,但由于城市环境中存在大量的高楼大厦和电磁干扰,GPS信号容易受到遮挡,导致导航精度下降。为了解决这一问题,结合惯性导航系统(INS)与卫星导航技术的组合应用,成为当前的主流方案。惯性导航系统能够在GPS信号丧失的情况下,通过加速度计和陀螺仪等设备提供飞行器的实时位置数据,从而确保飞行器继续稳定飞行。

除了常规的导航系统,随着技术的发展,自动驾驶技术在低空飞行器中的应用越来越广泛。飞行器搭载的自动化导航系统,能够根据实时获取的地图信息与空域数据,自主规划飞行路径,并避开飞行中的障碍物。多种传感器,如激光雷达(LiDAR)、毫米波雷达和计算机视觉等,将帮助飞行器实现精确的环境感知。激光雷达通过扫描周围环境,能够为飞行器提供高精度的三维地图,帮助飞行器实时识别障碍物和空域变化,从而进一步增强飞行安全,主要的无人机导航技术见

表 4 - 4。

**表 4 - 4 常见无人机导航技术介绍**

| 导航技术 | 介　绍 | 优　点 | 缺　点 |
| --- | --- | --- | --- |
| 全球导航卫星系统（GNSS） | GNSS 是当前无人机导航中最为常见和基础的技术之一。GNSS 通过接收来自全球卫星的信号，计算无人机的位置信息。该技术通常包括 GPS（美国）、GLONASS（俄罗斯）、Galileo（欧盟）、北斗（中国）等卫星系统。无人机可以通过这些系统获取全球范围内的实时位置信息，并利用此信息进行飞行控制和路径规划 | • 覆盖范围广：能够在全球范围内提供定位服务，适用于多种飞行场景。<br>• 精度较高：在良好条件下，GNSS 能够提供厘米级别的定位精度。<br>• 实时更新：GNSS 系统能够提供连续的位置信息，适应动态飞行状态 | • 信号干扰和遮挡：在城市峡谷或高楼密集区，卫星信号可能遭遇严重遮挡，导致定位精度下降。<br>• 多径效应：卫星信号在建筑物或其他障碍物的反射下可能导致定位误差，影响导航精度。<br>• 频繁的信号丢失：在一些特殊环境，GNSS 可能完全无法提供定位支持 |
| 惯性导航系统（INS） | INS 是通过加速度计、陀螺仪等传感器测量无人机的加速和角速度，并通过积分计算出无人机的当前位置和姿态。与 GNSS 不同，INS 无须外部信号支持，因此可以在 GNSS 信号失效或遮挡的情况下继续提供导航信息 | • 不依赖外部信号：在 GPS 信号遮挡或丢失的情况下，INS 能够独立工作。<br>• 实时性高：INS 能够实时计算无人机的运动状态和位置。<br>• 精度较高：结合高精度传感器，INS 能够提供较为精确的航向和速度估算 | • 累计误差：INS 的误差随时间的推移逐渐累积，导致长时间飞行中精度下降。<br>• 需要定期校正：INS 需要定期与外部定位系统（如 GNSS）进行校正，以维持高精度 |
| 视觉导航技术 | 视觉导航技术依赖于无人机上的摄像头或视觉传感器（如立体摄像头、RGB 相机、红外相机等），通过拍摄并分析周围环境的图像信息，来估算无人机的位置和姿态。该技术利用图像识别和计算机视觉技术处理实时采集的图像数据，从而实现对飞行路径的修正与环境感知 | • 高精度定位：通过特征提取和匹配，视觉导航可以提供高精度的定位信息，尤其在 GPS 信号不稳定的环境下具有重要优势。<br>• 障碍物检测：视觉传感器不仅能提供位置信息，还能识别环境中的障碍物，从而帮助无人机避免碰撞。<br>• 适应性强：视觉导航技术能够适应不同环境下的变化，如室内、城市峡谷等复杂环境 | • 光照依赖：视觉导航技术受光照条件影响较大，强光、背光、低光环境下的效果会下降。<br>• 计算资源需求高：图像处理和特征匹配等任务对计算资源要求较高，可能会影响系统实时性。<br>• 动态环境中的不确定性：快速运动或环境的快速变化可能导致视觉信息处理的延迟，进而影响定位精度 |

续表

| 导航技术 | 介　绍 | 优　点 | 缺　点 |
|---|---|---|---|
| 激光雷达导航 | 激光雷达是一种基于激光的探测技术，通过发射激光并接收反射回来的激光信号，雷达可以精确地测量无人机与周围物体的距离。雷达能够提供高精度的三维空间信息，可以构建环境的精确模型，帮助无人机在飞行过程中进行障碍物避让和路径规划 | ·高精度的距离测量：雷达能够提供厘米级的测距精度，特别适用于障碍物检测和避障。<br>·全天候能力：与视觉系统不同，雷达不受光照条件的影响，可以在低光或夜间环境下稳定工作。<br>·三维建图能力：雷达能够生成精确的三维点云数据，提供环境的详细三维信息，帮助无人机做出准确的决策 | ·质量和体积：雷达系统通常比普通的视觉传感器要重，且体积较大，可能对无人机的航程和机动性产生影响。<br>·成本高：雷达设备相对昂贵，限制了其在一些低成本无人机中的应用。<br>·有限的测距范围：虽然激光雷达精度高，但其测距范围有限，可能无法在较远距离内有效感知障碍物 |
| 自主导航与路径规划 | 自主导航和路径规划技术是结合 AI 和机器学习算法，让无人机根据任务需求、环境感知信息和实时状态，进行动态决策。无人机可以在飞行中根据目标位置、障碍物和动态变化的信息，自动规划最优路径并进行实时调整，避免碰撞并最优化飞行效率 | ·智能决策：自主导航结合人工智能算法，可以根据飞行环境和任务需求自主决策，优化飞行路径。<br>·实时调整：在飞行过程中，无人机会根据传感器反馈的信息实时调整路径，避免可能的障碍物或干扰 | ·无人机在复杂环境中的自主导航和避障技术仍需进一步完善。特别是在没有 GNSS 信号的环境中，无人机的自主导航能力受到挑战。同时，当前的避障技术在高速飞行或多障碍物环境中还存在碰撞风险 |

　　为了支撑飞行器的稳定运营，通信和导航技术必须紧密结合，形成高度集成的系统。例如，飞行器和地面控制中心之间需要建立起一个双向通信渠道，实时传输飞行数据，同时还需通过卫星或地面基站不断获取精确的导航信息，保障飞行器始终处于正确的航道上。在此基础上，飞行器的飞行路径、起降点以及飞行任务的执行，都能够在一个高度协同的环境中完成。

　　随着低空飞行器在商业化应用中的广泛推广，通信与导航保障技术的完善将为飞行器的高效运营提供强有力的技术支撑。在未来，随着技术的进步，预计将出现更为先进的通信协议、更高精度的导航系统以及更为智能的飞行管理工具，进一步提升低空飞行器的安全性、可靠性和智能化水平。

### 4.2.6　数据监控技术

随着低空经济的快速发展,低空空域的飞行器数量日益增加,飞行的频率和复杂度也逐渐提升。在这一背景下,数据监控技术成为保障飞行器安全、优化空域管理、提升低空经济运作效率的核心技术之一。通过不断发展和创新,现代数据监控技术得以依托大数据、物联网、云计算等技术手段,实现对低空飞行器的精确追踪与全程监管。这些技术能够实时采集飞行器的各类重要数据,如飞行器的飞行状态、位置、速度、飞行高度、气象信息、电池电量、飞行路径等,进而通过云平台将数据上传至地面控制中心进行分析与处理。这样一来,监管部门能够实时了解飞行器的运行情况,对异常情况做出快速反应,防范潜在的飞行风险。

数据监控技术的一个关键应用就是实时监测低空飞行器的飞行状态。一旦飞行器出现偏离航道、偏离预定飞行高度或其他可能引发安全隐患的异常情况,监控系统将自动发出警报,并通过地面控制系统或飞行器操控人员及时进行干预。这种实时的监控能力在低空空域尤其重要,因为低空飞行器常常在高度较低、飞行距离较短的区域内活动,且可能与传统航空器发生交叉飞行,任何微小的操作偏差都可能引发严重的飞行事故。因此,数据监控技术在保障飞行器安全方面具有不可替代的作用,它不仅提升了飞行器的自主运行能力,还增强了飞行器与地面控制系统、飞行器与飞行器之间的信息交流与互动,从而大大提高了飞行安全保障水平。

此外,数据监控技术还被广泛应用于低空空域的整体监管与优化。随着低空经济的逐步深入发展,各种类型的低空飞行器将在城市及其周边区域频繁飞行,空域管理的复杂度和挑战也随之增加。通过先进的监控系统,监管部门不仅能够对单一飞行器进行管理,还能够实时掌握整个低空空域的使用状况,监测各类飞行器在空域中的行为。比如,通过卫星、地面雷达、传感器等设备,可以形成一个多维度、立体化的监控体系,从而提高空域资源的使用效率,减少低空飞行器之间的冲突和干扰。这种多源监控系统通过对飞行器的实时追踪,不仅能准确掌握飞行器的运行轨迹,还能够智能识别飞行器是否存在违规飞行、空域侵犯等问题,确保低空空域的安全、有序运行。

为了应对飞行器数量的剧增,国际上针对低空飞行器的监管框架也逐渐完善。例如,美国的无人机空中交通管理(UTM)框架,通过协作监视与非协作监视技术的结合,实现了低空空域的高效管理。在这一框架下,飞行器间的协调感知、避让操作能够通过自动化的协作监视系统完成,非协作飞行器则通过雷达、激光雷达、红外等设备进行监控。而在欧盟,SESAR 计划发布的 U – Space 设计蓝图,也提出了为未来无人机安全、便捷的大规模运营提供智能化监控和管理系统的构想。中国民航局则发布了《民用无人驾驶航空发展路线图 V1.0》,计划到 2025 年通过全球定位系统(GPS)与通信链路结合的方式,进行低空飞行器的常态监视,逐步实现对低空飞行器的全天候、全方位监控。

同时,数据监控技术不仅仅是为了提高飞行安全,它还在飞行器的适航性监测、性能评估方面发挥着重要作用。通过持续采集飞行器的飞行数据,监控系统可以帮助运营方和监管部门及时掌握飞行器的运行状况,评估其是否符合飞行安全要求。如果飞行器的性能出现异常,或者发生潜在故障,系统会通过自动警报提醒操控人员或维修人员进行检查和修复,防止故障发生时对飞行安全造成威胁。而对于飞行器的持续监控,不仅可以确保其在运行中的适航性,还能帮助提升飞行器的技术水平,通过反馈的数据分析来优化飞行器的设计和性能,推动低空飞行器技术的进一步进步和创新。

未来,随着低空飞行器在城市上空、无人区、复杂地形等环境中的广泛应用,低空监视技术的需求将进一步增强。低空空域具有独特的管理属性和挑战,因此必须构建覆盖广泛、功能完善的监控系统。通过整合各种雷达、光电探测、频谱分析等多源监控设备,能够更好地应对低空飞行器多样化的监控需求,形成全方位、立体化的低空监控网络。并且,在这样的网络支持下,飞行器可以实时与地面控制系统进行数据交换,提供飞行状态、运行轨迹等重要信息,从而实现对飞行器的高效管理与调度,提升低空空域的利用效率,确保低空飞行器的安全、有序运行。

随着低空经济的发展和技术的不断进步,数据监控技术将在未来发挥愈加重要的作用。从飞行器的个体监控到整个低空空域的综合管理,从实时数据反馈到飞行器适航性检查,这些技术的应用将为低空经济的健康发展、飞行器的安全运营提供强有力的技术保障,推动低空经济走向更加智能化、安全化、可持续化的未来。

### 4.2.7 无人机反制技术

无人机技术的飞速发展,从民用领域的快递、航拍、巡检,到军事领域的侦察、打击和监视,越来越多的无人机被投入实际操作中。然而,无人机的滥用,不仅可能对公共安全造成威胁,还可能影响国家的安全与秩序。因此,无人机反制技术应运而生,成为保障安全、维护秩序、打击非法行为的重要工具。本节将从无人机反制技术的概念、原理、分类、应用领域等方面进行详细阐述。

### 1. 信号干扰技术

信号干扰技术通过对无人机的通信链路进行干扰,导致无人机与控制站之间的通信中断,从而迫使无人机无法继续飞行。无人机大多依赖于 GPS 信号进行导航,通过干扰 GPS 信号,可以使无人机失去位置感知,进而导致其偏离预定航线,甚至失控。此方法特别适用于无人机飞行在开放区域且没有备用导航系统时。无线电干扰方法通过发射强度更大的无线电信号,干扰无人机的遥控通信链路,导致无人机无法接收到遥控信号,进而迫使其停止飞行。此外,现代无人机越来越依赖于 4G、5G 等网络通信技术,进行远程操控和数据传输。利用干扰技术对这些网络进行干扰,使无人机的控制信号无法到达,可以有效制止无人机的进一步飞行。

### 2. 物理摧毁技术

物理摧毁技术指利用各种物理手段直接破坏无人机本身,从而达到反制目的。激光武器是一种精准的定向能武器,可以通过高能激光束瞄准并摧毁无人机。激光武器具有反应速度快、精准度高、不受天气条件影响等优点,成为无人机反制技术中备受关注的一个方向。网枪/网弹是一种可以发射网状物的设备,专门用于捕捉飞行中的无人机,网弹通过发射网状物将无人机缠住,迫使其失速坠落。网枪具有相对低的成本和良好的可操作性,是防止无人机闯入禁飞区的一项有效手段。此外,反无人机导弹适用于高威胁环境中,尤其是在军事领域。反无人机导弹能够锁定无人机并进行摧毁,通常通过空爆或弹头爆炸的方式将无人机击落。

### 3. 信号欺骗技术

信号欺骗技术通过伪造或模拟无人机控制信号,引导无人机偏离原有航线,从而实现反制目的。常见的信号欺骗有 GPS 欺骗,通过伪造 GPS 信号,迫使无人机的导航系统错误定位,引导无人机飞行到指定位置。该方法不直接干扰无人机的通信信号,而是通过假信号欺骗无人机的导航系统。诱骗无人机改变飞行模式的原理:通过模拟授权的控制信号,将无人机引导至指定地点或迫使其执行特定的飞行模式,从而避免无人机继续进行非法飞行。

### 4. 电磁脉冲技术

电磁脉冲技术(EMP)通过产生强烈的电磁波,使无人机的电子设备受到冲击,导致其失去控制或完全瘫痪。EMP 技术可以广泛应用于各类无人机的反制,特别是在战场等高风险环境下。其工作原理是通过对无人机的电路系统施加强大的电磁脉冲,进而干扰其内部电子设备,使无人机系统无法正常工作。

# 4.3 飞行器应用技术

## 4.3.1 图像识别技术

图像识别技术是无人机在执行任务中广泛应用的核心技术之一。它基于计算机视觉和深度学习算法,能够使无人机从捕获的图像中识别、处理并分析特定目标。这些目标可以是物体、场景或动态变化的环境。无人机通过搭载高清摄像头,实时获取地面或空中的图像,并利用图像处理算法进行目标检测、分类和识别。典型的应用场景包括农业监测中的病虫害识别、城市规划中的建筑物检测以及公共安全中的人群识别等。

图像识别技术的实现依赖于卷积神经网络(CNN)等深度学习模型,这些模型能够通过大量数据进行训练,优化目标识别的精度和效率。通过实时分析图像,图像识别技术不仅提高了无人机的自动化水平,还能实现精准的决策支持,确保任务的高效执行。

## 4.3.2 协同作业技术

无人机协同作业技术是指多架无人机在执行同一任务时,通过相互间的协作和协调来提升作业效率。协同作业通常涉及无人机间的通信、定位和任务分配等内容。在这一过程中,无人机通过建立高速、低延迟的无线通信网络,实时交换任务信息和定位数据,从而实现空间上的分布式操作。

具体而言,协同作业技术通过精准的航迹规划与动态调整,使多个无人机能够分担工作任务,例如大范围的巡检、农业植保等。每架无人机根据任务分配的不同,进行独立飞行或协同飞行,形成"蜂群效应",达到更高的工作效率。协同作业技术还能够在无人机之间实现自主避障、任务分配以及相互协调,确保复杂环境中的任务能够高效安全地完成。

## 4.3.3 人工智能技术

人工智能(AI)是推动无人机技术发展的关键驱动力之一。通过集成深度学习、机器学习和模式识别等技术,无人机能够在执行任务时自主感知、判断与决策,从而实现智能化操作。AI技术在无人机中的应用不仅限于图像识别,还包括语音识别、路径规划、环境感知等多个方面。

在环境感知方面,人工智能技术通过传感器数据融合,能够帮助无人机识别飞行中的障碍物,规划最优航线,避免碰撞事故。此外,AI还可以在无人机的飞行过程中,分析传感器数据,预测天气变化,优化飞行参数,从而提升飞行效率和安全性。人工智能技术的不断发展,使得无人机不仅具备较强的自动化能力,而且能在复杂多变的环境中进行智能决策,最大限度地降低人为干预。

### 4.3.4　遥感测绘技术

遥感测绘技术是一种通过传感器获取远距离物体信息的技术,广泛应用于无人机系统中。无人机搭载的遥感设备,包括高分辨率的光学摄像头、多光谱成像仪、热成像仪等,能够通过电磁波反射或辐射特性来获取目标的空间信息。遥感技术广泛应用于环境监测、农业精准施肥、自然灾害评估等领域。

通过遥感技术,无人机能够在空中对地面进行快速扫描,获取高清图像、温度数据以及地面物体的其他属性信息。这些信息可以为决策者提供实时的精准数据支持,帮助他们快速做出响应决策。在农业领域,无人机利用遥感技术进行作物健康监测,评估作物的生长状态及病虫害发生情况;在灾难救援中,无人机则通过遥感技术及时传输灾区情况,辅助救援决策。

### 4.3.5　通信中继技术

通信中继技术是无人机在执行任务过程中确保数据传输稳定性和远程控制的重要保障。由于无人机的飞行范围广、任务类型多,常常需要在远距离、复杂地形或信号受限的区域进行作业。在此背景下,通信中继技术通过多个无人机之间的协同工作,延长了信号的传输距离,提升了数据通信的可靠性。

通信中继技术依赖于无人机间建立的高效数据传输链路。通常,无人机通过设定的中继节点,将信号从一个无人机传递到另一个无人机,形成覆盖整个飞行区域的无线网络。这种技术使得无人机能够在较远距离内完成数据传输和控制,特别适用于偏远地区或复杂环境中的监控和应急任务。

### 4.3.6　其他新兴技术

随着无人机技术的快速进步,各类新兴技术不断被融合,推动其功能与应用的多样化发展。这些技术包括但不限于多传感器融合、无线充电、跨介质飞行、新材料应用以及智能算法优化。

多传感器融合技术通过整合 IMU、LiDAR、红外传感器等多种设备,实现高精度环境感知、定位和避障,使无人机能够在复杂场景中自主飞行并完成高精度任务。无线充电技术为无人机的续航问题提供了全新解决方案，通过地面或空中的无线充电平台，无人机能够在飞行或任务间隙进行能量补充，大幅提升作业效率。

跨介质飞行技术赋予无人机在空气、水面甚至水下自由切换的能力，拓展了其在水文监测、救援和极地科考等领域的应用。新材料技术则通过轻量化与高强度材料的使用，显著提升无人机的抗损性和续航能力，同时结合模块化设计，使无人机更具任务适配性。

边缘计算与云计算的结合使无人机具备了更强的数据处理和实时决策能力；智能算法优化则为无人机路径规划、任务分配和群体协作提供支持。这些技术的协同发展，正在引领无人机向更加智能化、灵活化和高效化的方向迈进，为未来各领域的应用带来更多可能性

无人机技术的应用已经渗透到多个领域，涵盖了从农业、交通、物流、环境保护到灾难救援等众多行业。在农业领域，无人机通过结合图像识别、遥感技术和人工智能技术，帮助农民实时监测作物生长状况、检测病虫害，进行精准施肥和喷洒农药，从而实现智能农业管理；在交通领域，无人机则用于交通监控、道路巡检和物流配送等，通过高效、精确的作业，改善城市交通的管理与安全。

此外，随着无人机技术的不断发展，未来将有更多的应用场景。无人机将更多地参与到智能城市建设、环境保护、气候变化监测等领域。

【参考文献】

[1] 韩子硕，范喜全，郝齐.国内外无人机系统研究进展及应用[J].无线电工程，2024，54(5):1236－1246.

[2] 陈宗基，魏金钟，王英勋，等.无人机自主控制等级及其系统结构研究[J].航空学报，2011，32(6)：1075－1083.

[3] 任广山，常晶，陈为胜.无人机系统智能自主控制技术发展现状与展望[J].控制与信息技术，2018(6)：7－13.

[4] 王晓璐，陆文龙，刘威威，等.小型物流无人机机身气动设计与优化[J].飞行力学，2022，40(4):20－26.

[5] 苏扬，徐爽.倾转机翼无人机气动设计与分析[J].中小企业管理与科技(上旬刊)，2021(3)：177－178.

[6] 王刚，胡峪，宋笔锋，等.电动无人机动力系统优化设计及航时评估[J].航空动力学报，2015，30(8)：1834－1840.

[7] 刘伏虎，马晓平.小型电动无人机续航性能提升方法研究[J].飞行力学，2010，28 (5)：13 - 15.

[8] 王振宇，郭骁，刘颖，等.固定翼无人机动力系统匹配设计研究[J].西安航空学院学 报，2024，42(3)：17 - 22.

[9] 周谟，徐光辉.一种小型固定翼无人机飞行控制系统设计[J].山西电子技术，2013 (1)：33 - 35.

[10] 张洪海，李姗，夷珈，等.城市低空航路规划研究综述[J].南京航空航天大学学报， 2021，53(6)：827 - 838.

[11] 全权，李刚，柏艺琴，等.低空无人机交通管理概览与建议[J].航空学报，2020，41 (1)：023238.

[12] 汤新民，顾俊伟，刘冰，等.低空监视技术及其发展趋势综述[J].南京航空航天大 学学报，2024，56(6):973 - 993.

[13] 刘磊，刘柳，张海鸥.3D 打印技术在无人机制造中的应用[J].飞航导弹，2015(7)： 11 - 16.

[14] 胡泽.无人机结构用复合材料及其制造技术综述[J].航空制造技术，2007，50(6)： 66 - 70.

[15] 孙昕，周德旭，甘子东，等.无人机结构用复合材料及其制造技术研究[J].产业创 新研究，2021(16)：90 - 92.

[16] 时光辉，武文华，陶然，等.增材制造技术在飞行器结构上的应用需求分析[J].机 械工程学报，2024，60(11)：74 - 84.

[17] 何道敬，杜晓，乔银荣，等.无人机信息安全研究综述[J].计算机学报，2019，42 (5)：1076 - 1094.

[18] 孙雨.小型无人机通信系统的研究与构建[D].广州：华南理工大学，2011.

"教育兴则国家兴,教育强则国家强。"——习近平

# 低空经济教育链

第**5**章

　　随着低空经济的快速发展,产业对于专业化人才的需求日益增加,涵盖飞行器设计与开发、运营管理、飞行安全、空域管理等多个领域。这一现象不仅推动了低空经济产业链的多元化,也带来了对教育系统的挑战和要求。如何通过构建一个完善的教育链,为产业提供源源不断的技术和管理人才,已成为低空经济可持续发展的关键要素。教育链不仅为人才培养提供了系统框架,还能促进产业与教育的深度融合,推动行业技术的创新与人才素质的提升。

　　低空经济教育链的构建涉及从基础教育到高等教育、从职业培训到企业内训等多个层级,各个层次的教育形式将为低空经济的各个环节提供支持。基础教育的普及能够提高社会对低空飞行器技术的认知,培养青少年的兴趣和初步技能;高等教育则承担着培养专业化人才的重任,为产业提供符合市场需求的高端技术与管理人才;职业培训聚焦于为行业提供高素质的技术操作员和管理人员;企业内训则注重现有员工的技能提升和技术更新,从而保障企业的持续发展和技术创新。

　　然而,低空经济教育链的构建面临着教育资源配置不均、教育体系与产业需求脱节等挑战。为了实现教育链的高效运作,需要政府、教育机构、企业和行业组织共同努力,推动教育内容、课程设置、培训模式和政策支持的创新与改革。随着低空经济的不断发展,教育链的完善将为行业提供源源不断的支持,助力低空经济迈向更高的发展阶段。

# 5.1 教育链构建的必要性

低空经济的快速发展不仅推动了技术的创新和产业的扩展,还对专业化人才的需求提出了前所未有的挑战。从无人机、电动垂直起降(eVTOL)飞行器到空中物流、城市空中出行等多个领域的技术进步与应用落地,都需要大量具备技术、管理、运营等方面能力的复合型人才。随着产业规模的不断扩大,现有的教育体系显然无法满足这一庞大的人才需求,导致各类专业人才短缺,行业的持续发展面临制约。为此,构建完整且高效的教育链,培养与低空经济相关的各类人才,成为保障低空经济产业链顺利发展的关键。

教育链的构建不仅仅是为了填补行业人才的空缺,更是为了促进行业技术的创新和管理的优化。教育体系的建设需要从人才需求的角度出发,深入分析低空经济各个细分领域的技能要求,结合产业发展趋势,设计符合市场需求的课程和培训方案。通过这种全方位的教育支持,低空经济的各项技术研发、项目实施和行业应用才能更好地对接市场需求,为整个产业的可持续发展提供强有力的支持。

在此背景下,构建一个多层次、多元化的教育链显得尤为重要。它不仅要满足基础教育对低空飞行器认知的普及,还要为高等教育和职业培训提供专业化的技术和管理人才支持。与此同时,企业内训也应成为人才培养的一个重要环节,以确保行业内现有从业人员的技能和知识能够与时俱进,跟上技术和市场的快速变化。通过教育链的整体构建,低空经济的技术创新、产业发展和社会需求将能够有效衔接,形成一个良性循环,推动低空经济迈向新的高度。

## 5.1.1 行业人才需求分析

低空经济的快速崛起伴随着飞行器技术的突破,尤其是无人机和 eVTOL 飞行器等新型飞行器的广泛应用,行业对人才的需求正不断扩大且日益复杂化。低空经济不仅是一个高度依赖技术创新的产业,还涉及管理、运营、政策、法律等多领域的交叉与融合。因此,人才需求呈现出多层次、多维度的特点,涵盖了技术、管理、法规等多个方面。

在技术层面,低空经济对高度专业化的技术人才需求非常迫切。随着飞行器的不断进化和智能化,涉及的核心技术领域包括飞行器设计与开发、飞行控制系统、动力系统、电池技术、自动化控制等多个方向。比如,在飞行器设计中,航空航天、机械工程、电子工程等学科的专业人才至关重要。同时，随着无人机和eVTOL飞行器的广泛应用，新的技术挑战层出不穷，这对研发团队的技术能力提出了更高要求，特别是在飞行器的安全性、稳定性及智能化控制方面，需要大量具备创新能力的工程师和技术专家。此外，飞行器的管理系统、空域规划与资源调度等领域也急需技术人才来支撑运营的高效性与安全性。

与此并行的是，低空经济的快速扩展对运营与管理人才的需求呈指数级增长。飞行器的运营不仅仅局限于其设计与制造，更包括了航线规划、飞行调度、空域管理、飞行安全监控等复杂的系统管理问题。尤其是在城市空中出行、空中物流和紧急救援等领域，专业化的运营管理人才需要具备较强的跨领域能力。例如，空中交通管理、飞行器调度、飞行路径优化、飞行器与地面交通的协调等方面，都需要具备系统性思维和实践经验的人才支持。随着低空经济应用场景的不断扩展，传统的航空业管理体系已无法满足需求，这就要求新的管理模式和更为高效的运营管理团队。

此外，法规合规性和数据分析等领域的人才需求同样不容忽视。低空经济行业需要应对的法律、政策和行业标准日益复杂，尤其是在空域管理、飞行器适航认证、隐私保护、数据安全等方面。对具备法律、政策分析背景的专业人士的需求持续增长，尤其是在国际化的背景下，如何理解和适应不同国家和地区的相关政策、法规，对于飞行器的应用和推广至关重要。而随着低空经济向智能化、自动化方向发展，大数据分析、云计算、人工智能等技术的应用越来越普及，因此对数据科学、人工智能等领域的专业人才的需求将进一步增加。这类人才不仅能够处理海量的飞行数据，还能从中提取有价值的趋势和决策支持，为飞行器运营、空域管理和市场扩展提供数据依据。

随着低空经济的不断发展，跨学科复合型人才的需求越来越突出。这类人才不仅要具备深厚的技术背景，还要具备较强的管理、协调和政策理解能力。例如，在飞行器设计与研发的同时，还需要考虑市场需求、政策约束、商业模式等多方面的因素，真正做到技术与产业、创新与规范的结合。因此，高等教育、职业培训和企业内部培训等多元化的人才培养体系，需要紧密与产业发展和技术进步对接，以培养更多适应低空经济快速发展的高素质人才。

低空经济的崛起对人才提出了多层次、多维度的需求，涵盖了技术研发、运营管理、法律法规等多个领域。如何通过教育链的构建，培养出具备创新能力、跨学科背景的复合型人才，是行业发展的关键所在。这一过程不仅需要高等教育体系的支持，还需要政策、企业及社会各方的共同努力，以满足行业对高素质人才的迫切需求。

根据赛迪顾问测算,我国低空经济市场规模预计 2026 年可突破万亿元,2023—2026 年复合平均增长率为 28.1%,到 2030 年有望达 2 万亿元,到 2035 年更有望攀升至 3.5 万亿元,远期市场规模有望达 10 亿元。其中,低空航空器制造和低空运营服务的规模占比接近 55%,间接带动其他领域经济活动贡献近 40%。截至 2024 年 11 月底,全国通航企业达 744 家,在册通用航空器 3 226 架,通用机场 470 个,无人机运营企业 1.9 万家,国内注册无人机 215.8 万架。在应用方面,无人机在物流配送、农业、低空旅游、空中救援等多个领域都有创新实践。如植保无人机保有量从 2014 年的 695 架迅猛增长至超 25 万架。eVTOL 飞行器领域也潜力巨大,已有相关产品(如亿航 EH216 - S、峰飞 V2000CG 等)获得型号合格证。随着无人机技术的持续升级、设备保有量的快速增长以及新技术的不断引入,无人机生产和维修行业正面临着前所未有的挑战。在这种背景下,高素质、高技能的低空经济人才成为行业发展的关键支撑点。

国家人力资源和社会保障部"无人机装调检修工"职业的正式发布,标志着国家对无人机装调检修从业人员职业定位的高度认可,也为行业人才的选拔与培养指明了方向。这一职业的设立有里程碑意义,既是无人机产业立足的新起点、迎接新挑战的重要举措,也是推动无人机产业和技术技能人才建设的核心环节。

然而,目前无人机装调检修人才队伍呈现年轻化与学历偏低的特点。数据显示,无人机装调检修从业者中,21~30 岁年龄段的比例高达 76.64%,其中 21~25 岁占比 45.21%。大部分从业者集中于无人机生产企业,岗位需求高度依赖实际动手能力,但其学历水平以大专及以下为主,占比达 71%。尽管这一特点在一定程度上符合行业的初步发展需求,但随着无人机技术的快速迭代与产业升级,技能型人才的缺口日益显现。

在这一背景下,构建完善的教育链显得尤为必要。通过从基础教育到职业培训的系统化构建,教育链可以全面提升无人机相关专业的技能人才供给水平,满足行业发展需求。从基础教育阶段开始,增加无人机相关知识的普及与兴趣培养,帮助学生了解无人机技术与应用的基本原理。职业教育和高等教育则可以进一步细化专业方向,例如无人机装调、检修、运营管理以及智能控制等,为学生提供系统化的理论教学与实践机会。

同时,职业培训环节需要针对企业实际需求,重点培养具备实践能力和技术创新能力的人才。培训内容需涵盖无人机装调检修的核心技术与标准化操作流程,并与行业最新发展保持同步。例如,针对无人机装调检修工这一职业的培训课程,可以细化为飞行器组装调试、设备故障诊断与维护、智能控制系统优化等方向。

通过教育链的系统化构建,不仅可以为企业提供充足的技术型人才,有效解决企业在转型升级中面临的用工困境,还能帮助企业提升效益,推动低空经济向高质量发展迈进。教育链的完善将成为低空经济持续创新发展的关键引擎,为整个产业提供源源不断的人才支持。

### 5.1.2 教育链与产业发展的关系

低空经济的发展依赖于各类创新技术的不断涌现,而这些技术的进步离不开教育链的支持。教育链和产业发展之间紧密相连,二者的互动关系决定了低空经济的长期稳定与持续创新。通过建设全面的教育链,能够培养出满足低空经济发展需求的各类专业人才,推动产业的健康有序发展。

#### 1. 教育链直接影响低空经济的技术创新与应用推广

低空经济覆盖了飞行器设计、无人驾驶、智能化控制等多个技术领域,这些领域的技术发展和应用进程在很大程度上依赖于教育链的完善。从基础教育到高等教育,再到职业培训和企业内训,教育链的不同环节通过为产业提供合适的人才支持,推动技术的研究与实施。教育链不仅培养了基础理论人才,还培养了具备行业需求的操作型、管理型和技术型人才,从而为低空经济技术的应用和产业化提供了源源不断的动力。

#### 2. 教育链在低空经济的市场需求与产业布局中发挥着重要作用

随着低空经济的不断扩展,行业对不同类型的专业人才需求愈加迫切。从飞行器设计、生产到飞行器运营管理、数据分析等,都需要大量专业人才的支撑。教育链通过及时响应市场需求,调整课程内容和培训方向,能够准确匹配产业的发展步伐,确保人才供应的准确性与及时性。随着产业对人才需求的不断变化,教育链的灵活性和适应性变得尤为重要,能够使得人才培养与市场需求之间保持同步,推动低空经济的全面发展。

#### 3. 教育链在低空经济的法律法规与标准化建设中扮演着重要角色

低空经济的飞行器、空域管理和运营模式等领域都涉及严格的法律法规要求,教育链通过培养相关领域的法律人才,帮助产业适应和遵守各项法律法规。具备法律知识的专业人才不仅能够帮助企业进行合规管理,还能参与到低空经济相关标准和政策的制定中。这些法律人才为行业提供了必要的合规保障,有助于推动低空经济在健康合规的轨道上稳步前进。

#### 4. 教育链的建设促进了产业间的协同合作

低空经济涵盖了航空、信息技术、物流等多个行业,这些行业之间的协同发展对产业的成熟至关重要。教育链通过跨学科的人才培养,推动不同领域的技术和知识交融。例如,在无人机技术的培养中,航空航天与信息技术的结合促使专业人才既能够掌握飞行控制技术,也能精通数据处理。这种复合型人才的培养,为低空经济中的跨领域创新提供了支撑,促进了产业的深度融合和技术突破。

通过系统化的人才培养,教育链不仅保障了低空经济的技术进步和产业规范化发展,也为产业的发展提供了稳定、持续的动力。因此,完善的教育链能够在低空经济产业的各个层面提供坚实的支持,推动产业技术升级、市场拓展和法律法规完善,进一步提升低空经济的全球竞争力和市场应用广度。

## 5.2　教育链的层次与结构

随着低空经济的快速发展,对人才的需求呈现出日益多样化的趋势。为了确保行业能够持续获得技术、操作和管理方面的人才支持,教育链的建设必须具有清晰的层次和结构。这不仅有助于培养从基础到高级、从操作到管理等不同层次的人才,也能够保障人才的培养与产业需求之间的紧密衔接。

低空经济相关人才的层次应当覆盖基础教育、高等教育、职业培训、企业内训多个层面。每一层次的教育内容与形式均应根据低空经济各领域的特殊需求进行有针对性的设计,形成完整的、适应性强的人才培养体系。通过在不同层次的教育体系中加强相关技能的培养,教育链能够为低空经济产业的各个环节提供充足的技术支持和人才保障。

在具体的层次划分上,教育链不仅要涉及专业技术知识的学习,还应当关注管理技能、创新能力以及行业规范等多维度的人才需求。基础教育侧重于对低空飞行器基础知识和基本操作技能的普及,高等教育则侧重于为产业培养具有专业能力的科研和技术人才,而职业培训和企业内训则能进一步强化员工的实际操作和管理能力。不同层次的教育共同构成了低空经济发展所需的全方位人才梯队。

随着行业的不断进步,教育链的层次与结构也应随之进行动态调整。在此过程中,教育链的灵活性和适应性显得尤为重要,教育体系必须与产业的技术进步、市场变化及人才需求的变化保持同步,为低空经济的发展提供充足、合适的技术人才和管理人才支持。低空经济教育链组成见表 5-1。

表 5 - 1　低空经济教育链

| 教育阶段 | | 教育目的 | 教育内容 |
|---|---|---|---|
| 基础教育<br>(中小学阶段) | | 激发学生对低空经济的兴趣,普及基础知识 | 介绍飞行原理、无人机操作等基础概念,培养学生的动手能力和科技兴趣 |
| 职业教育<br>(中职、高职阶段) | | 培养能够从事无人机驾驶、组装、维护等工作的低空经济应用型人才 | 提供无人机相关的核心技能实训,学习低空经济的相关法律与安全管理知识,侧重理实结合 |
| 本科教育 | 职业本科 | 培养具有较强实践技能的低空经济技术人才,具备操作、维护和管理低空经济设备的能力 | 注重无人机飞行与维护、飞行安全等实践课程,与行业需求对接,通过项目实训与校业合作提升学生的实际操作能力 |
| | 普通本科 | 培养具备扎实理论基础和综合能力的低空经济专业人才,能够从事科研、设计、管理等高层次工作 | 强调航空航天工程、低空经济等课程,培养学生的创新思维和工程应用能力,侧重理论与实践的结合 |
| 研究生教育<br>(硕士、博士阶段) | | 培养高层次技术人才和研究型人才,推动低空经济技术创新 | 深入研究低空经济的前沿技术(如空中出租车),通过产学研合作,加强学术界与行业的互动,推动低空经济发展 |
| 行业培训<br>与继续教育 | | 为在职人员提供专业技能更新,在低空经济快速发展的环境中能保持竞争力 | 提供技术培训、行业认证、最新动态学习,推动产学研合作,提升从业人员能力 |

## 5.2.1　学历教育

低空经济学校教育是实现行业高效发展和人才可持续供应的重要基础。通过初级、中级和高级三个层次的系统化教育,不仅能为学生提供从启蒙到专业化的学习路径,还能满足产业链不同环节的人才需求。从兴趣培养到技术操作再到科研创新,这一完整的教育体系构建了低空经济可持续发展的坚实支撑。

在初级教育阶段,重点是普及低空飞行器的基本知识,激发学生的兴趣,培养对飞行技术和相关应用的初步认知。中小学课堂可以通过科普性课程,向学生介绍飞行器的基本构造、飞行原理和应用场景。例如,无人机在农业植保、物流配送和环境监测中的具体应用,将帮助学生理解低空经济的广阔前景。此外,实际操作课程同样至关重要。学生通过简单的无人机操控练习,学习如何起飞、降落、悬停和规划飞行路径。这种动手实践不仅提升了他们对飞行器的兴趣,还为未来的深度学习打下基础。例如,深圳部分小学已经开设无人机兴趣课程,结合科技馆的科普活动,为学生提供了感性和实践相结合的学习体验。同时,通过举办无人机设计与操作竞赛等活动,进一步培养了学生的创新意识和合作能力。

中级教育阶段侧重于实际技能的培养和技术型人才的输送。中等职业教育设置的相关专业见表 5-2。

表 5-2 中等职业教育相关产业

| 专业类别 | | 专业名称 |
|---|---|---|
| 中等职业教育专业 | 6606 航空装备类 | 660601 无人机操控与维护 |
| | 7004 航空运输类 | 700401 民航运输服务 |
| | | 700402 航空服务 |
| | | 700403 飞机设备维护 |
| | | 700404 机场场务技术与管理 |

高等教育阶段目标是培养行业急需的研究型和管理型高端人才。高校需根据低空经济的技术发展需求开设相关专业,例如"航空装备""航空运输"等。在具体课程设置上,高等职业教育不仅注重理论研究,还结合实践能力培养,涵盖航空电子与自动化控制技术、智能交通系统与无人机协同应用等。高等职业教育设置的相关专业见表 5-3。

表 5-3 高等职业教育相关产业

| 专业类别 | | 专业名称 |
|---|---|---|
| 高等职业教育专科专业 | 4203 测绘地理信息类 | 420307 无人机测绘技术 |
| | 4301 电力技术类 | 430110 机场电工技术 |
| | 4306 非金属材料类 | 430604 航空复合材料成型与加工技术 |
| | 4606 航空装备类 | 460601 飞行器数字化制造技术 |
| | | 460602 飞行器数字化装备技术 |
| | | 460603 航空发动机制造技术 |
| | | 460604 航空发动机装备调试技术 |
| | | 460605 飞机机载设备装备调试技术 |
| | | 460606 航空装备表面处理技术 |
| | | 460607 飞行器维修技术 |
| | | 460608 航空发动机维修技术 |
| | | 460609 无人机应用技术 |
| | | 460610 航空材料精密成型技术 |
| | | 460611 导弹维修技术 |

续表

| 专业类别 | | 专业名称 |
|---|---|---|
| 高等职业教育专科专业 | 5004 航空运输类 | 500401 民航运输服务 |
| | | 500402 民航通信技术 |
| | | 500403 定翼机驾驶技术 |
| | | 500404 直升机驾驶技术 |
| | | 500405 空中乘务 |
| | | 500406 民航安全技术管理 |
| | | 500407 民航空中安全保卫 |
| | | 500408 机场运行服务与管理 |
| | | 500409 飞机机电设备维修 |
| | | 500410 飞机电子设备维修 |
| | | 500411 飞机部件修理 |
| | | 500412 通用航空器维修 |
| | | 500413 飞机结构修理 |
| | | 500414 航空地面设备维修 |
| | | 500415 机场场务技术与管理 |
| | | 500416 通用航空航务技术 |
| | | 500417 航空油料 |
| 高等职业教育本科专业 | 2606 航空装备类 | 260601 航空智能制造技术 |
| | | 260602 飞行器维修工程技术 |
| | | 260603 航空动力装置维修技术 |
| | | 260604 无人机系统应用技术 |
| | | 260605 航空复合材料智造工程技术 |
| | | 260606 电动飞行器应用技术 |
| | 3004 航空运输类 | 300401 民航运输服务与管理 |
| | | 300402 航空机电设备维修技术 |
| | | 300403 智慧机场运行与管理 |
| | | 300404 通用航空航务技术 |
| 普通本科专业 | 0820 航空航天类 | 082001 航空航天工程 |
| | | 082002 飞行器设计与工程 |
| | | 082003 飞行器制造工程 |
| | | 082004 飞行器动力工程 |
| | | 082005 飞行器环境与生命保障工程 |
| | | 082006T 飞行器质量与可靠性 |
| | | 082007T 飞行器适航技术 |
| | | 082008T 飞行器控制与信息工程 |

续表

| 专业类别 | | 专业名称 |
|---|---|---|
| 普通本科专业 | 0820 航空航天类 | 082009T 无人驾驶航空器系统工程 |
| | | 082010T 智能飞行器技术 |
| | | 082011T 空天智能电推进技术 |
| | | 082012T 飞行器运维工程 |
| | 08 工学 | 低空技术与工程（2024） |
| 研究生专业 | 0825 航空宇航科学与技术 | 082501 飞行器设计 |
| | | 082502 航空宇航推进理论与工程 |
| | | 082503 航空宇航制造工程 |
| | | 082504 人机与环境工程 |

此外，跨学科融合也是高等教育的重点。飞行器设计与数据科学、人工智能与航空工程等跨学科领域的课程，帮助学生在解决复杂问题的同时，拓宽视野、提高创新能力。

高校通过产学研合作与行业紧密连接，为学生提供更广泛的学习与实践机会。例如，清华大学与中国商用飞机有限责任公司共同建立了飞行器设计实验室，不仅提供了科研平台，还推动了学生与企业的双向交流。各类全国性无人机设计竞赛更是鼓励学生展示创新成果，提升解决实际问题的能力。这一阶段的教育通过为行业提供理论与实践并重的人才支持，推动低空经济的技术突破与产业升级。

从初级到高级，学校教育为行业的人才需求提供了全方位保障。无论是兴趣启蒙、技能培养，还是高端研究，教育链的多层次设计不仅提高了人才的适应性和专业性，还为低空经济的创新与可持续发展提供了不竭动力。

### 5.2.2 职业培训

职业培训作为连接教育和行业需求的桥梁，承担着将理论知识转化为实际操作能力的任务。针对飞行器操作、维护、调度以及低空经济的管理职能，专业的职业培训能够有效提升从业人员的技术水平和管理能力，从而为低空经济的发展提供强有力的人才支持。

职业培训内容覆盖多个关键领域，旨在满足低空经济发展的多样化需求。针对技术操作人员的培训，重点在于培养学员对低空飞行器的熟练掌握与精确操作能力。通过系统化的课程设置，学员将获得飞行器操作的基础知识，包括飞行前检查、飞行控制、应急处置等技能。这些课程内容不仅涵盖日常的维护和检查,还深入复杂飞行任务的执行能力。例如,在无人机操作的培训中,学员需掌握不同型号飞行器的技术参数,学习精确飞行技巧,同时提升应对突发情况的快速反应能力。这种实践性的训练能够帮助学员积累实际操作经验,从而在实际环境中应对复杂任务。

在低空经济快速发展的背景下,除了操作人员,行业还需要大量的管理型人才。职业培训逐步向管理领域扩展,重点培养学员在飞行器运营、航线调度和空域管理等方面的知识与技能。培训课程涵盖低空经济运营模式、资源优化配置以及应急管理机制,使学员能够在实际运营中提升效率,确保任务顺利完成。尤其是在空域资源紧张的情况下,合理调度航班和精确管理飞行器成为提高运营效率的关键技能。例如,航线优化课程结合实际案例,指导学员在复杂空域条件下进行最优飞行方案的设计。

随着智能化技术的广泛应用,职业培训内容不断更新以适应新的技术需求。学员需掌握新一代飞行控制系统、自动化飞行程序以及人工智能技术的应用,包括无人机集群协同作业、数据分析与智能决策支持等。这些内容要求培训课程具备前瞻性,以帮助从业人员在技术进步中保持竞争力。此外,专注于特定领域的专项培训也日益受到重视,例如农业植保无人机的精准喷洒技术培训、物流无人机的高效配送操作培训等,为行业提供专业化服务人才。

培训形式也在不断创新与丰富。从传统的线下课堂教学,到实践基地的实操训练,再到在线学习平台与虚拟仿真技术的应用,学员能够获得理论与实践结合的全面学习体验。尤其是虚拟仿真训练,通过模拟飞行操作和空中调度情境,为学员提供高效、安全的训练环境,使其能够在无风险的情况下反复练习复杂任务。

职业培训的另一重要组成部分是培训质量的监管与评估。为了确保培训效果,各地机构应建立完善的认证与评估机制,并推动行业标准的制定与实施。例如,通过统一的职业资格认证考试,确保学员具备无人机驾驶员、维修工程师等岗位所需的专业能力。这种规范化的管理能够保障培训质量与行业需求接轨,为低空经济的安全与高效运营提供支持。各类执照和资格认证,如无人机驾驶员执照、维修工程师执照等,都是行业从业人员的基本要求。通过这些执照的获取和认证,能够确保从业人员具备足够的专业素质,满足飞行安全、设备维护等方面的要求,进一步促进低空经济健康发展。

职业培训是低空经济发展的关键推动力之一。通过覆盖技术操作、设备维护、空域管理及智能技术等领域的全方位课程设置,职业培训能够全面提升从业人员的技能与管理能力,促进飞行器的安全运行和资源的合理配置。在低空经济蓬勃发展的今天,职业培训的持续创新与完善,将为行业的成熟和技术突破提供重要支持,成为推动低空经济未来发展的核心力量。

### 5.2.3 企业内训

目前,企业面临着技术迅速迭代和业务需求变化的双重挑战。在这一过程中,企业内训成为企业提升员工技能、应对行业变革、保持竞争力的关键手段。尤其是在高科技行业中,技术的更新速度极快,员工必须不断提升专业素养,才能跟上技术发展和市场需求的步伐。通过内训,企业能够有效地将新技术、新理念和新标准融入员工的日常工作中,从而增强其适应行业变化的能力。

企业内训不仅是技术知识的传递,更是企业文化的塑造和团队协作能力的提升。在低空经济领域,企业内训的内容广泛,涵盖飞行器操作、维修保养、飞行计划编制、数据分析、空域管理、智能化系统操作等多个方面。企业可以根据不同员工的岗位需求制定差异化的培训方案,确保每个员工都能在最短时间内掌握所需的技能。此外,内训还涉及一些软技能的提升,如团队沟通、应急处置、项目管理等,这些能力对于复杂的低空经济项目至关重要,能够确保员工在多任务处理、跨部门合作时更加高效。

针对低空飞行器行业技术的不断发展,企业内训在技术更新方面起着不可忽视的作用。例如,随着智能化和自动化飞行器的普及,员工需要学习如何操作、维护和升级这些高科技设备。内训课程可以通过仿真训练、现场操作等方式,使员工掌握新设备的使用技巧,帮助其熟悉新技术带来的变化。无论是在飞行器的动力系统、智能控制系统,还是在数据处理和信息流转的技术应用上,企业通过定期的内训,不断促进员工的技能提升。

与此同时,随着低空经济涉及的技术和管理范畴不断扩大,企业还需要加强对员工综合能力的培养。在飞行器操作技术不断向智能化、自动化过渡的同时,员工需要具备更强的技术理解和问题解决能力。企业内训引导员工提升跨领域的知识能力,例如结合无人机技术、数据分析与空域管理等技术进行综合训练。这种跨学科的培训方式,能够有效促进员工在复杂任务和新兴技术面前的应变能力,确保其能够适应未来发展的趋势。

企业内训不仅能提升员工能力,还可以通过引入行业专家、技术交流会等形式,鼓励员工不断学习和创新。通过与行业先进企业、技术团队的互动,员工能够快速获得最新的行业动态和技术信息。这种持续的技术更新和知识共享,帮助企业提升员工的创新思维和实践能力,使其能够更好地应对行业未来的发展需求。

随着低空经济的快速发展,企业内训的模式也在不断创新。传统的课堂式教学逐渐被更为灵活的在线学习平台、虚拟仿真技术和工作现场培训等新型方式取代。借助现代技术,企业能够提供个性化的学习内容和进度安排,确保员工能够在最适合自己的方式下进行知识和技能的积累。此外,在线学习和虚拟仿真平台的普及,也使得员工能够随时随地进行学习,提升培训的便利性和覆盖面。

企业内训是低空经济相关企业提升员工专业技术水平、应对技术更新和保持竞争力的重要途径。通过不断更新技术知识、提升员工综合能力,企业能够更好地适应行业的快速发展,确保在激烈的市场竞争中立于不败之地。

## 5.3 教育链面临的挑战与机遇

低空经济的快速崛起为教育链的建立提供了前所未有的机遇,但与此同时,这一领域的教育体系也面临着多重挑战。随着低空飞行器技术、应用场景和产业链的不断拓展,如何高效地衔接教育体系与行业需求,如何培养符合行业标准的专业人才,成为当务之急。教育链的建设不仅要紧跟技术发展的步伐,还要积极应对行业发展中的诸多变革,以便更好地为低空经济的发展提供智力支持。

一方面,低空经济行业对人才的需求持续增长,尤其是涉及飞行器设计、操作、维护、数据分析和空域管理等方面的专业人才。然而,目前教育体系和行业之间存在一定的脱节,教育内容和形式未能完全适应行业的快速变化。另一方面,随着低空飞行器的智能化、自动化进程的推进,教育必须灵活应对新技术和新需求的变化,尤其是在课程设置、师资力量、实训基地等方面,面临着不少现实挑战。

低空经济的蓬勃发展也为教育链带来了前所未有的机遇。行业对专业人才的强烈需求,不仅为教育体系带来了全新的教学内容和发展方向,也推动了职业教育、技术培训等形式的创新。通过与产业的紧密合作,教育体系可以更好地反映市场需求,实现产学研的深度融合。随着政策的支持与资金的投入,教育链的建设能够在推动低空经济发展的过程中,发挥出更大的作用,特别是在提供人才、推动技术创新和促进产业升级方面,教育体系将成为低空经济健康发展的基石。

面对低空经济发展的新机遇和挑战,教育必须不断适应行业需求的变化,优化人才培养结构,突破现有教育模式的局限,培养更多符合行业需求的创新型人才。这一过程中,教育既是挑战也是机遇,如何在技术、管理、政策等多个层面的创新中找准教育定位,推动产业与教育的深度融合,将成为决定低空经济能否持续发展的关键因素。

### 5.3.1 教育体系与行业需求脱节

低空经济的快速发展要求教育体系能够与行业需求紧密对接,但当前在许多地方,教育体系和行业之间的脱节现象仍较为突出。尽管低空经济产业对人才的需求不断增加,涵盖了飞行器设计、操作与维护、空域管理、数据分析等多个领域,但教育链未能及时调整,以适应这些快速变化的行业需求。人才培养的速度和质量,往往跟不上行业技术的飞速进步,造成了部分企业在招聘时面临"用人荒"或"招不到合适人才"的困境。

教育内容和课程体系往往滞后于行业需求。传统教育体系侧重于基础知识的传授和学术研究,而低空经济作为一个高度技术化且与时俱进的产业,需要的人才不仅要具备扎实的理论知识,还要熟悉前沿技术和行业应用。现有的教育体系尚未充分体现行业实际需求,导致许多学科或专业内容缺乏与低空经济相关的专项课程,缺少对飞行器设计、智能控制、无人机操作等具体技能的培养。与此同时,由于低空经济的技术创新速度快、应用场景复杂,课程内容的快速更新和迭代也成为教育体系无法迅速响应的难点。

教育模式和实践平台的匮乏,也是行业需求与教育体系脱节的重要原因。低空经济行业涉及的技术和应用领域,具有很强的实践性和操作性。理论与实践的结合,尤其是涉及飞行器的调度、飞行控制、维护保养等方面的技术,要求教育体系不仅注重课堂教学,还要有大量的实训和现场操作。然而,现有的教育体系中,针对低空飞行器及相关技术的实训基地建设仍然不足,许多高等院校和职业培训机构尚未配备足够的实践平台,导致学生在毕业时,虽然拥有一定的理论基础,却缺乏实际操作经验。

行业需求的多样性和快速变化,也给教育体系带来了极大的挑战。低空经济行业涵盖了从飞行器设计、动力系统、通信导航到飞行安全、数据管理等多个领域,不同企业的需求具有较大的差异性,这使得单一的教育模式难以满足所有行业的需求。教育体系如果无法及时与行业进行有效对接,将导致企业所需的人才不仅数量不足,且质量无法达到要求,严重影响行业发展速度和质量。

为了解决这一问题,教育体系必须深入了解低空经济产业的发展动态,加强与行业的沟通与合作。建立产学研合作平台,推动学校与企业之间的深度融合,确保教育内容和课程设置能够紧跟行业的技术进步和市场需求。同时,教育机构也应加强实践环节的投入,建设更多的实训基地和模拟环境,让学生在真实或仿真的场景中,掌握更多实际操作技能,弥补学术与实践之间的差距。

教育体系与行业需求的脱节,影响着低空经济产业的可持续发展。只有通过有效的教育改革,打破传统教育和行业需求之间的隔阂,才能更好地培养出符合行业要求的高素质人才,为低空经济的长期发展提供坚实的人力支持。

### 5.3.2　教育资源的配置与优化

在低空经济迅速发展的背景下,教育资源的配置与优化成为一个亟待解决的重要问题。尽管行业对专业人才的需求日益增加,但当前的教育资源配置存在不均衡、分散且效率低下的现象,这限制了人才培养的质量和速度。如何有效地整合和优化教育资源,提升教育体系的适应性,成为推动低空经济持续发展的关键。

目前,低空经济领域的教育资源往往集中在少数顶尖的院校或培训机构,很多地方的教育体系尚未意识到低空经济的巨大潜力,缺乏相关的教育投入和专业师资。这种资源的不均衡,导致了不同地区、不同层次的教育机构在培养低空经济专业人才时存在明显差距。尤其是在地方院校和职业培训机构,相关教育内容和设施相对滞后,难以满足行业对高素质、实用型人才的需求。

此外,教育资源的优化不仅仅是资金和设施的投入,更重要的是课程内容与教学方式的更新。传统的航空类教育课程和教学模式往往偏重理论,忽视了与行业实际需求的衔接。在技术日新月异的低空经济领域,单纯的理论知识已无法满足行业发展的需要。因此,教育资源的优化需要突破传统模式,引入更多实践性强、应用性高的内容,特别是在无人机操作、飞行器维护与管理、空中交通控制等具体领域进行深度教育。

为了更好地配置教育资源,应加强行业与教育机构之间的协同合作,推动更多企业参与教育过程的设计与执行。例如,企业可以提供实际的技术需求和应用案例,帮助教育机构了解行业的最新发展动态,并在课程中融入更多实际操作和案例分析。这种产学研结合的模式,能大大提升教育资源的利用效率和针对性。

同时,教育资源的配置还应考虑到教育层次的多样性,确保从基础教育到高等教育、职业培训的各个层次都能够提供有针对性的支持。通过多渠道、多层次的教育体系,打造出全方位的人才培养链条,从而为低空经济产业提供更为充足和高质量的人力资源。

教育资源的配置与优化不仅关乎低空经济人才的培养,更直接影响到行业的技术创新和发展速度。通过优化资源配置、更新教育模式、加强行业合作,可以提升教育体系的整体效能,推动低空经济实现可持续发展。

### 5.3.3　政策支持与行业合作

低空经济的迅猛发展离不开政策支持和行业间的深度合作。随着技术创新和市场需求的不断增长,政府和行业应当形成合力,推动教育链的进一步发展。在这一过程中,政策的引导和行业的参与将是关键因素。

政策支持对教育链的构建起着至关重要的作用。政府应当在制定低空经济发展战略时,将人才培养纳入其中,出台一系列切实可行的政策,鼓励各类教育机构和培训机构积极参与其中。例如,政府可以通过财政补贴、税收优惠等手段,支持学校和企业加大低空经济相关课程的研发和教师培训。同时,政策应当鼓励产学研合作,推动学术界、企业和政府三方共同参与人才培养的过程。通过制定行业标准和规范,政府可以为教育链的各环节提供清晰的方向和保障。

此外,行业合作是推动教育链发展不可或缺的一部分。行业企业不仅可以为教育提供实践平台,还能够根据市场需求,提出人才培养的具体需求和方向。通过与高校、职业培训机构的合作,企业可以参与课程设计、实训基地建设以及师资培训等方面,为教育链的建设提供实际支持。与此同时,企业在招聘和选拔人才时,也可以反馈自身对教育体系的评价,进一步促使教育链的优化和提升。

跨行业的合作也同样重要,尤其是在技术和管理领域。例如,无人机制造公司与航运公司、航空公司之间的合作,可以推动跨领域课程的设置和知识的融合,培养既懂得飞行器技术,又具备行业管理能力的人才。这种跨界合作不仅能为教育体系带来新的思路,还能提升教育内容的实际应用价值和市场适应性。

在政策支持和行业合作的双重推动下,低空经济的教育链能够更好地契合市场需求,提升人才培养的质量与效率。通过建立更加紧密的政府、企业和教育机构之间的合作机制,推动低空经济人才的培育和输送,将为整个行业的发展提供源源不断的动力。

**【参考文献】**

[1] 韩立祥,黄少晗,原子昊,等.面向小学生的无人机科普课程开发与研究[J].科学教育与博物馆,2023,9(6):74-79.

[2] 李程程,张红华,许延丽,等.人工智能背景下"无人机测绘技术"专业课程改革探索[J].科技与创新,2024(5):146-148.

[3] 李艳,何先定,许云飞,等.产教融合背景下无人机系统应用技术专业人才培养研究[J].成都航空职业技术学院学报,2024,40(3):17-19.

［4］赵黎.高职无人机技术课程设置与教学方法的创新［J］.学周刊，2024（16）：95－98.

［5］方荣卫.中职无人机应用技术专业课堂教学评价的研究［J］.教育家，2024（33）：56－57.

［6］白祥，侯玉洁，赵海彬，等.无人机专业"政行校企"多元协同育人培养体系的研究［J］.山西青年，2024（18）：83－85.

［7］鲁亚飞，贾高伟，陈清阳，等.实战案例融入"无人飞行器总体设计"课程教学探索［C］//教育部高等学校航空航天类专业教学指导委员会.第五届全国高等学校航空航天类专业教育教学研讨会论文集.国防科技大学空天科学学院，2023：6.

［8］吴茜.百万人才缺口带火成都"飞手"培训［N］.成都日报，2025－01－13（2）.

［9］徐杰佳.职业教育服务低空经济人才培养对策探讨［J］.职业，2024（22）：62－65.

［10］曲雅微，陈维娜，唐玉娟，等.新工科背景下"无人机技术及应用"课程思政探索［J］.教育教学论坛，2024（48）：119－122.

［11］高晶，金国栋，谭力宁，等.课程思政元素融入无人机领域课程的实践与探索［J］.高教学刊，2024，10（21）：193－196.

［12］邱玉婷，王耀坤，张益铨，等.未来无人机系统课程的理论与实践教学设计［J］.实验室研究与探索，2024，43（6）：142－146.

［13］赵志全，代磊，胡维权，等.乡村振兴背景下职业教育无人机植保技术人才培养的探索［J］.农业开发与装备，2024（8）：35－37.

［14］费维科.无人机行业产教融合共同体发展对信息化教育的影响［J］.大学，2024（增刊1）：110－112.

［15］杜岗，张萍."成果导向、订单引领、开放共融"无人机应用技术专业人才培养模式改革实践［J］.科教文汇，2024（20）：104－108.

［16］商轩.低空经济催生无人机操控员100万人才缺口［J］.商业文化，2024（21）：32－33.

［17］杨丽.中职无人机植保技术课程教学策略研究［J］.智慧农业导刊，2024，4（22）：153－156.

［18］龚循强.新工科背景下面向智能测绘的无人机测绘课程群开发路径研究［J］.高教学刊，2024，10（34）：89－92.

"深化论证空域管理体制"——习近平

# 低空空域管理

第 **6** 章

低空空域作为空域体系的重要组成部分,是通用航空、低空无人机运营和军事活动的关键空间。随着航空业的快速发展和技术进步,低空空域的开发和管理逐渐成为各国关注的焦点。低空空域管理是我国空域管理体系中的重要领域,其改革历程始于 2000 年空军将航路航线移交民航管制指挥后的深度探索。此后,围绕如何实现军民航融合发展、优化空域资源配置和提升通用航空飞行便利性,我国启动了低空空域管理改革这一具有深远意义的系统工程。

## 6.1 空域管理概述

### 6.1.1 空域定义

空域是指地球表面以上具有明确的边界范围、可供航空器飞行的空气空间,是不可替代的关键资源,直接影响着航空活动的安全和运行效率。从最广泛的意义上讲,空域就是指空气空间范围。狭义的空域是航空法中的概念,专指可航空间,即空中交通工具在大气空间中的活动范围,也即航空器运行的活动场所。具体而言,空域是指一国为了军事活动、航空运输、飞行训练、通用航空发展等需要而在地球表面上空一定高度内划定的可供航空器运行的特定空气空间范围。

领空是与空域紧密相连又有所区别的一个概念。"领空"这一概念是在人类有了航空活动之后才出现的，并受海洋法关于领海制度影响而逐渐形成的。《国际民用航空公约》将领空界定为领土上空的空气空间，即一个国家的领土和领海之上的空气空间。领空属于国际法范畴，具有典型的国家主权属性，领空主权原则也成为国际法的基本原则之一，并被国际条约所承认和各国国内法所肯定。例如，《国际民用航空公约》明确规定了国家领空主权原则，并将其阐述为"缔约各国承认每一国家对其领土之上的空气空间享有完全的和排他的主权"。再如，我国《民用航空法》第二条明确规定，中华人民共和国的领陆和领水之上的空域为中华人民共和国领空。中华人民共和国对领空享有完全的、排他的主权。空域虽然也具有国家主权属性，但其侧重于国家管理范畴和资源利用领域，因此，其属性更为复杂。

低空空域是空域体系的重要组成部分，空域的一般属性同样适用于低空空域。空域的属性即空域的特征，包含物理属性、经济属性、法律属性三个方面。其中，物理属性是空域的外在属性，经济属性是空域的基本属性，法律属性是空域的核心属性。物理属性和经济属性是空域的自然属性，法律属性是空域的社会属性。

### 6.1.2　空域管理的历史与发展

随着我国航空事业的不断发展和低空空域需求的增加，空域管理成为保障航空安全和促进航空事业可持续发展的重要课题。自新中国成立以来，我国空域管理经历了从初期的空军统一管制到逐步实现民航与军航协调管理的历史演变。特别是在改革开放后，空域管理体制逐步走向法治化、科学化和规范化，促进了通用航空及低空空域管理改革的深化。1993年国务院、中央军委下发文件确定了空管体制改革"三步走"战略，为我国空域管理体制现代化奠定了基础；2000年空军将航路航线移交民航管制指挥，是空管体制改革的第二步，标志着空域管理领域的深刻革命。近年来，随着通用航空和无人机技术的迅猛发展，低空空域的灵活划设与使用逐步推进。2018年12月，四川成为全国首个低空空域管理改革试点省，为未来空域管理模式的创新与转型提供了实践经验。未来，我国将进一步深化空域管理改革，以适应航空业发展的新需求，推动空域管理体系向更加高效、灵活、精细的方向发展。

#### 1.新中国成立初期

1950年，毛泽东主席颁布《中华人民共和国飞行基本规则》，这是新中国第一部国家空域管理大法,明确了空域管理由中国人民解放军空军统一组织实施,强调维护国家安全和兼顾民用、军用航空需要。

### 2.改革开放以后

随着航空事业的快速发展,空域管理需求日益复杂,推动了空域管理理论和实践的发展。这一时期,空域管理逐渐从无到有、从弱到强,逐步实现法治化、科学化、规范化。

### 3.1993 年空管体制改革

国务院和中央军委确定空管体制改革分三步走的战略目标:第一步在京广深航路上进行统一管制服务试点,第二步实现民航对全国航路、航线上的运输机提供统一管制服务,第三步实现国家统一空中交通管制。1994 年,民航总局空中交通管理局的成立标志着空管体制改革的开始。

### 4.2000 年低空空域管理改革

空军将航路航线移交民航管制指挥,标志着我国空域管理领域的深刻革命。低空空域管理改革分为筹划论证、集中试点和综合试点三个阶段,逐步深入并极大地促进了通用航空的发展。

### 5.2003 年《通用航空飞行管制条例》

国务院和中央军委颁发该条例,对通用航空飞行活动的空域划设和使用做出明确规定,进一步规范了通用航空的空域使用。

### 6.近年来深化低空空域管理改革

2010 年,国务院和中央军委下发《关于深化我国低空空域管理改革的意见》,拉开低空空域管理改革序幕。

2018 年,中国民用航空局印发《低空飞行服务保障体系建设总体方案》。

2019 年,中共中央、国务院印发《交通强国建设纲要》。

2021 年,中共中央、国务院印发《国家综合立体交通网规划纲要》。

近年来,湖南、江西、安徽、海南等地先后开展了低空空域管理改革试点工作,推进低空空域的分类划设和灵活使用。

### 7.未来发展方向

随着国民经济建设与国防事业的发展,我国空域结构性使用矛盾和粗放型管理模式仍客观存在,迫切需要向新的管理模式转变。未来将着重创新空域管理模式,推进管理改革,以适应通用航空和无人机系统的快速发展。

### 6.1.3  低空空域管理的现状与挑战

低空空域主要由军方和民航部门共同参与管理。2023 年 11 月 2 日,中央空中交通管理委员会发布《中华人民共和国空域管理条例(征求意见稿)》,主要目的是向全社会征集我国空域管理的意见和建议,这标志着低空空域管理问题已经不仅仅是空军和中国民航局的事,而是全社会共同参与的事。现阶段,我国低空空域管理方法和模式继承了通航管理的方法和模式,存在"上不了天、落不了地、赚不了钱"的现象,各种"黑飞"屡禁不止,严重危害了国家安全和公共安全。究其原因,既有通航制造业技术不高的因素,也有航空文化落后的因素,更有国家航空政策滞后的因素。低空经济时代的到来和飞行器的井喷式发展,必然使低空空域管理方法和模式产生变革,这一庞大的工程必然需要地方政府的力量和广大人民群众的参与。

# 6.2  低空空域申请使用

### 6.2.1  国外低空空域规划分类

为了规范目视飞行规则(Visual Flight Rules,VFR)和仪表飞行规则(Instrument Flight Rules,IFR)对人、机、环的不同要求,明确各类空域 IFR 和 VFR 的服务种类,结束高空、中低空、终端(进近)以及机场等各类型管制空域的管理混乱的现象,国际民用航空组织(International Civil Aviation Organization,ICAO)制定了空域分类的标准,将空中交通服务(Air Traffic Service,ATS)空域分为 A、B、C、D、E、F、G 七类基本类型。ICAO 的空域分类标准是一个较为原则的模板,其基本思想是随着空域代号顺序的增加,逐步放松对 VFR 的限制。各国应根据 ICAO 的空域分类精神并结合本国的实际情况对之进行选择和完善,以确定各国自己的空域分类方案。ICAO 空域分类标准的提出使世界各国空域类型得到简化、统一,体现了"空域是国家资源,每个公民都享有使用空域的权力"的原则。

#### 1. 国际民航组织

国际民航组织推荐将空域分为以下七类(见表 6 - 1):

A 类空域:仅允许 IFR 飞行,对所有飞行均提供 ATC 服务,并在航空器之间配备间隔。

B 类空域:允许 IFR 飞行和 VFR 飞行,对所有飞行均提供 ATC 服务,并在航空器之间配备间隔。

C 类空域：允许 IFR 飞行和 VFR 飞行，对所有飞行均提供 ATC 服务，并在 IFR 飞行之间以及在 IFR 飞行与 VFR 飞行之间配备间隔；VFR 飞行应当接收其他 VFR 飞行的飞行情报服务。

D 类空域：允许 IFR 和 VFR 飞行，对所有飞行均提供 ATC 服务。IFR 飞行与其他 IFR 飞行之间配备间隔，并接收关于 VFR 飞行的飞行情报服务（FS）。VFR 飞行接收关于所有其他飞行的飞行情报服务。

E 类空域：允许 IFR 和 VFR 飞行，对 IFR 飞行提供 ATC 服务，与其他 IFR 飞行之间配备间隔。所有飞行均尽可能接受 ATC 服务。E 类不得用于管制地带。

F 类空域：允许 IFR 和 VFR 飞行，对于所有 IFR 飞行均接受空中交通咨询服务；如果需要，对所有飞行提供 FS。

G 类空域：允许 IFR 和 VFR 飞行，如果需要，提供 FS。

表 6-1　ICAO 空域分类标准

| 空域类型 | 飞行种类 | 间隔配备 | 提供服务 |
|---|---|---|---|
| A | IFR | 所有航空器 | 提供空中交通管制服务 |
| B | IFR | 所有航空器 | 提供空中交通管制服务 |
| B | VFR | 所有航空器 | 提供空中交通管制服务 |
| C | IFR | IFR/IFR | 提供空中交通管制服务 |
| C | IFR | IFR/VFR | 提供空中交通管制服务 |
| C | VFR | VFR/IFR | 提供交通情报服务 |
| D | IFR | IFR 与 IFR | 为 IFR 提供空中交通管制服务 |
| D | VFR | 不配备 | 为 VFR 提供交通情报服务 |
| E | IFR | IFR 之间 | 为 IFR 提供空中交通管制服务 |
| E | VFR | 不配备 | 尽可能提供交通情报 |
| F | IFR | IFR 之间（尽可能） | 空中交通咨询和飞行情报服务 |
| F | VFR | 不配备 | 飞行情报服务 |
| G | IFR | 不配备 | 飞行情报服务 |
| G | VFR | 不配备 | 飞行情报服务 |

### 2.美国

美国于 1996 年开始引入 ICAO 的空域分类标准，将本国的空域划分为 A、B、C、D、E 和 G 六类。表 6-2 为美国各类空域对航空器运行的具体要求，图 6-1 为美国空域分类示意图。

表 6–2　美国空域对航空器的运行要求

| 空域类型 | 飞行种类 | 进入许可 | 通信要求 | 间隔服务 | 交通咨询服务 | 安全咨询服务 |
|---|---|---|---|---|---|---|
| A 类 | IFR | 需要 | 持续双向 | 全部飞行 | 无 | 提供 |
| B 类 | IFR 和 VFR | 需要 | 持续双向 | 全部飞行 | 无 | 提供 |
| C 类 | IFR 和 VFR | IFR 需要 | 持续双向 | IFR/IFR 间 | 提供 | 提供 |
| | | | | IFR/VFR 间 | | |
| D 类 | IFR 和 VFR | IFR 需要 | 持续双向 | IFR/IFR 间 | 管制员工作负荷允许时 | 提供 |
| E 类 | IFR 和 VFR | IFR 需要 | IFR 持续双向 | IFR/IFR 间 | 管制员工作负荷允许时 | 提供 |
| G 类 | IFR 和 VFR | 不需要 | 不要求 | IFR/IFR 间 | 管制员工作负荷允许时 | 提供 |

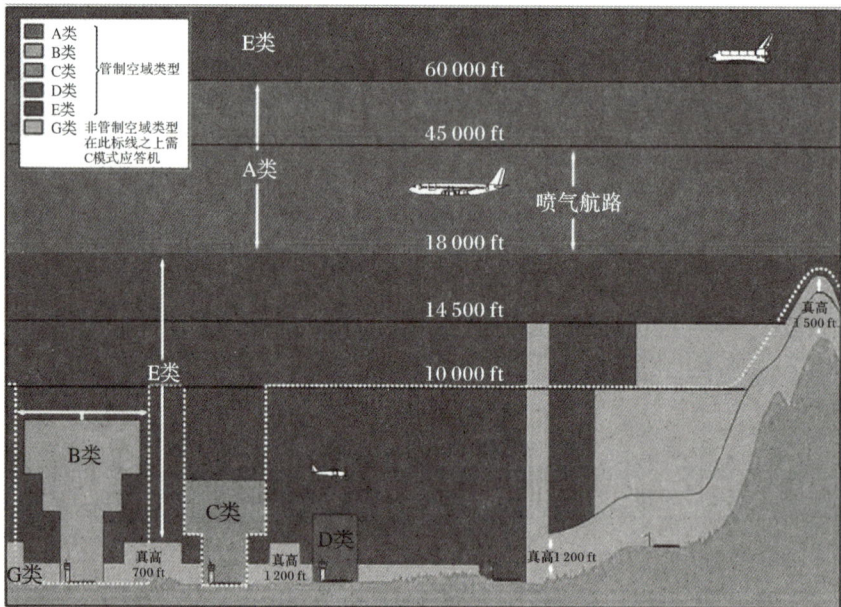

图 6–1　美国空域分类示意图

图 6-1 中:①B 类空域通常划设于繁忙机场终端区附近。这里的繁忙机场是指年旅客流量在 5 000 000 人次以上和年飞行量在 300 000 架次(240 000 架次以上的商业运输飞行)以上的机场。②C 类空域划设于中型机场终端区附近。中型机场为年仪表运行量在 75 000 架次以上,或者主要机场和次要机场年仪表运行量之和在 100 000 架次以上,或者主要机场年旅客流量在 2 500 000 人次以上,通常是二级枢纽机场。③D 类空域是小机场范围内的空域,为 IFR 和 VFR 飞行提供管制。④E 类空域为 A、B、C、D、G 类空域以外的所有空域。

法规体系:美国出台了《联邦航空法》《联邦航空条例》《低空空域改革法案》《无人机系统整合试点计划》《远程识别规则》等政策法规,明确低空空域配置、运行规则、安全管理、飞行审批、远程识别等方面的规定。

3.英国

英国根据 ICAO 空域分类标准体系,划设了六类空域,分别是 A、B、D、E、F 和 G 类空域,没有划设 C 类空域,同时关于 F 类和 G 类空域的划设标准同国际民航组织的空域分类标准还有所不同(见表 6-3 和图 6-2)。

表 6-3　英国空域对航空器的运行要求

| 空域类型 | 飞行种类 | 进入许可 | 通信要求 | 间隔配备 | 提供服务 |
| --- | --- | --- | --- | --- | --- |
| A 类 | IFR | 需要 | 持续双向 | 全部飞行 | 提供 ATC 服务 |
| B 类 | IFR 和 VFR | 需要 | 持续双向 | 全部飞行 | 提供 ATC 服务 |
| D 类 | IFR 和 VFR | 需要 | 持续双向 | IFR/IFR 间 | IFR 提供 ATC 服务 |
| | | | | IFR/VFR 间 | VFR 提供飞行情报服务 |
| E 类 | IFR 和 VFR | IFR 需要 | IFR 持续双向 | IFR/IFR 间 | IFR 提供 ATC 服务 |
| | | | | | VFR 提供飞行情报服务 |
| F 类 | IFR 和 VFR | 需要 | 不需要 | IFR/IFR 间 | 提供飞行情报服务 |
| G 类 | IFR 和 VFR | 需要 | 不要求 | 不提供 | 提供飞行情报服务 |

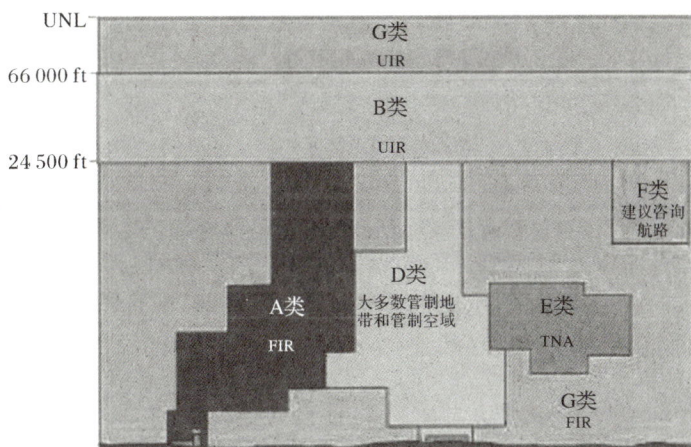

图 6-2　英国空域分类示意图

图 6-2 中:在 F 类和 G 类空域中,允许 3 000 ft 以下进行 VFR 飞行,允许未安装无线电设施的航空器在非管制空域进行 IFR 飞行,这里同 ICAO 空域分类标准有所不同;另外,在机场区域可以划设机场交通地带,机场交通地带不属于空域分类系统,但应与所在空域的空域类型相匹配。

4.德国

德国的空域分类方案同 ICAO 空域分类标准存在很大的不同,德国将空域划设为 C、D、E、F 和 G 五类空域,没有 A 类空域和 B 类空域(见表 6-4 和图 6-3)。

表 6-4  德国空域对航空器的运行要求

| 空域类型 | 飞行种类 | 进入许可 | 通信要求 | 间隔配备 | 提供服务 |
|---|---|---|---|---|---|
| C 类 | IFR 和 VFR | 需要 | 需要 | IFR 提供 | IFR 提供 ATC 服务 |
| | | | | | VFR 提供飞行情报服务 |
| D 类 | IFR 和 VFR | 需要 | 需要 | IFR 需要 | IFR 提供 ATC 服务 |
| | | | | | VFR 提供飞行情报服务 |
| E 类 | IFR 和 VFR | IFR 需要 | IFR 需要 | IFR 需要 | IFR 提供 ATC 服务 |
| | | | | | VFR 提供飞行情报服务 |
| F 类 | IFR 和 VFR | IFR 需要 | IFR 提供 | IFR 提供 | 提供飞行情报服务 |
| G 类 | IFR 和 VFR | 不需要 | 不需要 | 不提供 | 提供飞行情报服务 |

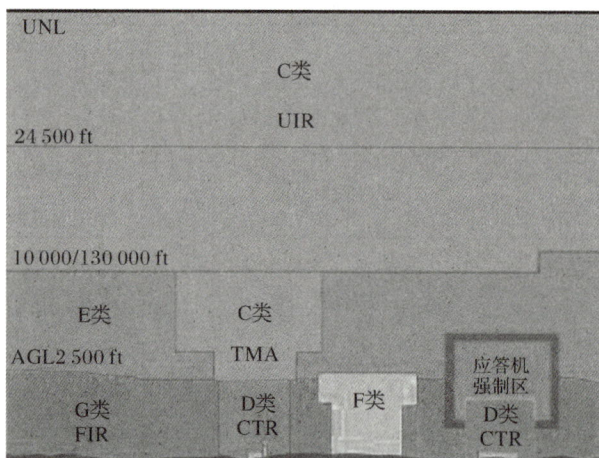

图 6-3  德国空域分类示意图

图 6-3 中：①C、D、E 类空域为管制空域，F 和 G 类空域为非管制空域。②D 类空域一般划设在机场管制地带。

### 5.澳大利亚

澳大利亚将空域划分为 A、C、D、E、G 五类空域，没有 B 类和 F 类空域（见表 6-5 和图 6-4）。

表 6-5  澳大利亚空域对航空器的运行要求

| 空域类型 | 飞行种类 | 进入许可 | 通信要求 | 间隔配备 | 提供服务 |
|---|---|---|---|---|---|
| A 类 | IFR | 需要 | 持续双向 | 提供 | 提供 ATC 服务 |
| C 类 | IFR/VFR | 需要 | 持续双向 | IFR 间<br>IFR/VFR 间<br>IFR/VFR<br>SVFR/VFR 间 | IFR 提供 ATC 服务；<br>VFR 提供飞行情报服务；<br>SVFR 提供 ATC 服务 |

续表

| 空域类型 | 飞行种类 | 进入许可 | 通信要求 | 间隔配备 | 提供服务 |
|---|---|---|---|---|---|
| D 类 | IFR/VFR | 需要 | 持续双向 | IFR 间<br>IFR/VFR 间<br>SVFR 间 | IFR 提供 ATC 服务；<br>VFR 提供飞行情报服务；<br>SVFR 提供 ATC 服务 |
| E 类 | IFR/VFR | IFR 需要 | 持续双向 | IFR 间提供 | IFR 提供 ATC 服务；<br>VFR 提供飞行情报服务 |
| G 类 | IFR/VFR | 不需要 | IFR 需要<br>持续双向 | 不提供 | 提供飞行情报服务 |

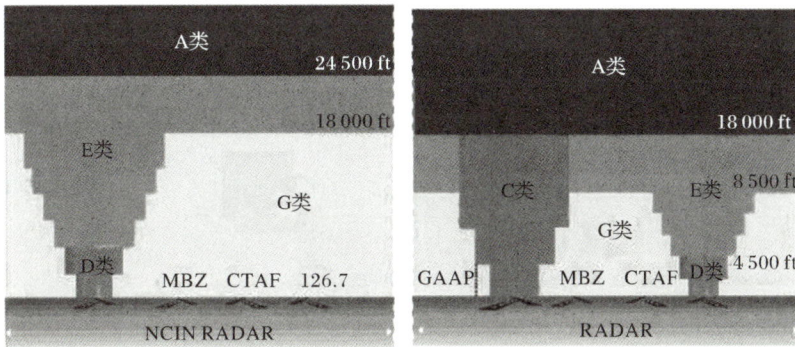

图 6-4　澳大利亚空域分类示意图

(a)无雷达覆盖地区的空域分类；(b)有雷达覆盖地区的空域分类

图 6-4 中：①澳大利亚地域广阔，按照有无雷达覆盖对空域进行分别划设。②澳大利亚允许特殊 VFR 飞行，并且提供相应的服务。该飞行是指经空中交通管制许可，在低于目视气象条件下的管制地带内所进行的 VFR 飞行[称为特殊目视飞行(SVFR)]。③C 类空域通常划设在澳大利亚主要国际机场上空。④D 类空域划设在中型机场的终端区管制地带。

### 6.韩国

韩国空域分类的方案采用了 ICAO 空域分类标准，分为 A、B、C、D、E、G 六类空域，没有 F 类空域。其中 A、B、C、D 和 E 类空域为管制空域，G 类空域为非管制空域(见表 6-6 和图 6-5)。

表 6-6　韩国航空器的运行要求

| 空域类型 | 飞行种类 | 进入许可 | 通信要求 | 间隔配备 | 提供服务 |
|---|---|---|---|---|---|
| A 类 | IFR | 需要 | 持续双向 | 提供 | 提供 ATC 服务 |
| B 类 | IFR/VFR | 需要 | 持续双向 | 提供 | 提供 ATC 服务 |
| C 类 | IFR/VFR | 需要 | 持续双向 | IFR 间<br>IFR/VFR 间 | IFR 提供 ATC 服务<br>VFR 提供情报服务 |

续表

| 空域类型 | 飞行种类 | 进入许可 | 通信要求 | 间隔配备 | 提供服务 |
|---|---|---|---|---|---|
| D 类 | IFR/VFR | 需要 | 持续双向 | IFR 间<br>IFR/VFR 间 | IFR 提供 ATC 服务<br>VFR 提供情报服务 |
| E 类 | IFR/VFR | IFR 需要 | IFR 持续双向 | IFR/VFR 间 | IFR 提供 ATC 服务<br>VFR 提供情报服务 |
| G 类 | IFR/VFR | 不需要 | IFR 持续双向 | 不提供 | 提供情报服务 |

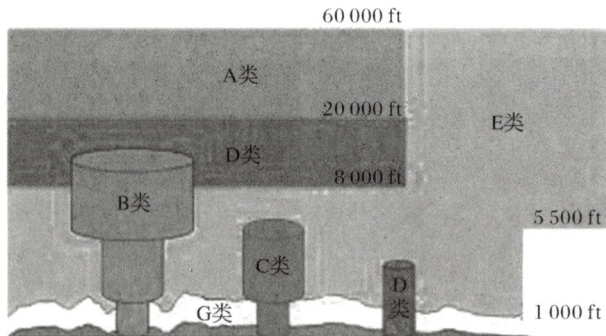

图 6-5　韩国空域分类示意图

图 6-5 中：①由于韩国国土面积比较小，所以 A 类空域只划设在一个飞行情报区中。②韩国的 B 类空域主要是繁忙机场或空军基地周围的空域。③C 类空域一般划设在中型的终端区范围内。④当 B 或 C 类空域和 D 类空域存在重叠时，需要对航空器提供 D 类空域对应的服务。⑤D 类空域一般划设在没有进近管制服务的机场上空或航路空域，同时在首尔终端区内也有划设。⑥Incheon 飞行情报区内，地表面或海面以上 700 ft 以上，同时处于 A、B、C、D 类空域以外的空域范围划设为 E 类空域。⑦真高 700 ft 以下，同时处于 A、B、C、D、E 类空域以外的空域划设为 G 类空域。

### 7. 日本

日本采用了 ICAO 空域分类标准，将空域分为 A、B、C、D、E、G 六类，没有 F 类空域。其中 A、B、C、D 和 E 类空域为管制空域，G 类空域为非管制空域（见表 6-7 和图 6-6）。

表 6-7　日本航空器的运行要求

| 空域类型 | 飞行种类 | 进入许可 | 通信要求 | 间隔配备 | 提供服务 |
|---|---|---|---|---|---|
| A 类 | IFR | 需要 | 持续双向 | 提供 | 提供 ATC 服务 |
| B 类 | IFR/VFR | 需要 | 持续双向 | 提供 | 提供 ATC 服务 |
| C 类 | IFR/VFR | 需要 | 持续双向 | IFR 间<br>IFR/VFR 间 | 提供 ATC 服务 |

续表

| 空域类型 | 飞行种类 | 进入许可 | 通信要求 | 间隔配备 | 提供服务 |
|---|---|---|---|---|---|
| D类 | IFR/VFR | 需要 | 持续双向 | IFR间<br>IFR/VFR间 | 提供 ATC 服务 |
| E类 | IFR/VFR | 不需要 | IFR 持续双向 | 不提供 | 提供情报服务 |
| G类 | IFR/VFR | 不需要 | IFR 持续双向 | 不提供 | 提供情报服务 |

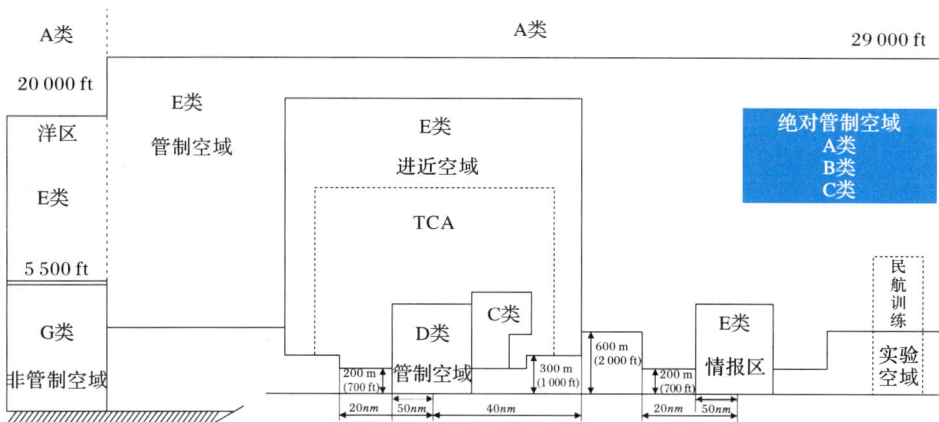

图 6-6　日本空域分类示意图

注：$n$ 为日高峰小时流量与年起降架次的比例系数，$m$ 为进场流量占进场总流量的比例系数。

图 6-6 中：将日本空域分为交通管制区和海洋管制区，分别有不同的空域分类标准。

### 6.2.2　国内低空空域规划分类

根据《中华人民共和国飞行基本规则》及其补充规定，依据航空器飞行规则和性能要求、空域环境、空管服务内容等要素，将空域划分为 A、B、C、D、E、G、W 等七类（见表 6-8 和图 6-7），其中，A、B、C、D、E 类为管制空域，G、W 类为非管制空域。根据《无人驾驶航空器飞行管理暂行条例》，无人机的飞行管理见表 6-9。

表 6-8　国家空域基础分类方法表

| 空域种类 | 飞行类别 | 提供的服务 | 速度限制 | 通信要求 | ATC许可 | 监视设备 |
|---|---|---|---|---|---|---|
| A | 仪表 | ATC 服务，配备间隔 | 不适用 | 持续双向 | 是 | 二次雷达应答机（同等性能的监视设备） |
| B | 仪表 | ATC 服务，配备间隔 | 不适用 | 持续双向 | 是 | 二次雷达应答机（同等性能的监视设备） |
| | 目视 | ATC 服务，配备间隔 | 不适用 | 持续双向 | 是 | 二次雷达应答机（同等性能的监视设备） |

续表

| 空域种类 | 飞行类别 | 提供的服务 | 速度限制 | 通信要求 | ATC许可 | 监视设备 |
|---|---|---|---|---|---|---|
| C | 仪表 | ATC服务,为仪表和仪表、仪表和目视飞行之间配备间隔 | 不适用 | 持续双向 | 是 | 二次雷达应答机或可被监视的设备 |
| C | 目视 | ATC服务,为目视和目视飞行之间提供交通信息,根据要求提供交通避让建议 | AMSL 3 000 m以下,IAS不大于450 km/h | 持续双向 | 是 | 二次雷达应答机或可被监视的设备 |
| D | 仪表 | ATC服务,为仪表和仪表飞行之间配备间隔,提供关于目视飞行的交通信息,根据要求提供交通避让建议 | AMSL 3 000 m以下,IAS不大于450 km/h | 持续双向 | 是 | AMSL 3 000 m以上安装二次雷达应答机(同等性能的监视设备);低于3 000 m安装可被监视的设备 |
| D | 目视 | ATC服务,提供关于仪表和目视飞行的交通信息,根据要求提供交通避让建议 | AMSL 3 000 m以下,IAS不大于450 km/h | 持续双向 | 是 | AMSL 3 000 m以上安装二次雷达应答机(同等性能的监视设备);低于3 000 m安装可被监视的设备 |
| E | 仪表 | ATC服务,为仪表和仪表飞行之间配备间隔,尽可能提供关于目视飞行的交通信息 | AMSL 3 000 m以下,IAS不大于450 km/h | 持续双向 | 是 | AMSL 3 000 m以上安装二次雷达应答机(同等性能的监视设备);低于3 000 m安装可被监视的设备 |
| E | 目视 | 尽可能提供关于仪表和目视飞行的交通信息 | AMSL 3 000 m以下,IAS不大于450 km/h | 保持守听 | 否,进入报告 | AMSL 3 000 m以上安装二次雷达应答机(同等性能的监视设备);低于3000米安装可被监视的设备 |
| G | 仪表 | 飞行信息服务 | AMSL 3 000 m以下,IAS不大于450 km/h | 持续双向 | 否 | 安装或携带可被监视的设备 |
| G | 目视 | 飞行信息服务 | AMSL 3 000 m以下,IAS不大于450 km/h | 保持守听 | 否 | 安装或携带可被监视的设备 |
| W | 无 | 无 | 机型设计速度 | 无 | 否 | 自动发送识别信息 |

注:①ATC为空中交通管制的英文缩写,AMSL为平均海平面高度的英文缩写,IAS为指示空速的英文缩写。②当过渡高(高度)低于 AMSL 3 000 m 时,应当采用飞行高度层 3 000 m 代替 AMSL 3 000 m。

表 6-9　无人机的飞行管理

| 产品类型 | 重量定义 | 性能要求 | 持证要求 | 适飞空域 | 管制空域 | 管控空域真高 |
|---|---|---|---|---|---|---|
| 微型无人机 | ≤0.25 kg | 真高不超过 50 m、平飞不超过 40 m/s | 无须持证 | 无须申请 | 申请 | ≤50 m |
| 轻型无人机 | 空机<4 kg | 最大平飞速度不超过 100 km/h,不包括微型无人机 | 无须持证 | 无须申请 | 申请 | ≤120 m |
| | 满载<7 kg | | | | | |
| 小型无人机 | 空机<15 kg | 不包括微型、轻型无人机 | CAAC 小型无人机执照 | 无须申请 | 申请 | ≤120 m |
| | 满载<25 kg | | | | | |
| 中型无人机 | ≤150 kg | 不包括微型、轻型、小型无人机 | CAAC 中型无人机执照 | 不适用 | 申请 | ≤300 m |
| 大型无人机 | >150 kg | | CAAC 大型无人机执照 | 不适用 | 申请 | ≤500 m |
| 农业无人机 | ≤150 kg | 用于农林牧渔、真高低于 30 m | 生产企业操作证书 | 无须申请 | 申请 | ≤30 m |

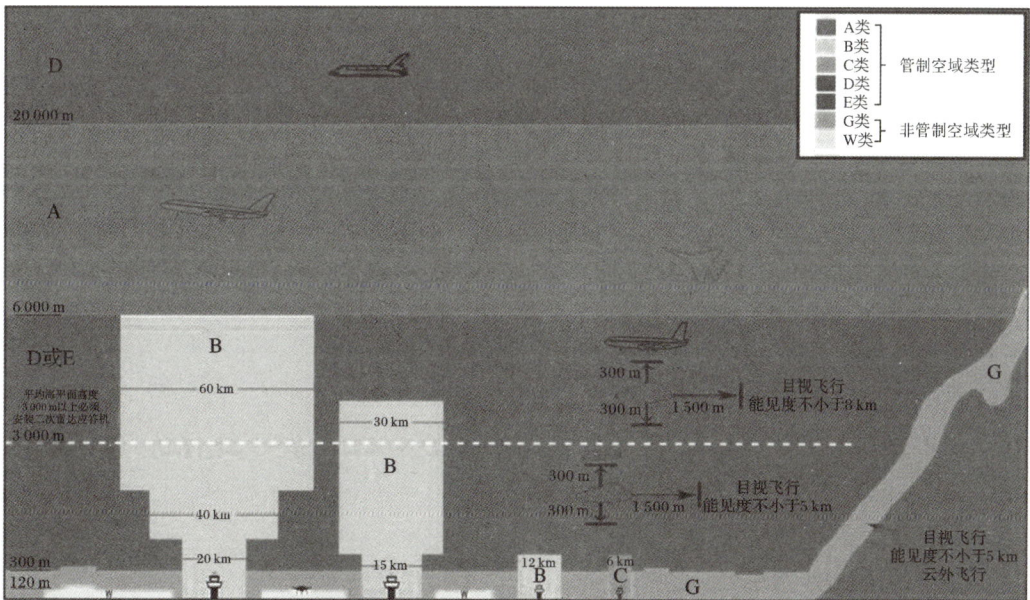

图 6-7　国家空域基础分类示意图

### 6.2.3　空域查询、申请使用

首先需在民用无人驾驶航空器综合管理平台(UOM)网址 https://uom.caac.gov.cn/#/login 进行登录,进入系统后点击【运行管理】,如图 6-8 所示。

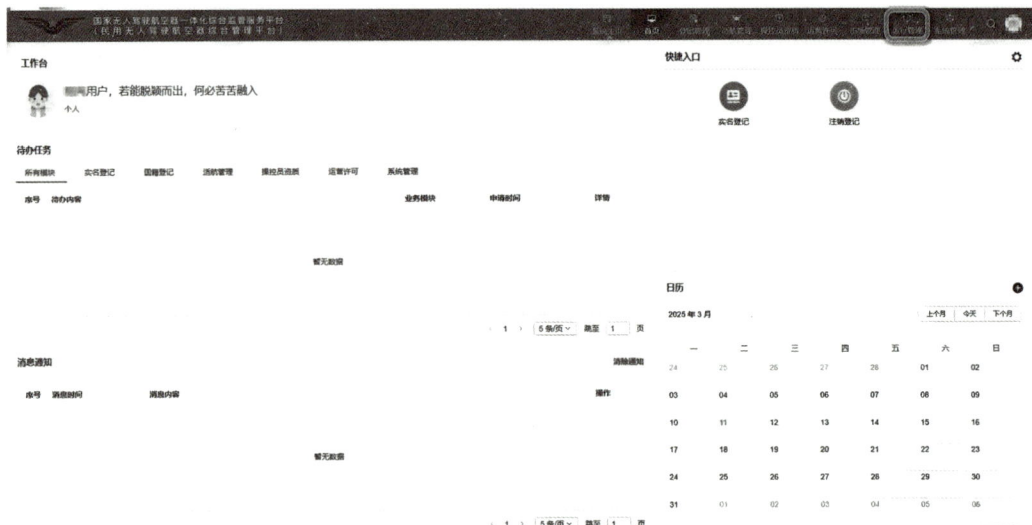

**图 6 - 8　UOM 首页**

运行管理主要包括空域信息查询、飞行活动申请、产品缺陷问题上报、我的航空器、我的操控员、我的常飞空域、事项办理指南等 7 个功能,如图 6 - 9 所示(本节只介绍空域信息查询、飞行活动申请)。

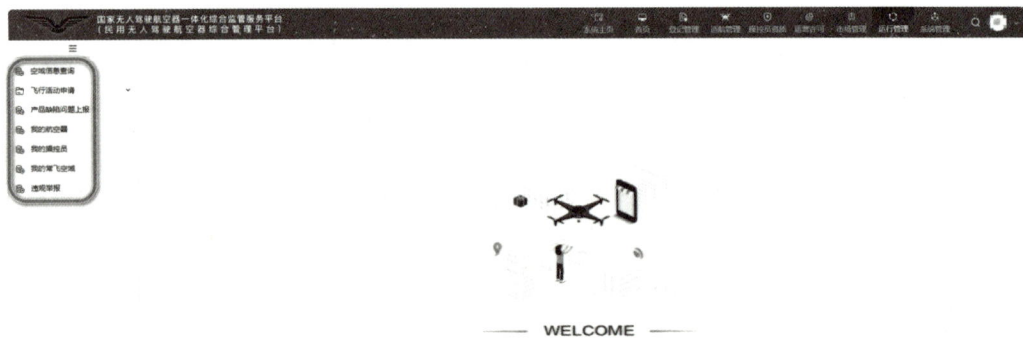

**图 6 - 9　运行管理**

(1)空域信息查询

地图缩放级别大于等于 9 级时,可查询无人驾驶航空器的适飞空域,如图 6 - 10 所示。

(2)飞行活动申请

飞行活动申请包含一般飞行活动、长期飞行活动、场内飞行活动,其中个人用户只可申请一般飞行活动,单位用户则可申请一般飞行活动、长期飞行活动和场内飞行活动,如图 6-11 所示。

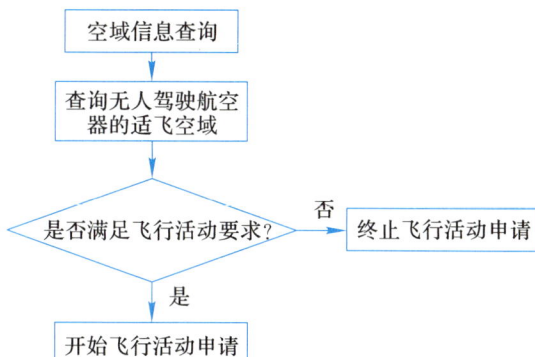

**图 6-10 空域信息查询流程**

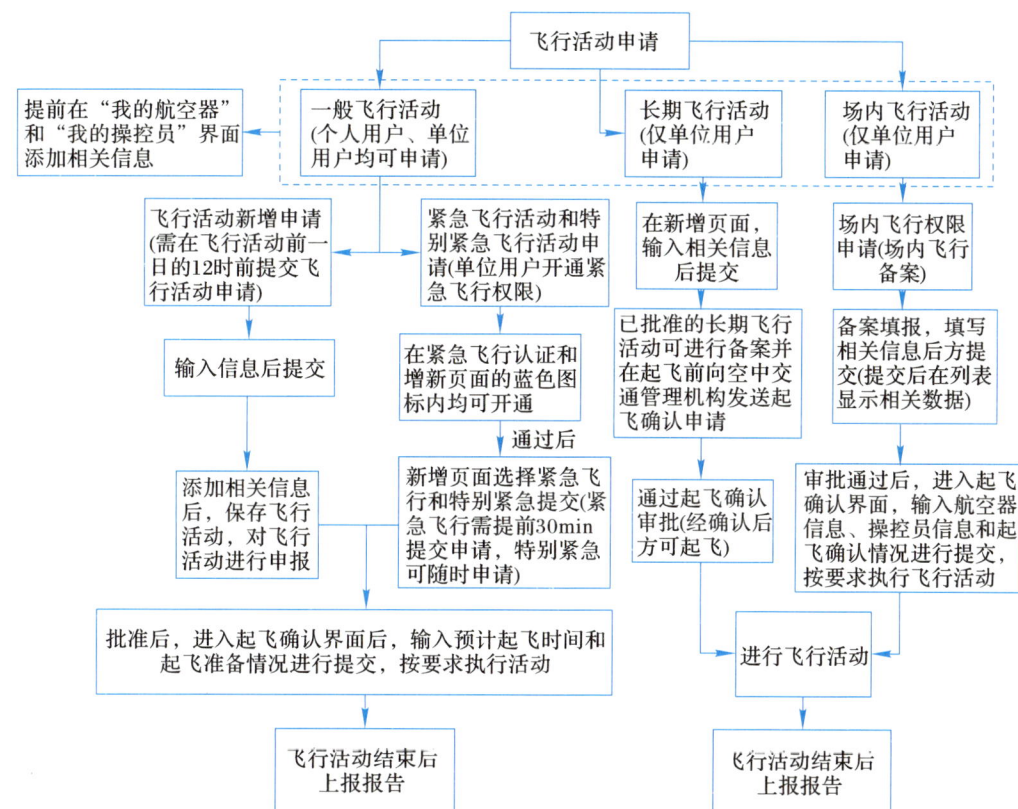

说明
1.输入信息包含:遥控模式;飞行模式;任务性质;预计开始时间;预计结束时间;通信联络方法;起降备降机场;应急处置程序;通信、导航和被监视能力;飞行航线、高度、速度和空域范围,进入空域方法;指挥控制链路无线点频率以及占用带宽;二次雷达应答机或有关自动监视设备代码;其他必要信息;是否涉及以下活动;任务批准文件。
2.计划起飞1 h前向空中交通管理机构报告预计起飞时刻和准备情况,经确认后方可起飞。

**图 6-11 飞行活动申请流程**

## 【参考文献】

[1] International Civil Aviation Organization. Annex 11 to the Convention on International Civil Aviation, Air Traffic Services[S]. Montreal: ICAO, 2001.

[2] Federal Aviation Administration. Airspace Designations and Reporting Points[S]. Washington: FAA, 2005.

[3] European Organization for the Safety of Air Navigation. Eurocontrol Airspace Strategy for the ECAC States[S]. Brussels: 2001.

[4] European Organization for the Safety of Air Navigation. Eurocontrol Air Traffic Management Strategy for the Years 2000+[S]. Brussels: [s. n.], 2003.

[5] Civil Aviation Safety Authority of Australia. Airspace Designation and Standards [S]. Canberra: [s. n.], 1997.

[6] Civil Aviation Safety Authority of Korea. Aeronautical Information Publication[S]. Seoul: [s. n.], 2003.

[7] 朱永文, 陈志杰, 唐治理. 空域管理概论[M]. 北京: 科学出版社, 2018.

[8] 高志宏. 低空空域管理改革的法理研究[M]. 北京: 法律出版社, 2019.

"要做好国家空中交通管理工作,促进低空经济健康发展。"——习近平

# 低空运营管理平台

**第7章**

随着无人机、空中出租车、物流飞行器等新型飞行器的广泛应用,低空经济进入了快速发展的轨道。为了确保低空飞行器在复杂、动态的低空空域中能够安全、高效地运营,低空运营管理平台成为这一行业的核心组成部分。本章将探讨低空运营管理平台的概念、核心功能、技术架构、应用场景及面临的挑战与发展机遇。

## 7.1 国内外低空管理与发展情况

### 7.1.1 国外低空监管政策与空域管理方式

以美国、澳大利亚、加拿大为代表的西方国家通航产业发展较早,在通航产业管理方面显得更为成熟,且在通航安全管理方面已经建成了较为全面的监管体系与法律制度。以美国为例,美国联邦航空局针对通航管理设有三级管理机构,分别为地方管理局、现场办公室和认证办公室,并在此基础上设置了针对通航的监管员机制,在机制和规范方面为通航发展提供了保障。此外,众多的通航机场、专业的航空后勤服务站和飞行服务站的建立,也为美国宽松的低空空域管理模式提供了设施基础。

随着民用无人机在全球范围的普及,在低空非隔离空域无人机的超视距飞行

安全问题越来越受到各国航空管理部门的重视。欧洲航空安全局（EASA）基于作业任务风险和工作效率，将低空民用无人机飞行任务分为"open"（low risk）、"specific"（medium risk）和"certified"（high risk）三类，分别采取低风险任务开放作业、中风险任务提前申报授权、高风险任务实行资质审核和严格监管的无人机管理策略。基于此，EASA 于 2017 年 5 月制定了针对无人机飞行作业管理的拟定修正案（Notice of Proposed Amendment，NPA），并在法规中通过对无人机标识、电子围栏、飞行规则及飞行员资格等技术维度的约束，实现了低空空域的风险管理，保证了作业效率。

### 7.1.2 国内低空服务保障与运营管理平台

2018 年 10 月中国民用航空局印发了《低空飞行服务保障体系建设总体方案》，依据该方案，到 2022 年，我国将按照功能定位和服务范围的不同，结合不同地区通用航空发展的差异化需求，初步建成由国家信息管理系统、区域信息处理系统和飞行服务站组成的三级全国低空飞行服务保障体系，为低空飞行活动提供有效的飞行计划、航空情报、航空气象、飞行情报、告警和协助救援等服务。到 2030 年，低空飞行服务保障体系将全面覆盖低空报告、监视空域和通用机场，各项功能完备，服务产品齐全。根据通用航空用户需求，并依据基础服务和产品，飞行服务保障体系各组成单位和其他飞行服务相关机构发展多样化、个性化服务。

总体而言，随着低空飞行服务保障体系的逐步完善，在政策引导和市场需求的共同推动下，企业应积极参与低空服务平台的建设与运营。

#### 1. 民用无人驾驶航空器综合管理（UOM）平台

民用无人驾驶航空器综合管理（UOM）平台（见图 7-1）于 2024 年 1 月 1 日上线运行，所有类型的民用无人驾驶航空器，其所有人都应当按规定在 UOM 平台进行实名登记，取得登记标志后方可使用。未经实名登记实施飞行活动的，将由公安机关责令改正。中国境内的无人驾驶航空器适飞空域可通过 UOM 平台查询。

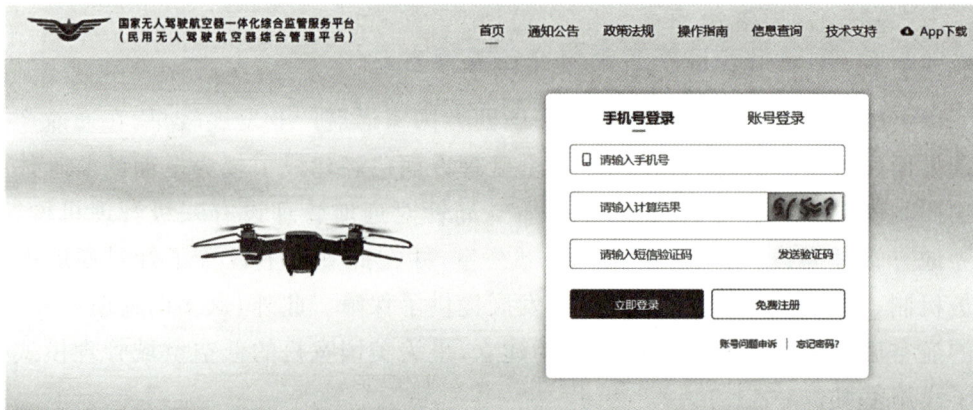

图 7-1　UOM 平台

### 2.中国民航通用航空信息服务平台

中国民航通用航空信息服务平台于 2019 年 12 月 26 日与全国目视飞行航图同步上线。中国民航通用航空信息服务平台作为目视航图和通用机场资料等基础信息的唯一官方渠道,免费为各类通航用户提供通用机场、地形地貌、山川河流等通用航空业务数据,还可以提供运输航空业务数据的分层叠加功能,包括航路航线、运输机场、管制区域、通信频率、导航设施等信息。此模式打破了通航用户"孤岛式"的信息获取方式,构建起"全国一张图"的服务模式。

### 3.低空空域智能管控系统 ID‑Space

低空空域智能管控系统 ID‑Space 于 2024 年 8 月 1 日正式发布,其界面如图7‑2 所示。其实现了 eVTOL、P4 垂起固定翼无人机、多旋翼无人机融合飞行,实现了同一时间、同一空域,多架不同类型、不同任务的航空器融合飞行,打破了不同类型航空器独占空域的限制,为安全、高效利用有限的空域资源树立了典范。

图 7‑2  低空空域智能管控系统 ID‑Space 界面

### 4.杭州低空交通管理服务平台

杭州低空交通管理服务平台于 2024 年 7 月底上线,如图 7‑3 所示。这是一个涵盖低空监管服务子平台、低空交通服务子平台、门户网站及移动 App、支撑组件集等多个部分的服务中枢,由杭州市实业投资集团有限公司建设打造。其依托杭州强劲的数字能力支撑,不断迭代更新,实现对杭州市低空无人机运行现状的全面、准确掌握,为无人驾驶航空器运行人按需提供空域风险评估、空域规划、间隔控制、交通态势信息等服务,还可为无人驾驶航空器运行人提供本地化的飞行活动申请窗口,提供政策法规、空域信息等消息推送提醒等。

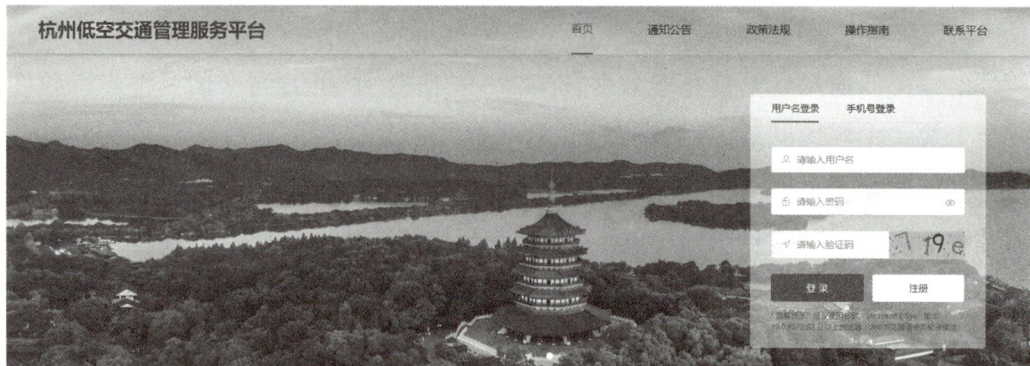

图 7 - 3　杭州低空交通管理服务平台

### 5.自贡低空运行管理服务中心

自贡低空运行管理服务中心(见图 7 - 4)于 2024 年 8 月 27 日正式成立。这是四川首次将 5G－A 技术的多基站组网应用于低空监管服务场景,融合了"通信＋感知＋平台＋算力"手段,为低空安防、低空载人通航、无人机物流等提供低空飞行服务保障。5G－A 基站的通感一体探测技术相比传统技术具备探测精度高、感知目标多、组网扩展易等优势,依托自贡航空产业园与中国移动成都产业研究院的多年联合攻关,低空监管初步取得了精准识别、多目标轨迹跟踪、航线规划及预警、电子围栏告警、黑飞检测五大成果。

图 7 - 4　自贡低空运行管理服务中心

### 6.珠海市低空空中交通管理服务平台

珠海市低空空中交通管理服务平台于 2024 年 6 月 30 日正式上线。该平台系统融合珠海城市地图数据、空域规划数据、气象数据等,能实现低空经济领域设施网、空联网、航路网、服务网"四网"融合,并与国家管理平台互联互通,为海陆空无人设备提供市场运行安全保障,实现对低空飞行活动的一网规划、一网审批、一网监测、一网服务,为行业发展提供更多应用场景,为产业链上下游企业创造更多发展空间,为城市智能化管理提供更多数据支撑,构建珠海"天空之城"数字管理底座。

### 7. 广州东部低空服务管理平台

广州东部低空服务管理平台于 2024 年 8 月 31 日正式上线,其界面如图 7-5 所示。该平台是增城区助力低空经济实现高质量发展的重要基础设施之一,旨在实现政府、监管方、飞行应用企业的多方协同,构建低空管理服务业务全数字化能力,推动低空运行安全、可控、有序、高效,实现规模化发展。该平台还提供空域协同服务、空中交通服务、低空信息服务及相关基础设施服务,可以为低空飞行运行企业提供飞行全过程、全方位的服务与支持,包括飞行活动申报、航路航线自动划设、飞行计划防碰撞、飞行预测与避障、低空空天地一体通信及各类低空信息支持等,让企业更加安全、便捷和高效地开发市场、拓展业务。

图 7-5 广州东部低空服务管理平台界面

### 8. 沈阳低空经济管理服务平台

沈阳低空经济管理服务平台于 2024 年 6 月 13 日成立。沈阳低空经济管理服务平台由沈阳航空产业集团联合沈北新区政府、法库县政府共同组建,其主要功能是通过搭建信息化系统,聚焦空域管理、飞行服务、产业基金、科技成果转化等重点领域,全面开展低空飞行管理服务业务和低空飞行场景应用建设,拉动产业研发和生产投资,助推低空经济快速发展。下一步,沈阳市将重点做好国家空中交通管理试点城市创建、产业基金组建、产业集群构建、应用场景拓展等工作,支持低空经济产业链强链、补链、延链，持续壮大产业规模，实现高质量发展。

国内低空运营管理平台技术要点见表 7-1。

### 表 7-1　国内低空运营管理平台

| 名　　称 | 地　区 | 牵头单位 | 技术特点 | 功能模块 |
|---|---|---|---|---|
| 民用无人驾驶航空器综合管理（UOM）平台、杭州低空交通管理服务平台 | 全国 | 中国民用航空总局第二研究所 | 全生命周期管理：UOM 平台实现了对无人机从生产制造到飞行使用的全生命周期管理，涵盖实名登记、操控员资质、适航管理、运营许可等多个环节，确保无人机行业的规范化和安全性。<br>多模态数据融合与实时监控：平台通过融合雷达、ADS-B、5G 通信等多种数据源，实现对低空飞行器的全方位监控。<br>智能化决策支持：UOM 平台利用人工智能技术，对飞行数据、环境数据等进行深度分析，优化飞行管理和决策。例如，通过智能算法预测飞行冲突并提供避让建议，显著提升了低空交通管理的智能化水平。<br>综合性服务中枢：集低空监管服务子平台、低空交通服务子平台、门户网站及移动 App、支撑组件集等多个部分于一体。<br>数字化管理及迭代更新：依托杭州数字算力，通过数字化手段实现低空交通的管理和服务，并及时升级和优化平台 | 行政管理模块（实名登记、资质管理、适航审定、运营许可）；<br>低空飞行计划与情报服务；<br>低空运行管理服务；<br>低空空域和航线划设；<br>行业数据分析及标准建立；<br>应用场景服务 |
| 中国民航通用航空信息服务平台 | 全国 | 中国民用航空局空中交通管理局 | 数字化与信息化：数字化技术将航空信息与地理信息深度融合，提供实时查阅功能，支持航图要素数字化、产品发布网络化、数据信息集约化。基于互联网和云计算技术，实现低空飞行服务保障的智能化和高效化。<br>北斗导航与通信技术：整合了北斗 RNSS/RDSS 技术，支持通用航空器的高精度定位和短报文通信，实现飞行动态监控和实时数据传输。结合 ADS-B IN/OUT 技术，提升低空监视和通信能力。<br>大数据与人工智能：对通用机场运营数据、飞行计划、航空气象等信息进行统计和分析，为通航企业提供决策支持。通过人工智能技术，优化飞行计划审批流程，提升通航运行效率。<br>移动端与互联网应用：移动端应用提供飞行动态实时追踪、航线规划、航图查阅等功能，方便飞行员和地面运控人员使用。互联网技术实现低空飞行信息的公开化和透明化，促进军民地协同运行 | 目视飞行航图服务；<br>通用机场信息管理服务；<br>低空飞行计划与情报服务；<br>低空运行管理服务；<br>行业数据分析及标准建立；<br>救援与应急管理服务 |

续表

| 名　称 | 地　区 | 牵头单位 | 技术特点 | 功能模块 |
|---|---|---|---|---|
| 低空空域智能管控系统 ID - Space | 南京、南安 | 中国通号 | 速差分层与群组飞行管控技术:能够实现不同类型、不同速度、不同任务的航空器在同一空域内的安全融合飞行。这种技术通过分层管理和动态调整飞行间隔,确保航空器之间的安全距离,同时提高空域利用率。<br><br>高铁运行控制技术的迁移应用:将高铁运行控制、调度管理的先进理念与技术融入低空管理平台,借鉴高铁的安全防护理念,开发了空域飞行间隔控制技术。这种技术按照低流量和高流量航路分类,确保航空器之间的安全间隔距离,显著提升了低空飞行的安全性。<br><br>数字孪生与人工智能技术:构建虚拟空域,完整再现空域内的所有实体要素,包括航线、航道、天气气象等信息。结合人工智能技术,系统能够实时监测空域态势、模拟场景、分析风险并进行预测预警,显著提升了空域管理的智能化水平。<br><br>多模态数据融合与实时监控:平台通过融合雷达、ADS - B、5G 通信等多种数据源,实现对低空飞行器的全方位监控 | 低空飞行计划与情报服务;<br>低空运行管理服务;<br>低空空域和航线划设;<br>公共安全管控 |
| 成都低空飞行服务有限责任公司 | 成都天府新区 | 成都天投集团、成都交投集团 | 集成化管理:集成多个功能模块,实现了对低空飞行活动的全面监控和管理,提高了飞行活动的安全性和效率;<br><br>动态监视技术:实时展示全市低空领域的飞行状态,通过三维地图和动态图标,获取飞行器的位置、高度、速度等关键信息;<br><br>数据融合与智能优化:强大的数据处理能力能融合分析飞行、气象数据,智能优化飞行计划和航路 | 低空飞行计划与情报服务;<br>低空运行管理服务;<br>低空空域和航线划设;<br>行业数据分析及标准建立;<br>公共安全管控;<br>应用场景服务 |
| 成华区低空智联网管控服务中心 | 成都成华区 | 北斗伏羲公司 | 北斗网格码技术:对空域进行精细化划分,形成低空智联网,支持无人机的自主航行和安全管理;<br><br>低空立体交通红绿灯系统:突破了传统航线限制,实现了动态的空中航线管理,允许无人机在不同高度和区域内灵活飞行;<br><br>三维地图与监控系统:通过三维地图展示飞行器的实时状态,包括飞行高度、速度和位置,确保飞行活动的可视化和可控性;<br><br>数据融合与智能监控:集成多种数据源,提供实时监控和动态管理,确保低空飞行活动的安全性和高效性 | 低空飞行计划与情报服务;<br>低空运行管理服务;<br>低空空域和航线划设;<br>行业数据分析及标准建立;<br>公共安全管控;<br>应用场景服务 |

续表

| 名　　称 | 地　区 | 牵头单位 | 技术特点 | 功能模块 |
|---|---|---|---|---|
| 石河子低空飞行服务系统、自贡低空运行管理服务中心、广元低空飞行服务系统、四川公安厅无人机安全监管平台 | 成都 | 中电天奥有限公司——"航云"低空监管与服务云平台 | 数据融合:融合空管、云计算、大数据、人工智能和互联网技术,为海量(百万级)低空飞行器运行提供运行监管、飞行服务和行业应用。<br>低空智联网基础设施:支持卫星互联网、北斗 RDSS、5G、ADS-B 等接入,大幅提高了通信稳定性。<br>专线业务协同:支持与政府、公安、民航行业等相关系统的专线接口和业务协同,让低空飞行"合法、合规、更好、更安全" | 飞行动态管理(航迹监视);<br>飞行动态管理(航迹追踪);<br>飞行动态管理(航迹回放);<br>航空气象服务(气象查询) |
| 深圳宝安区载人无人驾驶航空器城市空中交通试验、广东省低空飞行省级综合飞行服务站 | 成都 | 川大智胜 | 低空监视雷达系统:采用先进的雷达技术和数据处理算法,能够实时捕捉低空飞行器的动态信息,实现对广域范围低空空域的连续监视,支持无人机、eVTOL 等飞行器的安全管理。<br>人工智能与语音识别:集成了人工智能技术,特别是基于语音识别的空管指挥监控系统。能够实时分析管制语音、监视数据和飞行计划,识别潜在冲突并及时提示管制员,有效降低人为失误风险。<br>多模态数据融合:通过融合雷达、ADS-B、5G 通信等多种数据源,实现对低空飞行器的全方位监控,提高了监视精度和覆盖范围,为低空交通管理提供可靠的数据支持。<br>数字孪生与虚拟现实:构建低空空域的虚拟模型,支持空域验证和飞行程序验证。开发了基于虚拟现实的训练系统,为低空交通管理人员提供沉浸式培训体验 | 飞行监控与调度模块;<br>域管理模块;<br>飞行保障模块;<br>数据管理与分析模块;<br>多场景应用支持模块 |
| 低空智能感知与协同管控系统 | 绵阳、深圳 | 四川九洲 | 智能感知与协同管控:首创系统具备智能感知、分布式组网、智能决策和协同控制等能力,由机载智能任务规划端机和地面云服务平台构成,能够适应复杂环境下的低空交通管理需求,解决异构高密度飞行器的管控难题。<br>抗干扰自组网技术:突破了抗干扰自组网、协同感知、智能任务规划等关键技术,填补了国内空白,核心指标达到国际先进水平。这些技术能够确保在复杂电磁环境下实现稳定的通信和导航。<br>星基 ADS-B 系统:融合雷达、ADS-B、5G 通信等多种数据源。其中星基 ADS-B 系统技术国际领先,能实现全球无缝监视,成本较雷达系统节省90%。<br>数字孪生与虚拟现实:构建低空空域的虚拟模型,支持空域验证和飞行程序验证。同时开发了基于虚拟现实的训练系统 | 飞行监控与调度模块;<br>空域管理模块;<br>飞行保障模块;<br>数据管理与分析模块;<br>多场景应用支持模块 |

续表

| 名 称 | 地 区 | 牵头单位 | 技术特点 | 功能模块 |
|---|---|---|---|---|
| 珠海市低空空中交通管理服务平台 | 珠海 | 珠海上和科技投资有限公司、中船电子科技有限公司 | 数据融合:集成和分析城市地图数据、空域规划数据、气象数据等多源数据。<br>四网融合:设施网、空联网、航路网、服务网的"四网"融合。<br>互联互通:与国家管理平台互联互通,为海陆空无人设备提供市场运行安全保障。<br>全空间智能化:实现海陆空相关设备"全空间"的管理和服务。<br>实时监控与协调:实时监控低空飞行活动,协调飞行任务。<br>空域资源优化:数据化处理空域结构,支持多个运营商和各类飞行器 | 低空飞行计划与情报服务;<br>低空运行管理服务;<br>低空空域和航线划设;<br>公共安全管控;<br>应用场景服务 |
| 广州东部低空服务管理平台 | 广州 | 广州交投集团、中国电信 | 低空智联网基础设施:推进北斗地面增强站等基建水平,实现低空飞行的通信、导航、监视能力全覆盖,实现飞行计划偏离告警和黑飞识别。<br>低空空域数字孪生模型:开发了数字孪生模型,研发了配套的软件设施,构建了低空飞行监视的数字化底座。<br>关键核心技术:突破了低空空域资源精细化配给、飞行计划的冲突评估和运行间隔控制、飞行器的自主避障、噪声控制等关键核心技术。<br>全空间无人体系准入标准:制定并推动实施海陆空全空间无人体系技术标准,探索空地一体化交通管理办法 | 低空飞行计划与情报服务;<br>低空运行管理服务;<br>低空空域和航线划设;<br>适航验证、安全评估;<br>安全运维保障服务 |
| 深圳低空运行管理中心 | 深圳 | 深圳机场集团 | 智能融合低空系统(SILAS):为全球首个智能融合低空系统,融合了城市级 CIM 底座与全域智算算力。<br>低空四维数据场:SILAS 打造了低空四维数据场,实现了精细化的时空资源分配和进程管理。<br>统一的数字底座和能力底座:汇集了全市空域的全因素数据,突破了传统网格化空域计算瓶颈,实现了规模化低空飞行的安全高效管理。<br>5G-A 低空通信网络:实现了 600 m 以下的低空通信+感知融合一张网覆盖。<br>北斗高精度定位网络:建成了一批北斗高精度定位基准站,实现了低空、近海、陆地的厘米级北斗高精度定位网络全覆盖 | 低空飞行计划与情报服务;<br>低空运行管理服务;<br>低空空域和航线划设;<br>行业数据分析及标准建立;<br>低空物流网络搭建 |

续表

| 名　称 | 地　区 | 牵头单位 | 技术特点 | 功能模块 |
|---|---|---|---|---|
| 沈阳低空经济管理服务平台 | 沈阳沈北新区 | 沈阳航空产业集团有限公司 | 信息化系统搭建:实现空域管理、飞行服务、产业基金、科技成果转化等重点领域的数字化管理。<br>空域协同管理机制:搭建和运营全域低空飞行服务保障系统,合理划分低空空域,有效释放低空资源,对接协调军民航空管理系统 | 低空飞行计划与情报服务;<br>低空运行管理服务;<br>低空空域和航线划设;<br>行业数据分析及标准建立;<br>科技成果转化和产业基金运作;<br>应用场景服务 |

## 7.2　低空运营管理平台的功能

### 7.2.1　基础功能分析

#### 1.低空飞行计划与情报服务

低空飞行计划与情报服务支持飞行计划的在线申报和审批,能够依据飞行器的类型、任务需求、空域限制、飞行器性能等方面因素研判,提高飞行活动的便捷性;对飞行计划进行实时监控和调整,确保飞行任务符合空域法规、飞行安全规定以及其他监管要求;提供包括气象在内的各类情报信息,确保飞行活动的安全性。

#### 2.低空空域管理服务

低空空域管理服务支持低空空域和航线的动态管理与监控,包括空域的划分与使用限制、航线飞行冲突与预警等,根据飞行器的任务类型、飞行需求和飞行器之间的相对位置调整飞行路线,确保低空空域的高效利用和航线飞行安全。

#### 3.低空运行管理服务

低空运行管理服务实时监控低空飞行器的运行状态,包括位置、速度、高度、航向等关键参数,并对潜在的飞行冲突进行预警和协调,提供应急响应服务,如飞行器故障处理等,协调低空飞行器与民航飞行器、地面交通、应急响应等各方系统,确保低空飞行的安全性和可靠性。

#### 4.公共安全管控服务

公共安全管控服务通过实时监测和预警系统,对低空飞行活动进行全天候监控,及时发现并处理潜在的飞行安全隐患,查处和打击违规飞行行为,存储飞行数据并提供飞行数据回溯、事件调查或审计服务,维护低空飞行秩序,保障公共安全。

### 5.飞行器和操作员的注册管理服务

飞行器和操作员的注册管理服务对低空飞行器及操作员进行注册和管理,包括飞行器的型号、性能参数、所有者信息、飞行许可、飞手执照等,确保飞行的合法性。

### 6.行业数据分析及标准建立服务

行业数据分析及标准建立服务收集和分析来自飞行器的数据以支持飞行器的性能评估、故障诊断、飞行优化等方面的工作,为低空经济的政策制定和监管提供科学依据。

## 7.2.2 UOM 功能分析

### 1.登记管理

登记管理主要负责民用无人驾驶航空器的实名登记、注销及信息查询。平台要求所有无人机所有者在系统中都进行实名登记,其中包括个人、法人及外国所有者。平台还支持无人机型号信息的登记,以便于制造商提供支持。无人机所有权发生转移或出现其他情况时,所有者需及时办理注销登记。通过实名登记的无人机将获得唯一的登记号和二维码,用户可以通过二维码查询详细的无人机登记信息。该系统旨在强化无人机管理,确保飞行安全。

### 2.适航管理

适航管理系统实现了正常类、运输类和限用类的中型、大型民用无人驾驶航空器系统的设计批准、生产批准、适航批准和国籍登记的全流程信息化管理,包括单机适航证(AC)、型号合格证(TC)、补充型号合格证(STC)、生产许可证(PC)、适航证、安全评定类特殊适航证、出口适航证、特许飞行证、国籍证、注销登记证、未登记函的行政许可的申请、受理、审查、颁发和管理。

### 3.操控员资质

操控员资质系统根据《民用无人驾驶航空器操控员管理规定》咨询通告内容进行研制开发,涵盖新规定下的自学考生、培训机构、考试点、委任代表、考试服务提供方等角色的各项管理功能,业务模块从执照自学考试申请者、培训机构、考试服务提供方、考试员、考场等角色业务需求出发,对自学考试学员及培训机构的资质、考试计划、考试申请、理论与实践考试、考试成绩、驾驶员执照、考试员(委任代表）、考场等方面进行综合管理。

### 4. 运营许可

运营许可管理子系统将原有经营许可、运行许可管理合二为一,实现对行政相对人运营许可的申请、受理、审查和颁发等管理流程。对于微型以上的、涉及经营活动的、行政相对人为机构的、非植保类的无人机需要进行运营合格审定。无人机根据运行风险的大小、审定方法的不同,分为开放类、特定类、审定类。

### 5. 市场管理

运营人可以通过市场管理系统及时向民用无人驾驶航空器综合管理平台报送包括经营活动性质、运营区域、航线信息、起降架次、运营时间、作业量(包括但不限于载运人数、货物运输量、作业面积/里程等市场经营数据)等在内的动态信息。

### 6. 运行管理

运行管理模块主要包括空域信息查询、飞行活动申请、产品缺陷问题上报、我的航空器、我的操控员、我的常飞空域、事项办理指南等七个功能。通过空域信息查询,用户可以了解飞行区域的限制条件,确保飞行活动的合规性和安全性。飞行活动申请支持一般飞行、长期飞行和场内飞行类型,用户可以根据需求提交详细申请,单位用户还可申请紧急飞行权限。平台还提供设备缺陷上报功能,用户可以反馈设备问题,有助于快速解决设备故障。对于无人机设备的管理,平台支持自动同步和手动添加信息,便于集中管理。操控员信息管理功能确保每次飞行任务都由合格的操控员执行,同时用户可以管理常用飞行空域,提升飞行任务效率。通过事项办理指南,平台帮助用户快速掌握系统操作,避免违规行为。

### 7. 系统管理

系统管理功能模块主要用于维护联系人个人信息和单位信息,包括个人信息管理、更换手机、更换邮箱、系统权限申请、系统权限审核(单位系统管理员专用)、单位基本信息维护、单位信息修改、单位管理员变更申请八个功能。

## 7.3 低空运营管理平台技术

低空运营管理平台的有效运行依赖多种先进技术,包括但不限于大数据与云计算、人工智能(AI)与机器学习(ML)、实时定位与导航技术等。

### 1. 大数据与云计算

低空运营管理平台需要处理和分析大量的飞行数据、气象信息、空域状态、飞行计划等信息。这些数据来源于各种飞行器的实时传输、地面基站、卫星系统以及其他监测设备。在这种数据量庞大的环境下,云计算技术提供了强大的计算和存储能力。

大数据技术使得平台能够在海量飞行数据中提取出有价值的信息,进行实时处理与预警。通过对历史飞行数据的分析,平台可以识别出某些飞行模式、空域使用趋势等,从而为未来的飞行任务提供智能化的决策支持。此外,云计算提供了高度灵活、可扩展的架构,可以根据需求动态调节计算和存储资源,满足平台高并发、高可用的需求。

### 2. 人工智能与机器学习

人工智能和机器学习是提升低空运营管理平台智能化水平的关键技术。平台通过 AI 算法,能够分析飞行器的状态、轨迹、任务等信息,提供智能预测和决策。

冲突检测与避让是低空运营平台最为关键的功能之一。AI 可以通过实时飞行数据和飞行路径预测算法,预测潜在的飞行器碰撞或冲突风险。当平台发现飞行器之间存在潜在的冲突时,AI 可以建议或自动执行避让措施,例如调整飞行器的航向、速度或高度等。

任务优化也是 AI 和机器学习的重要应用领域。平台能够通过不断学习飞行器的历史数据,优化飞行路径规划,减少飞行时间和能源消耗,提升飞行任务的效率和成本效益。

此外,AI 还可以用于异常检测。例如,在飞行器出现异常状态时,AI 可以基于数据模型自动识别并触发警报,为飞行员或调度员提供实时反馈。

### 3. 实时定位与导航技术

低空运营管理平台依赖高精度的实时定位与导航技术,确保飞行器的准确追踪与飞行路径规划。传统的航空交通管理系统多依赖雷达和地面设备,而在低空空域,由于飞行器的飞行高度较低,且可能采用不同的定位技术,平台需要利用更多样化的定位手段。

全球导航卫星系统(GNSS)是低空飞行器定位的基础技术,平台可以通过 GNSS 实时跟踪飞行器的位置。为了提高定位精度,平台通常结合地面基站、差分 GPS 技术和实时地面监控系统,提供更高精度的定位信息。

此外,视觉定位系统(VPS)和惯性导航系统(INS)也被广泛应用于低空飞行器的定位与导航,尤其是在城市环境中,GPS 信号可能会受到建筑物或其他结构的干扰,因此需要依赖多重定位技术的组合,以确保飞行器的导航准确性。

### 4.无线通信与5G技术

低空运营管理平台需要实现飞行器与地面控制中心、其他飞行器、应急响应系统之间的实时信息交换和协同。传统的无线通信技术在数据传输速率、延迟和稳定性方面存在一定的限制，因此5G技术成为低空运营管理平台的重要技术支持。

5G技术提供了更高的带宽、更低的延迟和更强的网络连接能力，使得低空飞行器能够与平台高效实时通信。飞行器可以实时传输飞行数据、视频监控、气象信息等至平台，平台能够实时获取飞行器的状态、位置和其他关键信息，并进行分析与决策。

5G网络还为无人机编队飞行和无人机群体协同提供了支持。在多个飞行器同时运行的情况下，5G技术可以实现低延迟的通信，确保飞行器之间的协调与协作。

### 5.气象与环境监测技术

低空飞行器的飞行安全高度依赖于气象条件，如风速、气压、温度、降水等。为了确保飞行器能够在良好的天气条件下顺利执行任务，低空运营管理平台需要集成气象数据服务。

平台通常与气象服务系统进行数据对接，获取实时气象信息，并对飞行任务进行实时评估。例如，当平台发现飞行区域有强风或降雨等不利气象条件时，会及时调整飞行计划，避免飞行器进入危险区域。

除了气象监测，环境监测技术也在平台中得到应用。在一些特殊的低空任务（如环境监测、农业喷洒等）中，平台通过环境传感器获取周围环境的变化，帮助飞行器适应地面环境，提高任务执行效率。

### 6.数据安全与隐私保护

由于低空飞行器通常会收集大量的敏感数据，如图像、视频、地理位置信息等，因此数据安全和隐私保护成为低空运营管理平台至关重要的技术要求。平台必须采用高标准的安全技术，如加密技术、认证机制、防火墙等，确保飞行数据和用户隐私不被泄露或遭到攻击。

区块链技术也被提出作为提高数据安全性和透明度的一种手段。通过区块链技术，飞行器的飞行数据可以被加密并分布式存储，确保数据不可篡改，并且可以追溯，避免因数据不一致或丢失而导致的安全问题。

### 7.跨平台与多系统集成技术

低空运营管理平台不仅要在单一系统内运行，还需要与多个外部系统进行集成和互操作。这包括与传统空中交通管理（ATM）系统、无人机交通管理（UTM）系统、地面交通管理系统、应急响应系统等进行数据交换与协作。

平台需要采用开放接口（API）和标准化协议，确保与不同系统能够无缝对接。跨平台的数据共享与协同工作是确保低空飞行器与其他交通工具、监管机构之间协调配合、避免冲突的关键。

# 7.4　低空运营管理平台的挑战

## 7.4.1　协同管理机制

### 1.空域拥堵与资源分配问题

随着低空飞行器数量的迅猛增长，空域资源的分配变得愈加紧张。尤其是在城市等高密度区域，无人机、空中出租车、直升机等多种飞行器同时使用同一空域的情况日益增多，空域的拥堵问题日益突出。低空运营管理平台必须具备灵活、高效的空域调度和管理能力，能够根据飞行器的任务需求、飞行时段、天气变化等因素动态调整空域分配，确保飞行器之间不发生冲突，同时最大限度地提高空域资源的使用效率。

### 2.飞行器安全与应急管理

低空飞行器，尤其是无人机，面临着较高的飞行安全风险。低空空域内的环境复杂，飞行器可能会遇到突发气象变化、技术故障、飞行器失控或与其他飞行器的冲突。如何确保飞行器的安全，尤其是飞行器在复杂环境中的应急处理能力，成为低空运营管理平台面临的一大挑战。平台需要能够实时监控飞行器的状态，预测潜在的飞行安全隐患，及时进行预警和干预，并能够在发生紧急情况时，迅速做出决策，采取避险措施，如动态航线调整、自动降落或重新规划路径。

### 3.跨系统与跨平台的协同管理

低空飞行器的管理不仅限于飞行器本身，还需要与多种其他系统和平台协同工作。比如，低空运营管理平台需要与空中交通管理系统、无人机交通管理系统、地面交通控制系统、天气监测系统等进行数据共享与协作。跨系统和跨平台的互操作性问题仍然是一个巨大的技术挑战。不同系统之间的数据格式、协议、标准可能存在差异，如何实现系统之间的数据流通、协同调度以及故障恢复，是低空运营管理平台必须解决的难题。

### 4.技术标准与法规滞后

目前，低空飞行器的运营和管理在全球范围内缺乏统一的标准和法规。尽管许多国家和地区已经开始出台相关的法律法规，但整体上仍然存在许多空白和一定的滞后性。例如，如何在低空空域内协调不同类型的飞行器，如何处理无人机与载人飞行器之间的空域竞争，如何在复杂环境中实时管理飞行任务等，这些问题目前尚未有统一、明确的解决方案。因此，低空运营管理平台需要持续跟进和适应法律法规的变化，确保平台的合规性，同时为政策的制定提供技术支持和数据反馈。

### 7.4.2　服务能力

#### 1.算力限制

低空空域通常处于复杂的环境之中，包含城市建筑物、自然障碍物、其他飞行器和变化的气象条件等，需要实时处理来自飞行器、传感器、天气系统等多源异构的海量数据，因此对计算平台的算力、存储和带宽提出了极高要求。路径规划、冲突探测与规避、风险评估等都需要高效的算法支持。例如：机器学习、深度学习等对计算平台的并行计算能力和算法优化提出了挑战；低空飞行环境复杂多变，UOM 平台需要具备毫秒级的响应能力，以确保飞行安全，这对计算平台的实时性和低延迟提出了严格要求。

#### 2.通信方面

现有 5G-A 通感一体化、卫星互联网技术发展与普及程度不够。飞行器与控制中心、其他飞行器之间需要保持稳定、可靠的通信，以传输控制指令、状态信息等，这对通信网络的可靠性、低延迟和抗干扰能力提出了挑战；低空通信同时也需要融合卫星通信、蜂窝网络、自组网等多种通信手段，实现无缝覆盖和高效传输，这对网络融合技术提出了挑战。

#### 3.导航方面

在低空飞行器密度高、飞行障碍物多的背景下，未来低空空域千万级乃至更大规模无人机和有人机的融合飞行需求对导航体系提出了较高要求，单一的导航系统难以满足所有的场景需求，需要融合 GNSS、惯性导航、视觉导航等多种导航方式实现优势互补。基于北斗的低空高精度立体交通图建设和高精度定位技术与北斗导航的融入也是保证低空航空器有序飞行的关键。

#### 4.监视方面

在飞行器和地面系统的协同工作中，飞行安全、数据安全和系统安全需要构成完整、多层次的安全管理体系，智能监控、自动避障、实时预警以及保障飞行数据的安全性的多重验证机制、加密传输和防火墙等功能尚未完善，电子围栏等技术手段仍有改进空间。

### 7.4.3 公共安全问题

#### 1.飞行数据的隐私保护与数据安全

低空运营管理平台需要处理大量的飞行数据、气象数据、位置数据以及其他实时监控信息,这些数据往往涉及隐私保护和安全性问题。例如,飞行器的飞行轨迹、飞行员的身份信息、货物配送的数据等都是高度敏感的信息。如果这些数据被泄露或被滥用,不仅会对平台的运营造成严重影响,还可能引发公众的不信任。

#### 2.社会与公众关切

随着低空飞行器的普及,公众对低空飞行器的隐私、噪声、安全等问题的关注逐渐提升。低空飞行器搭载的摄像头、传感器等设备可能采集到个人隐私信息,引发公众对隐私泄露的担忧;产生的噪声可能对居民生活造成干扰,引发公众对噪声污染的投诉;飞行器失控、坠毁等安全事故可能对地面人员、财产造成威胁,引发公众的恐慌。

【参考文献】

[1] 王铁铮,陈何磊.低空经济背景下无人机运行服务保障平台设计思路[J].通信企业管理,2024(11):19-22.

[2] 胡文娟,张翔,陈俊杰.低空综合服务保障系统的研究与实现[C]//中国航空学会,中国航空研究院.第六届民用飞机航电国际论坛论文集.上海:[出版者不详],2017:482-487.

[3] 朱晓波.浅谈我国低空空域运行管理现状及发展[J].海峡科技与产业,2016(3):56-57.

[4] 葛金田,崔明焘.山东省加快打造低空经济新高地的对策研究[J].科技经济导刊,2024,32(4):1-8.

"正确处理安全与发展、安全与效益的关系,始终把安全作为头等大事来抓。"——习近平

# 无人机适航管理　第8章

## 8.1　无人机适航管理概述

### 8.1.1　无人机适航的定义

适航性(Airworthiness)是专指民用航空器在预期的运行环境(机场、气象、航路、空中交通)和使用限制(速度、高度、质量、平衡)下的安全性和物理完整性的一种品质,是航空器的固有属性,它要求航空器应始终处于保持符合其型号设计和始终处于安全运行状态,它是保持航空器服役运行最低可接受安全水平的一种固有品质。

适航性的要求具体体现在技术方面的系统安全性与物理完整性上,体现在对技术状态与过程控制的管理上,可以说适航性是通过航空器全寿命周期内的设计、制造、试验、使用、维护和管理的各个环节来实现和保持的。

对航空器的适航管理是指政府为维护公众安全利益的需要,禁止不安全的航空器飞行。近年来,随着各类无人机系统在民用和军事领域的应用越来越广泛,无人机系统进入国家空域已经迫在眉睫,制定相应的适航标准已经成为各国适航

机构的一个主要任务。而无人机系统运行涉及众多的单位和部门,其运行环境的动态性、飞行任务的复杂性,对无人机在安全使用和适航管理方面提出了更高的要求。因此,对无人机的适航管理,涉及无人机的设计、制造、使用和维修,影响无人机安全性的各方皆负有重要责任。

无人机适航管理是指通过一系列的法规、标准、流程和技术措施,确保无人驾驶航空系统(UAS)在整个生命周期内都能够符合飞行安全、操作规范和技术标准的要求。它的目的是确保无人机能够安全、可靠、合规地飞行,防止由设计缺陷、操作错误或管理不善导致的飞行事故或安全问题。

适航管理不局限于无人机本身的硬件和软件,还包括操作员的能力、无人机的维护管理以及飞行过程中各项保障措施的落实。其核心是保障无人机在各种复杂环境下的安全运行,并能够在面对突发事件时,依然保持可控性和稳定性。

2010 年,由中国民用航空局航空器适航审定司主编的《中华人民共和国民用航空器适航管理条例》定义:民用航空器的适航性是指该航空器包括其部件及子系统整体性能和操纵特性在预期运行环境和使用限制下的安全性和物理完整性的一种品质。这种品质要求航空器应始终处于保持符合其型号设计和始终处于安全运行状态。

### 8.1.2 无人机适航管理的发展概况

近年来,随着无人机技术的快速发展和广泛应用,我国无人机产业规模持续扩大,应用场景不断拓展。为保障无人机飞行安全,促进产业健康发展,我国逐步建立和完善了无人机适航管理体系。

#### 1. 起步阶段(2015 年以前)

这一阶段,我国无人机适航管理尚处于探索阶段,主要借鉴有人驾驶航空器的适航管理经验,出台了《民用无人驾驶航空器系统驾驶员管理暂行规定》等文件,对无人机驾驶员进行管理,但尚未形成系统的适航管理体系。

#### 2. 快速发展阶段(2015—2022 年)

随着无人机产业的快速发展,我国开始加快无人机适航管理体系建设。2015年,民航局成立无人机适航审定中心,标志着我国无人机适航管理工作正式启动。此后,相继出台了《民用无人驾驶航空器实名登记管理规定》《民用无人驾驶航空器运行安全管理规则》等文件,对无人机实名登记、运行安全等方面进行规范。2022 年,《无人驾驶航空器飞行管理暂行条例》正式发布,为我国无人机适航管理提供了法律依据。

### 3.体系完善阶段(2023年至今)

《无人驾驶航空器飞行管理暂行条例》的出台,标志着我国无人机适航管理进入体系完善阶段。民航局相继发布了《民用无人驾驶航空器系统适航审定管理程序》《民用无人驾驶航空器系统适航审定分级分类和系统安全性分析指南》《民用无人驾驶航空器系统适航安全评定指南》等文件,逐步构建起覆盖无人机设计、生产、运行、维护等全生命周期的适航管理体系。

## 8.1.3 我国无人机适航管理机构的分布

我国适航审定中心是负责民用航空器适航审定的专业机构,其主要职责包括对民用航空器(包括无人机)的设计、生产、运行和维护进行适航审定,确保其符合国家安全标准和要求。我国主要的适航审定中心如图8-1所示。

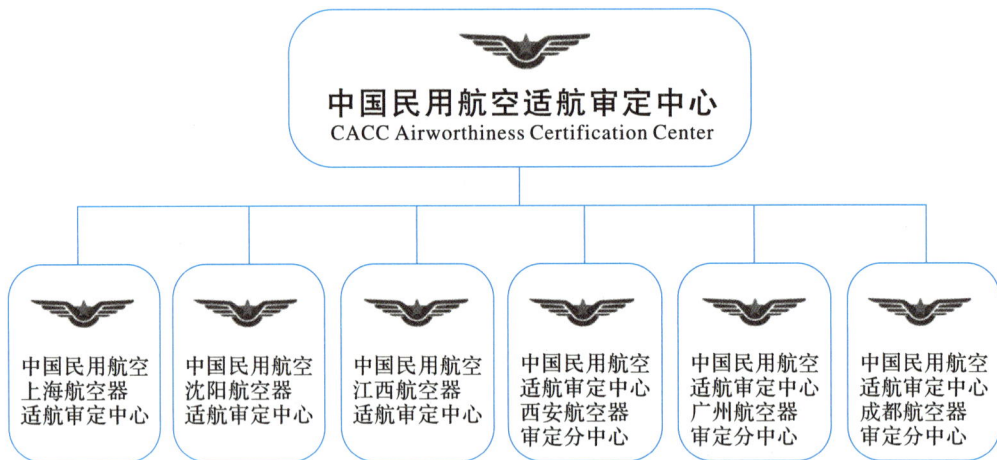

图8-1 国内主要的适航审定中心

1)中国民用航空适航审定中心(CAAC ACC)是中国民航局直属的适航审定机构,负责全国范围内的民用航空器适航审定工作。该中心负责制定适航审定政策、标准和程序,并组织实施各类民用航空器的适航审定工作。CAAC ACC还负责与国际民航组织(ICAO)和其他国家的适航审定机构进行合作与交流。

2)中国民用航空上海航空器适航审定中心是中国民航局在上海设立的适航审定分支机构,主要负责华东地区的民用航空器适航审定工作。该中心在大型民用飞机、直升机和无人机的适航审定方面具有丰富的经验,特别是在C919大型客机的适航审定中发挥了重要作用。

3)中国民用航空沈阳航空器适航审定中心是中国民航局在沈阳设立的适航审定分支机构,主要负责东北地区的民用航空器适航审定工作。该中心在军用飞机转民用、通用航空器和无人机的适航审定方面具有丰富的经验。

4)中国民用航空适航审定中心西安航空器审定分中心是中国民航局在西安设立的适航审定分支机构,主要负责西北地区的民用航空器适航审定工作。该中心在大型运输机、直升机和无人机的适航审定方面具有丰富的经验,特别是在运-20大型运输机的适航审定中发挥了重要作用。

5)中国民用航空适航审定中心成都航空器审定分中心是中国民航局在成都设立的适航审定分支机构,主要负责西南地区的民用航空器适航审定工作。该中心在通用航空器、直升机和无人机的适航审定方面具有丰富的经验,特别是在高原型直升机的适航审定中发挥了重要作用。

6)中国民用航空适航审定中心广州航空器审定分中心是中国民航局在广州设立的适航审定分支机构,主要负责华南地区的民用航空器适航审定工作。该中心在民用飞机、直升机和无人机的适航审定方面具有丰富的经验,特别是在ARJ21支线客机的适航审定中发挥了重要作用。

7)中国民用航空江西航空器适航审定中心是中国民航局在江西设立的适航审定分支机构,主要负责江西省地区的民用航空器适航审定工作。该中心在通用航空器、直升机和无人机的适航审定方面具有丰富的经验。该中心的设立,对江西省传统航空制造产业转型升级具有重要的促进作用。

### 8.1.4　我国无人机适航管理面临的挑战

目前,无人机适航审定是高质量发展低空经济的重要一环,我国无人机适航管理体系建设已取得显著成效,但仍面临一些挑战:

1)法规标准体系仍需完善:现有法规标准体系尚不能完全满足无人机产业快速发展的需求,部分领域还存在空白。

2)适航审定能力有待提升:无人机适航审定技术复杂,需要进一步加强技术研发和人才培养。

3)监管手段需要创新:无人机数量庞大、应用场景多样,需要探索更加高效、智能的监管手段。

未来,我国将继续完善无人机适航管理体系,加强技术研发和人才培养,创新监管手段,为无人机产业安全、健康发展保驾护航。

## 8.2　无人机适航管理法规与标准

近年来,我国逐步建立和完善了无人机适航管理体系,出台了一系列法规和标准,为无人机安全运行和产业发展提供了保障。以下是我国无人机适航管理的主要法规与标准。

### 8.2.1　法律法规

为了规范无人机的使用和管理,确保其安全、高效地服务于社会,我国相继出台了一系列相关法律法规(见表 8-1)。其中,《中华人民共和国民用航空法》(2021 年修订)明确将无人机纳入民用航空器的范畴,为无人机适航管理奠定了法律基础。而《无人驾驶航空器飞行管理暂行条例》(2023 年)作为我国首部专门针对无人机管理的行政法规,更是对无人机的适航管理、人员管理、运行管理以及空域管理等方面进行了全面而细致的规定。这些法律法规的出台,不仅标志着我国无人机管理向法治化进程迈进,也为无人机行业的健康发展提供了有力的法律保障。

表 8-1　我国现行法律法规

| 名　称 | 意　义 |
| --- | --- |
| 《中华人民共和国民用航空法》<br>(2021 年修订) | 明确了无人机属于民用航空器,为民用无人机适航管理提供了法律依据 |
| 《无人驾驶航空器飞行管理暂行条例》<br>(2023 年) | 我国首部专门针对无人机管理的行政法规,对无人机的适航管理、人员管理、运行管理、空域管理等方面进行了全面规定 |

### 8.2.2　部门规章

为加强民用无人驾驶航空器(无人机)的监管与管理,确保无人机行业的健康发展,我国相关部门陆续出台了一系列重要法规与指导意见,见表 8-2。从无人机的实名登记、运行安全管理、适航审定及分级分类技术指导,到促进和规范无人机制造业发展的政策措施,以及标准体系建设的总体思路和重点领域,这些法规与指导意见共同构成了无人机管理的法律与标准框架,为无人机行业的安全、有序发展奠定了坚实基础。

表 8-2　部分法规

| 名　称 | 意　义 |
| --- | --- |
| 《民用无人驾驶航空器实名制登记管理规定》<br>(2017 年) | 要求民用无人机进行实名登记,为无人机监管提供基础数据 |
| 《民用无人驾驶航空器运行安全管理规则》<br>(2022 年) | 对民用无人机的运行安全进行了详细规定,包括运行许可、人员资质、运行要求、应急处置等方面 |
| 《民用无人驾驶航空器系统适航审定管理程序》<br>(2023 年) | 明确了民用无人机系统适航审定的管理程序和要求 |

续表

| 名　　称 | 意　　义 |
|---|---|
| 《民用无人驾驶航空器系统适航审定分级分类和系统安全性分析指南》(2023 年) | 为无人机系统适航审定提供了分级分类和系统安全性分析的技术指导 |
| 《民用无人驾驶航空器系统适航安全评定指南》(2023 年) | 为无人机系统适航安全评定提供了技术指导 |
| 《关于促进和规范民用无人机制造业发展的指导意见》(2017 年) | 提出了促进和规范民用无人机制造业发展的政策措施 |
| 《无人驾驶航空器系统标准体系建设指南》(2018 年) | 提出了无人驾驶航空器系统标准体系建设的总体思路和重点领域 |

### 8.2.3　行业标准

适航标准是一类特殊的技术性标准。它是为保证实现民用航空器的适航性而制定的最低安全标准。适航标准是国家法规的一部分,必须严格执行。适航标准是通过长期工作经验的积累,吸取了历次飞行事故的教训,经过必要的验证或论证及公开征求公众意见不断修订而成的。

目前,我国适航标准是参照国际惯例并结合国情而制定的,具体体现在《中国民用航空规章》(CCAR)中。传统的有人机适航管理有型号合格批准、生产许可批准和单机适航批准等要求,需要局方人员进行监管和审批,对局方人力资源有较大的需求。而开展民用无人机适航审定,目的就是从设计制造源头,确保民用无人机满足公众可接受的最低安全标准(见表 8-3)。

#### 表 8-3　行业标准

| 名　　称 | 意　　义 |
|---|---|
| 《无人机云系统接口数据规范》(MH/T 2009—2017) | 规范了无人机云系统数据接口,为无人机运行数据共享和监管提供了技术支撑 |
| 《民用无人驾驶航空器系统分类及编码》(MH/T 0011—2020) | 对民用无人机系统进行了分类和编码,为无人机管理提供了基础标准 |
| 《民用无人驾驶航空器系统适航审定 第 1 部分:一般要求》(MH/T 0012.1—2020) | 规定了民用无人机系统适航审定的一般要求 |
| 《民用无人驾驶航空器系统适航审定 第 2 部分:轻型无人机系统》(MH/T 0012.2—2020) | 规定了轻型无人机系统适航审定的特殊要求 |
| 《民用无人驾驶航空器系统适航审定 第 3 部分:小型无人机系统》(MH/T 0012.3—2020) | 规定了小型无人机系统适航审定的特殊要求 |
| 《亿航 EH216-S 型无人驾驶航空器系统专用条件》(2022) | 为亿航智能 EH216-S 型无人驾驶航空器系统的合规性和安全性提供了依据 |

### 8.2.4 现行部分管理文件的具体要求

#### 1.《民用无人机空中交通管理办法》

2009 年 6 月 26 日，中国民用航空局空中交通管理局颁发《民用无人机空中交通管理办法》(MD－TM－2009－002)。该办法主要对民用无人机飞行活动进行管理，规范了空中交通管理的办法，以保证民用航空活动的安全，制定了民用无人机空中交通管理的有关规定。该文件作为我国现阶段民用无人机控制交通管理办法，对无人机的空域管理、空中交通管理、无线电频率和设备的使用等方面给出了明确的要求。

#### 2.《关于民用无人机管理有关问题的暂行规定》

2009 年 6 月 4 日，民航局颁发了《关于民用无人机管理有关问题的暂行规定》(ALD2009022)。作为对民用无人机的过渡性管理办法，该规定要求民用无人机申请人办理临时国籍登记证和Ⅰ类特许飞行证，并要求结合实际机型特点，按照现行有效的规章和程序的适用部分对民用无人机进行评审，评审的基本原则为：

1)进行设计检查，但不进行型号合格审定，不颁发型号合格证；

2)进行制造检查，但不进行生产许可审定，不颁发生产许可证；

3)进行单机检查，但不进行单机适航审查，不颁发标准适航证。

#### 3.《民用无人机适航管理工作会议纪要》

2012 年 1 月 13 日，民航局适航审定司颁发了适航管理文件《民用无人机适航管理工作会议纪要》(ALD－UAV－01)。该文件明确了单机检查时以 AP－21－AA－2008－05 程序为基础，制定具体检查单和检测方法；以具体使用环境下能安全飞行为标准，以确定使用限制为重点，颁发Ⅰ类特许飞行证；已经受理的民用无人机项目，在审查过程中进行试验和验证飞行时，按照 AP－21－AA－2008－05 程序第 8.2.1 条款办理相应用途类的特许飞行证。

#### 4.《民用无人驾驶航空器系统驾驶员管理暂行规定》

2013 年 11 月，民航局颁布咨询通告《民用无人驾驶航空器系统驾驶员管理暂行规定》(AC－61－FS－2013－20)。该咨询通告属于临时性管理规定，针对目前出现的无人机及其系统的驾驶员实施指导性管理，目的是按照国际民航组织的标准建立完善的民用无人机驾驶员监管措施，从此我国的无人机驾驶进入持证飞行阶段。

### 5.《无人机空域管理规定》

2018 年,国务院、中央军委空中交通管制委员会发布《无人机空域管理规定》(征求意见稿)。该规定主要针对民用无人机,规定了无人机飞行计划如何申报,申报应具备哪些条件,以及在哪些空域里可以飞行等。概括来讲,即:管控区域,你想飞,请申请飞行计划;非管控区域,无须计划申请,"随便飞"。因此,综合来看,该规定对无人机行业来说是一个重大利好。

### 6.《一般运行和飞行规则》(CCAR-91R4)

2022 年 1 月,民航局深化"放管服"改革,落实"分类管理、放管结合、以放为主",第四次修订实施《一般运行和飞行规则》(CCAR-91R4),在飞行和运行管理方面,将无人驾驶航空器纳入 CCAR-91 部管理,在航空机组、航空器及仪表设备、飞行规则、航空器维修、法律责任等方面进行了规定。

## 8.3 无人机适航审定流程

在深入探讨无人机适航审定流程之前,需要了解几个核心证件——型号合格证(Type Certificate,TC)、生产许可证(Production Certificate,PC)、适航证(Airworthiness Certificate,AC)以及运营证(Air Operator Certificate,AOC),这些证件构成了确保航空器安全、合法运营的重要基石。

型号合格证是适航取证三证之一,是指民用航空适航当局对民用航空器、航空器发动机设计批准的合格凭证。民航适航当局对申请的航空器组成专家组进行全面审查,申请方要提供有关图纸、检验报告、使用限制、手册等,并要提供供检查用的原型机,在认定设计的型号达到了适航标准的要求和具有等效的安全水平后,才发放型号合格证,航空产品取得了型号合格证后才能投入批量生产。

生产许可证是由中国民航局颁发给申请人的一种证件,用于表明:中国民航局认为申请人已建立了一整套用于航空器生产的质量系统,能够确保其生产的每一架航空器及其零部件均能符合经批准的设计,并处于安全可用状态。

适航证是中国民航局颁发的一种证件,通常的申请/持证人是航空器的所有人或占有人(如航空公司),这个证件用于表明:中国民航局认为这架飞机(注意:只是指这一架)符合经批准的设计,且处于安全可用状态。

运营证是航空公司能够运营的必要证明,也是保障乘客安全的基础。航空公司无论国内还是国际航线,都必须持有有效的 AOC 才能够正常运营。这个证书的颁发需要经过一系列复杂严格的程序,确保航空公司达到了国际通用的安全标准,满足了相关规定的要求。

无人机适航审定是确保民用无人驾驶航空器系统(UAS)在设计、制造、运行和维护过程中符合特定安全标准和要求的关键环节。适航审定的目的是确保无人机系统在整个生命周期内能够安全、可靠地运行,从而保障空中交通的安全、地面人员及财产的安全,以及环境的保护。以下是无人机适航审定的一般流程(见图 8-2)。

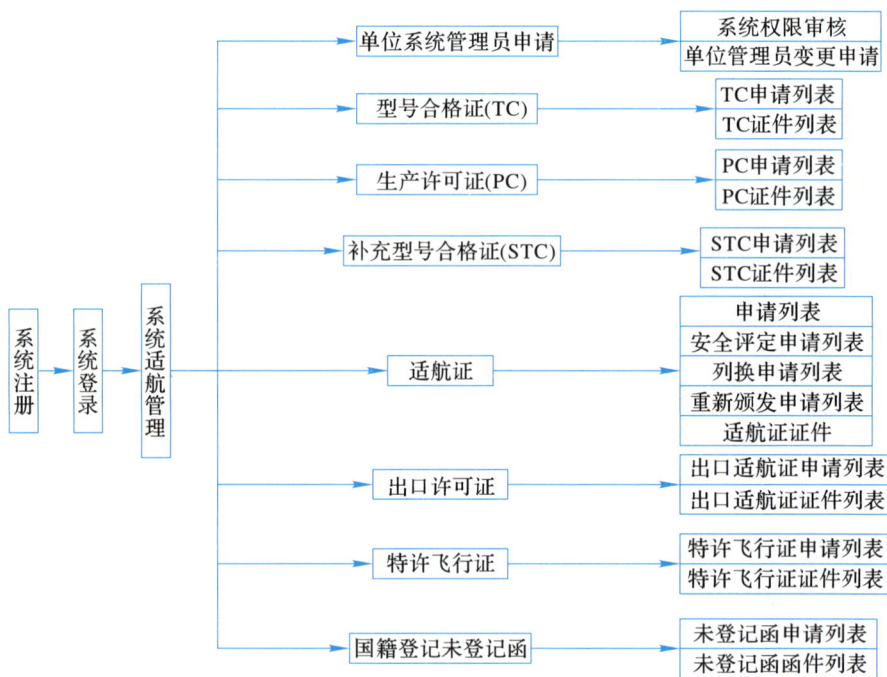

图 8-2 无人机适航审定的一般流程

## 1.申请

申请人需向局方提交设计/生产批准函申请书及以下文件:合法资质证明、适航管理体系手册、产品清单(含设计特征、基本数据、审定基础及符合性声明、运行场景及限制)、风险等级评估报告、建议审定计划,以及其他必要文件。申请书有效期根据风险等级确定,低风险为 1 年,其他为 3 年,自提交日起算。若到期未获或明确无法获批准函,则申请人需提前 20 个工作日申请延期。局方鼓励提交前做熟悉性介绍以便审查安排。

## 2.受理

局方收到申请书后 5 个工作日内审查申请资料,资料不全或格式不符则一次性书面通知补正。资料齐全或补正后,局方受理申请并发出"受理申请通知书",明确项目风险等级。申请人需按通知要求缴费。不予受理的,局方书面说明理由。

### 3.审查

确认收到申请人交纳的相关费用后,局方将委托无人机适航审定技术支持机构开展具体审查工作。按照基于风险的审查原则,民用无人机产品适航审定工作分为对申请人适航管理体系的审查和产品合格审定。体系审查包括设计和生产的过程控制、机构职能、人员职责、设施设备、内审改进机制等,产品合格审定是审查民用无人机产品对审定基础的符合性。

### 4.批准

局方在收到最终审查报告和颁发设计/生产批准函的建议后 20 个工作日内做出是否颁发设计/生产批准函的决定。不予颁发的,应当书面说明理由。

颁发设计/生产批准函前,审查组应当确认申请人的适航管理体系已符合申请之日有效适用的局方适航管理体系要求,"适航管理体系手册"已获得批准。

### 5.持续监督

局方对设计/生产批准函持有人的适航管理体系进行持续监督,包括定期复查和随机抽查,并指派一名项目主管审查代表负责项目的证后管理工作。局方将根据检查情况对持有人适航管理体系的能力清单进行必要调整。

### 6.持续适航责任

设计/生产批准函持有人应当按照批准的适航管理体系,承担相应的持续适航责任。

### 7.变更管理

对于适航管理体系或无人机产品适航性、环保性能有显著影响的更改,需符合规定并经局方审查。更改前需确保仍符合规定,对可能影响产品检验、制造符合性或适航性的质量管理更改,应立即书面通知局方并经审查。

当民用无人机系统或控制站(台)等产品的设计/生产批准函中产品信息发生变更时,持有人需按《民用无人机系统适航审定风险评估指南》评估风险,并根据风险等级采取相应措施。对于非实质性更改,持有人可根据能力清单授权进行批准并更新批准函,向局方备案;对于实质性更改或风险等级提升的更改,持有人需提交变更申请,由局方按照相关规定组织审查。

# 8.4 无人机适航测试与验证

根据中国民用航空局《民用无人驾驶航空器系统适航安全评定指南》,相关内容要求如下。

## 8.4.1 设计定型的证明材料

无人驾驶航空器设计定型的证明文件包括但不限于以下文件:

1)无人驾驶航空器系统构型控制文件,包括选装设备文件和选装软件文件,以及申请进行安全评定的该架无人驾驶航空器系统符合该构型控制文件的证明。

2)无人驾驶航空器系统应有确定的飞行手册,包括使用程序、性能资料、配载资料、使用检查和使用限制等安全运行所需的资料。

3)无人驾驶航空器应有确定的维护手册,用于在飞行验证期间将无人驾驶航空器保持在安全运行的状态,包括维护程序、检查清单和无人驾驶航空器部件寿命限制等。

## 8.4.2 安全评定要求

### 1. 安全评定飞行试验数据有效性要求

数据来源要求申请人声明的试飞数据来源必须满足下列要求:

1)传感器、量具等经过校准且在计量范围内,或

2)测量设备具有出厂检测或具备资质的第三方检测报告,或

3)经过校准或比对确认后的机上数据,或

4)采信相同型号、相同安装方式的同构型无人驾驶航空器的校准结果。

数据有效性确认方式必须满足下列要求:

1)采用加改装相关设备开展试飞的无人驾驶航空器,通过对比加装传感器数据与机上系统数据确认数据有效性,或

2)不采用加改装相关设备开展试飞的无人驾驶航空器,可通过空速校准法、地面跑车法、塔校法、跑道航向法、地面转台试验等方法对机上系统数据的准确性进行确认。

### 2. 安全评定试飞记录要求

申请安全评定的无人驾驶航空器系统完成的试飞数据,其数据准确性和真实性由申请人保证,数据应不能被篡改,且应在局方要求时提供检查。申请人试飞

记录数据应至少保存至该架无人机退役后两年。

### 3.使用型号验证结果支持单机安全评定

申请人若以该型号无人驾驶航空器系统设计定型后的试飞数据作为采信数据支撑安全评定工作,则该无人驾驶航空器系统的制造人应同时满足如下要求:

1)提供 8.4.1 节所要求的设计定型的证明文件。

2)提供生产制造质量控制的说明文件:①局方颁发的生产许可证;②第三方认证的质量管理体系;③能够证明生产过程中质量管控能力的文件(如设计资料控制、文件控制、供应商控制、制造过程控制、检验与试验、不合格品控制等)。

若满足上述要求和关于飞行试验数据的要求且获得局方的认可,则申请人在该型号设计定型后的试飞数据或单机生产试飞的数据可作为耐久性试飞和特定科目试飞数据的等效支撑数据。

### 8.4.3 无人驾驶航空器系统安全评定报告

"无人驾驶航空器系统安全评定报告"包括但不限于以下内容:

1)无人驾驶航空器申请特定类运行合格审定的背景和运行使用场景描述。

2)满足本咨询通告要求的设计定型情况说明。

3)按照《民用无人驾驶航空器系统适航审定分级分类和系统安全性分析指南》分析的危害严重性级别说明。

4)本架无人机的主要技术数据,包括基本概况、性能数据、动力系统、有效载荷、主要航空电子设备、导航系统、飞行控制系统与操控方式、控制链路方式、控制站、地面支持设备等。

5)试飞验证过程和程序说明,包括试飞科目所需的飞行参数和系统性能参数、试飞试验环境及人员、数据采集和存储方式、数据采集相关仪器仪表、数据分析方法等。

6)飞行试验数据有效性要求满足传感器、量具等已校准且在有效期内,或测量设备具备出厂检测或第三方检测报告,或数据经校准或比对确认,或采信同型号同安装方式无人机的校准结果。数据有效性确认可通过加装传感器对比数据,或不加装设备采用空速校准、地面跑车、塔校、跑道航向、地面转台试验等方法验证机上数据的准确性。

7)咨询对应的"无人驾驶航空器安全评定试飞记录表"。

8)建议的本架无人机特殊适航证使用限制。

### 8.4.4 按照安全评定要求取得特殊适航证的使用限制

1)除特殊适航证基本限制条件外,申请人应根据试飞安全评定情况向局方提出该架无人驾驶航空器的使用限制建议,局方评估申请人提出的使用限制建议是否准确、全面,根据申请人的限制建议确定特殊适航证的使用限制。

2)特殊适航证的飞行活动应当在飞行手册所规定的性能限制以及局方对特殊适航证所提出的限制条件下进行。

3)根据安全评定取得特殊适航证后,申请人后续可扩展飞行试验科目,在飞行手册给出的使用范围内扩展使用包线,依据扩展飞行验证后更新的"无人驾驶航空器系统安全评定报告"提出调整使用限制的建议,并获得局方批准。

### 8.4.5 基本试飞科目

Ⅳ级无人驾驶航空器安全评定科目是1～12,Ⅰ～Ⅲ级旋翼航空器安全评定科目是1～8加13～14,Ⅰ～Ⅲ级固定翼航空器的安全评定科目是1～8加13。

#### 1.重量测试

在正常运行环境条件下,在申请人提交的飞行手册规定范围内,以其拟运行的最大起飞重量和最小起飞重量,分别操控无人驾驶航空器,验证飞行过程中无人驾驶航空器的响应是否正确,姿态、高度、速度是否正常。

#### 2.重心测试

在正常运行环境条件下,在申请人提交的飞行手册规定范围内,以其拟运行的最大起飞重量和横向及纵向最不利重心条件下,分别操控无人驾驶航空器,验证飞行过程中无人驾驶航空器的响应是否正确,姿态、高度、速度是否正常。

#### 3.高度测试

1)海拔。在正常运行环境条件下,在申请人提交的飞行手册规定范围内,以其拟运行的最高海拔和该海拔下的最大起飞重量,操控无人驾驶航空器,验证飞行过程中无人驾驶航空器的响应是否正确,姿态、高度、速度是否正常。

2)真高(AGL)。在正常运行环境条件下,在申请人提交的飞行手册规定范围内,以其拟运行的最大离地高度和最大起飞重量,操控无人驾驶航空器,验证飞行过程中无人驾驶航空器的响应是否正确,姿态、高度、速度是否正常,以及数据链路工作是否正常。

#### 4.温度测试

在正常运行环境条件下,在申请人提交的飞行手册规定范围内,在其拟运行的温度范围(包括最低温度和最高温度)下,分别操控无人驾驶航空器,验证飞行过程中无人驾驶航空器的响应是否正确,姿态、高度、速度是否正常。

### 5.速度测试

在正常运行环境条件下,在申请人提交的飞行手册规定范围内,操控无人驾驶航空器平飞,达到申请人拟运行的最大平飞速度,观察遥控台(站)显示的飞行速度,验证飞行过程中无人驾驶航空器的响应是否正确,姿态、高度、速度是否正常。

### 6.抗风测试

1)最大抗风限制,指在申请人提交的飞行手册规定范围内,在关键飞行模式和阶段下验证其拟运行的最大顺风、逆风和侧风条件。

2)在正常运行环境条件下,在申请人提交的飞行手册规定范围内,在申请人拟运行的最大起飞重量且最不利重心工况、空机重量工况下,分别操控无人驾驶航空器进行飞行演示,验证无人驾驶航空器的响应是否正确,姿态、高度、速度是否正常。

### 7.天气测试

在申请人提交的飞行手册规定范围内,在其拟运行的天气条件(降雨、雾霾、结冰等)下,在安全运行包线内进行演示飞行,验证飞行过程中无人驾驶航空器的响应是否正确,姿态、高度、速度是否正常。

### 8.夜间飞行测试

在正常运行环境条件下,如果申请人提交的飞行手册允许夜间飞行,在飞行手册规定范围内进行演示飞行,操控无人驾驶航空器在起降场地处飞行,观察飞行过程中无人驾驶航空器的响应是否正确,姿态、高度、速度是否正常,是否能正常起飞和降落,记录无人驾驶航空器的夜间可识别距离。

### 9.最大飞行半径测试

在正常运行环境条件下,在申请人提交的飞行手册规定范围内,选择拟运行的飞行半径,操控无人驾驶航空器,飞至最大飞行半径值处且运行 1 min,观察无人驾驶航空器的飞行过程中链路不丢失。

### 10.最大机动性能测试

在正常运行环境条件下,在申请人提交的飞行手册规定范围内,使用满电电池以最大起飞重量在飞行包线范围内演示在最激烈的机动飞行过程中的无人驾驶航空器系统的性能、机动性、稳定性和控制性。如无测试用例，建议采用以下方法或等效方法进行演示飞行，并记录相关性能数据：在无人驾驶航空器最大起飞重量的情况下，使用满电电池，以手动控制模式操控无人驾驶航空器演示以下指令。

1）使用最大加速度向左飞，直到速度达到最大速度，维持 10 s；随后不停顿直接满杆向右飞，直到速度达到最大速度，维持 10 s。

2）使用最大加速度向前飞，直到速度达到最大速度，维持 10 s；随后不停顿直接满杆向后飞，直到速度达到最大速度，维持 10 s。

3）使用最大加速度向上飞，直到达到限高高度（或维持 10 s）；随后不停顿直接满杆向下飞，直到离地 2 m 处（或维持 10 s）。在整个测试过程中，无人驾驶航空器没有失去控制能力、失去飞行能力或飞出其限制区域，则测试通过，记录最大机动性能测试数据。

### 11.最大航程测试

在正常运行环境条件下，在申请人提交的飞行手册规定范围内，使用最大能源动力以最大起飞重量操控无人驾驶航空器，飞至飞行手册规定的动力系统的最低安全余量，记录无人驾驶航空器系统的实际航程。

### 12.飞行精度测试

在正常运行环境条件下，在申请人提交的飞行手册规定范围内，在试验场地内预设飞行航线，在拟运行的最大起飞重量和最大平飞速度下，操控无人驾驶航空器执行航线飞行，同时以一定的时间间隔对无人驾驶航空器空间位置进行连续测量，分析计算高度、位置的精度，并记录。

### 13.任务载荷供电能力测试

在正常运行环境条件下，在申请人提交的飞行手册规定范围内，接入或搭载不低于申请人声明的任务载荷供电能力的电气负载，无人驾驶航空器能够正常工作且不超过申请的运营场景中规定的最大电流。

### 14.测控距离测试

在正常运行环境条件下，在申请人提交的飞行手册规定范围内，在通视条件下，在不低于申请人声明的测控距离，遥控台（站）与无人驾驶航空器能够正常通信，遥控、遥测数据传输正常。

### 8.4.6　耐久性飞行试验

1）无人驾驶航空器应完成单机耐久性飞行试验，总时间不低于 5 h，总飞行架次不低于 10 架次；

2)完成基本试飞科目和特定飞行实验科目的时长和架次可累积到单机耐久性飞行时间中；

3)申请人应在声明的边界范围内开展单机耐久性飞行,单机耐久性飞行试验应尽量验证无人机的运行限制边界安全性的飞行科目。在整个耐久性测试过程中,无人驾驶航空器没有失去控制能力、失去飞行能力或飞出其限制区域,则可将飞行数据计入耐久性累计时间中。

### 8.4.7　特定飞行试验科目

Ⅳ级无人驾驶航空器安全评定科目特定飞行试验科目是 2～11,Ⅰ～Ⅲ级旋翼航空器安全评定科目特定飞行试验科目是 3～9,Ⅰ～Ⅲ级固定翼航空器安全评定科目特定飞行试验科目是 2、6、8、9 加 12～19。

#### 1.飞行精度测试

在正常运行环境条件下,在申请人提交的飞行手册规定范围内,在试验场地内预设飞行航线,航线半径不超过 2 000 m,航线高度不大于 30 m。在拟运行的最大起飞重量和最大平飞速度下,操控无人驾驶航空器执行航线飞行,同时以不大于 0.1 s 的时间间隔对无人驾驶航空器空间位置进行连续测量和记录,水平与高度方向的飞行精度均应小于 0.5 m。

若水平精度或高度精度大于 0.5 m,则局方不接受安全评定结果。

#### 2.部分动力失效

若申请人提交的飞行手册未声明,在部分动力失效后无人驾驶航空器不超出限制区域,则局方不接受安全评定结果。若申请人提交的飞行手册有相关声明,则应按照实际情况选择完成以下试飞科目：

1)在正常运行环境条件下,如果申请人提交的飞行手册声明部分动力失效后,无人驾驶航空器不具备受控应急着陆能力,但不会超出限制区域,那么申请人应通过特定试飞验证部分动力失效后无人驾驶航空器不会超出限制区域；

2)在正常运行环境条件下,若申请人提交的飞行手册声明部分动力失效后,无人驾驶航空器具备受控应急着陆能力,则应按申请人拟运行的质量与重心状态,验证所声明的单动力失效或多动力单元组合失效后,无人驾驶航空器能够受控应急着陆；

3)在正常运行环境条件下,若申请人提交的飞行手册声明部分动力失效后无人驾驶航空器具备继续飞行能力,则应按申请人拟运行的重量与重心状态,验证所声明的单动力失效或多动力单元组合失效后,无人驾驶航空器能够完成返航、备降、迫降等应急处置飞行;

4)在正常运行环境条件下,若申请人提交的飞行手册声明部分动力系统失效后无人驾驶航空器具备继续执行任务的能力,则应按申请人拟运行的重量与重心状态,验证所声明的单动力失效或多动力单元组合失效后,无人驾驶航空器能够继续完成航线飞行任务。

在整个测试过程,若无人驾驶航空器没有失去控制能力,失去飞行能力或飞出其限制区域,则测试通过。

### 3.电子围栏测试

在正常运行环境条件下,在申请人提交的飞行手册规定范围内:

1)在试验场地内设置某处空间区域为电子围栏的禁飞区,操控无人驾驶航空器以拟运行的巡航飞行速度飞行,直至触碰电子围栏。观察无人驾驶航空器与电子围栏发生接触前后采取的措施,包括但不限于告警提示、提前减速、自动悬停、强制降落等。

2)将无人驾驶航空器搬运进模拟的电子围栏区域,观察其是否有告警提示且无法启动。电子围栏应能够将无人驾驶航空器控制在指定区域内。

在整个测试过程中,若无人驾驶航空器没有失去控制能力或失去飞行能力,则测试通过。

除了上述内容之外,还有 4 GNSS 中断测试,5 指令变化测试,6 链路中断测试,7 遥控台(站)失效,8 一控多机测试,9 一机多控测试,10 外部载荷紧急释放测试,11 其他安全功能,12 中止飞行起飞测试,13 任务变更测试,14 中止着陆测试,15 遥控台(站)应急供电测试,16 空域边界保护测试,17 速度、高度、姿态保护测试,18 操作面控制机构失效测试,19 其他失效测试。

## 8.4.8　适航审定分级分类和系统安全性分析指南

《民用无人驾驶航空器系统适航审定分级分类和系统安全性分析指南》(民航适发〔2022〕18 号)划分民用无人驾驶航空器系统的运行风险等级,主要从民用无人驾驶航空器系统运行过程中潜在的危害性影响出发,综合危害的严重性和可能性两个要素进行判断。

民用无人驾驶航空器系统潜在危害的严重性以其航空器的最大审定起飞重

量作为基准,并结合最大使用限制速度计算出的动能,划分为以下四个级别:

Ⅰ级:5 700 kg(固定翼)或 3 180 kg(旋翼类)以上。

Ⅱ级:750～5 700 kg(固定翼)或 3 180 kg(旋翼类);150～750 kg 且动能大于 1 084 kJ。

Ⅲ级:150～750 kg 且动能不大于 1 084 kJ;25～150 kg 且动能大于 100 kJ。

Ⅳ级:25～150 kg,且动能不大于 100 kJ。

对于不载人且不进行融合飞行的民用无人驾驶航空器系统,主要从不同严重性级别的民用无人驾驶航空器系统对地面人员等的影响出发,划分民用无人驾驶航空器系统的运行风险等级,见表 8 - 4。

表 8 - 4　不载人民用无人驾驶航空器系统隔离飞行的运行风险等级

| 严重性级别 | 隔离飞行 | |
| --- | --- | --- |
| | 稀疏区 | 密集区 |
| Ⅰ | C | A |
| Ⅱ | D | B |
| | E | C |
| Ⅲ | F | D |
| Ⅳ | G | E |

对于载人飞行的情况,主要从对机上乘员的影响出发,划分民用无人驾驶航空器系统的运行风险等级,见表 8 - 5。

表 8 - 5　载人民用无人驾驶航空器系统的运行风险等级

| 严重性级别 | 乘员数量 | | | | |
| --- | --- | --- | --- | --- | --- |
| | 1～2 人 | 3～6 人 | 7～9 人 | 10～19 人 | 19 人以上 |
| Ⅰ | A | | | | |
| Ⅱ | | C | | B | A |
| Ⅲ | C | | | | |
| Ⅳ | | | | | |

综上,民用无人驾驶航空器系统的运行风险等级可以划分为 A、B、C、D、E、F、G 七级。民用无人驾驶航空器系统的运行风险等级不同,其可接受的安全性水平不同。局方根据民用无人驾驶航空器系统的运行风险等级,确定其可接受的安全性目标以及适用的适航标准。

【参考文献】

[1] 赵旭,姬艳涛.我国警用无人机适航管理之审视:定位、不足与建构[J].中国人民警察大学学报,2023,39(2):40-45.

[2] 李剑峰,汪发亮,梅亚楠.基于风险分类的中型无人驾驶航空器适航管理研究[J].民航管理,2024(2):56-59.

"我们一定要有自己的大飞机"——习近平

# 低空飞行器 第9章

低空经济作为一种新兴经济形态,依托低空空域资源的开发利用,正推动无人机技术与产业应用的深度融合。近年来,低空飞行器在交通运输、医疗救援和旅游观光等领域展现出巨大的潜力,低空飞行器成为低空经济发展的重要支柱。低空飞行器涵盖无人机(Unmanned Aerial Vehicle,UAV)、通用航空飞行器及电动垂直起降飞行器(eVTOL)。其中,eVTOL 作为一种新兴的低空飞行器,因其环保、高效、灵活的特点成为航空领域研究和发展的热点。eVTOL 的出现不仅拓展了低空飞行器的技术边界,也为解决城市交通拥堵、提升紧急医疗救援效率等社会问题提供了新的思路。

## 9.1 低空飞行器概述

### 9.1.1 无人机(UAV)

无人机是一种由远程控制系统或自主飞行系统操控、无须人类直接驾驶的航空器。根据用途、形态和技术水平的不同,无人机可以适应各种任务需求,从民用到军用领域,应用范围广泛。无人机按不同的分类标准进行分类。

1. 按飞行平台分类

无人机按飞行平台可分为以下几类。

1）固定翼无人机。固定翼无人机是一种通过固定机翼在空气中的相对运动产生升力，并依靠推进系统（如螺旋桨或喷气发动机）提供前进动力的航空器（见图9-1）。与多旋翼无人机相比，固定翼无人机的机翼结构和迎角在飞行过程中保持恒定，其设计通常追求高效的空气动力性能。固定翼无人机一般需要专门的起降条件，例如跑道或弹射装置，但凭借较高的巡航速度和较长的续航时间，其广泛应用于长距离任务和大范围覆盖的场景，如测绘、巡逻和环境监测等。

图9-1　固定翼无人机（双尾蝎）

2）无人直升机。无人直升机是一种以主旋翼产生升力、推进力，同时通过尾旋翼（或其他力矩平衡设计）保持飞行稳定的无人飞行平台（见图9-2）。它具有垂直起降（VTOL）和悬停能力，无须跑道即可完成起飞和降落，适合复杂地形和有限空间操作，可在无人驾驶模式下完成多种任务，包括导航、监视和任务规划。

图9-2　无人直升机（AV-500）

3）多旋翼无人机。多旋翼无人机采用三个、四个及以上偶数组对称螺旋桨来产生推力，以达到整体平衡（见图9-3）。多旋翼无人机通过飞控参数调节来改变各桨的转速，进而更改对应桨叶的拉力来打破平衡状态，实现前后、左右、上下运动。其设计简单、操作灵活,能够实现垂直起降和悬停。

图 9 - 3　多旋翼无人机(Yuneec H520)

4)复合翼无人机。复合翼无人机是一种结合固定翼无人机和旋翼无人机优势的飞行器(见图 9 - 4),能够实现垂直起降和水平巡航飞行。其设计理念在于将固定翼的高效巡航能力与旋翼的垂直起降灵活性相结合,从而突破传统无人机在起降条件和任务适应性上的限制。

图 9 - 4　复合翼无人机(HC - 512)

### 2.按照性能指标分类

无人机按性能指标可分以下几类。

1)微型无人驾驶航空器,是指空机质量小于 0.25 kg,最大飞行真高不超过 50 m,最大平飞速度不超过 40 km/h,无线电发射设备符合微功率短距离技术要求,全程可以随时人工介入操控的无人驾驶航空器。

2)轻型无人驾驶航空器,是指空机质量不超过 4 kg 且最大起飞重量不超过 7 kg,最大平飞速度不超过 100 km/h,具备符合空域管理要求的空域保持能力和可靠被监视能力,全程可以随时人工介入操控的无人驾驶航空器,但不包括微型无人驾驶航空器。

3)小型无人驾驶航空器,是指空机质量不超过 15 km 且最大起飞重量不超过 25 kg,具备符合空域管理要求的空域保持能力和可靠被监视能力,全程可以随时人工介入操控的无人驾驶航空器,但不包括微型、轻型无人驾驶航空器。

4)中型无人驾驶航空器,是指最大起飞重量不超过 150 kg 的无人驾驶航空器,但不包括微型、轻型、小型无人驾驶航空器。

5)大型无人驾驶航空器,是指最大起飞重量超过 150 kg 的无人驾驶航空器。

### 9.1.2　通用航空飞机

通用航空飞机是指除商业航空运输和军事航空活动以外的所有民用航空飞行器(见图 9-5)。通用航空涵盖了广泛的飞行活动,包括私人飞行、公务飞行、农业航空、空中摄影、飞行培训、应急救援等。通用航空飞机种类繁多,从小型单引擎飞机到大型公务机都属于这一范畴。

图 9-5　通用航空飞机

### 9.1.3　eVTOL(电动垂直起降航空器)

eVTOL 是指以电力作为飞行动力来源且具备垂直起降功能的航空器(见图 9-6),飞行高度一般不超过 600 m,运行高度基本处于 300 m 以下,即低空空域,与现有轻型无人机和通用航空形成空域互补。eVTOL 具有垂直起降、高智能化、快捷机动、舒适性强、制造及维护成本低、安全性高等特点,以较为经济的方式开展载人载物工作,能高效开发城市低空空域资源,有效缓解日益严重的城市地面交通拥堵问题,解决空中物资运输和交通出行需求,是一种面向未来城市空中交通场景、更符合未来城市综合立体交通系统的飞行器形态。

eVTOL 由于其多样的应用需求和设计目标,存在多种典型构型,目前各大主机厂采用的 eVTOL 按飞行原理不同可分为多旋翼型、复合翼型、倾转旋翼型三种,见表 9-1。

1)多旋翼型类似于传统民用无人机和直升机,研制难度相对较小,设计构型简单,稳定性更强,且体积较小,可以在城市内环境灵活部署,基建要求更低。

2)复合翼型有两套旋翼,一套垂直旋翼控制起飞降落,一套水平推进旋翼控制巡航,复合翼型的起飞降落与推进动力系统分离,因此飞行安全性高。

3)倾转旋翼型类似于传统的倾转旋翼直升机,在起飞阶段,旋翼像直升机螺旋桨一样提供升力,到了平飞阶段,旋翼会向前倾转,提供向前的推力,倾转旋翼型在速度和航程上优势最大,但因机械设计过于复杂,高速飞行中旋翼倾转易发生故障,沿袭了传统的倾转旋翼直升机的高事故率。

图 9-6　典型的电动垂直起降航空器

表 9-1　典型 eVTOL 构型

| | 多旋翼型 | 复合翼型 | 倾转旋翼型 |
|---|---|---|---|
| 代表型号 | EH216-S | V1500M | Joby S4 |
| 所属公司 | 亿航智能 | Autoflight | Joby |
| 飞行控制方式 | 通过一套旋翼控制起飞降落、巡航 | 两套旋翼,一套旋翼控制起飞降落,一套控制巡航 | 一套可旋转的旋翼控制起飞降落和巡航 |

**续表**

| | 多旋翼型 | 复合翼型 | 倾转旋翼型 |
|---|---|---|---|
| 优点 | 冗余度高，稳定、安全，可灵活部署，基建要求低，适航风险低 | 起飞降落与推进动力系统分离使飞行安全性高 | 推力大，飞行速度快，效率高 |
| 安全性 | 较高 | 非常高 | 相对较低 |
| 操作方式 | 无人 | 无人 | 有人 |
| 推进系统 | 16个螺旋桨叶片控制起降和巡航 | 8个固定的螺旋桨，其中有2个为后推进器螺旋 | 6套螺旋桨，4套安装在倾转机翼上，2套安装在尾部 |
| 载人 | 2 | 4 | 5 |
| 噪声 | 噪声较低 | 噪声控制出色，在城市低空飞行也不会对地面产生噪声干扰 | 100 m 高度下噪声水平为 65 dB |
| 巡航速度/$(km \cdot h^{-1})$ | 130 | 200 | 322 |
| 飞行里程 | 30 | 250 | 277 |

# 9.2　eVTOL 的发展背景及意义

## 9.2.1　eVTOL 的发展背景

20 世纪 40 年代，福特汽车公司创始人亨利·福特曾预言"飞行汽车迟早会出现"，尽管这一构想在当时显得遥不可及。2009 年，陆空两栖飞机 Transition 的成功试飞，标志着飞行汽车的首次突破。Transition 能够在 15 s 内从汽车转变为飞行器，配备全球卫星定位系统等先进技术。燃油机时代，由于受发动机体积和重量的限制，飞行汽车的发展受到制约。然而，随着动力电池技术的进步，eVTOL（电动垂直起降飞行器）成为新的发展方向，迎来了技术突破的契机。

2011 年，意大利奥古斯塔威斯特兰公司发布了"零点项目"原型机，首次将 eVTOL 概念付诸实践。2014 年，美国直升机国际协会（AHA）和航空宇航协会（AIAA）正式引入 eVTOL 的概念，全球传统航空企业和新兴势力纷纷启动相关项目。2016 年，优步提出"Uber Elevate"空中出租车计划，推动了欧美市场对 eVTOL 的关注。垂直飞行协会（VFS）将 eVTOL 定义为航空业自直升机诞生以来的重要技术革新,并于 2017 年发布了首份 eVTOL 飞机目录,旨在帮助行业突破技术、法规及基础设施等商业障碍。

尽管 eVTOL 技术已进入发展高潮,但仍处于初期阶段。美国空军凭借 eVTOL 的低运营成本、低噪声和高能效,已开始关注并于 2020 年启动"敏捷至上"项目,探索其在短距运输、特种作战等军事领域的应用。同时,Joby 公司在 2022 年获得了美国 FAA135 部运营资质,成为最接近实现载人运营的公司之一。欧洲的 Volocopter、Lilium 和 Airbus 等公司在电驱动垂直起降飞行器的研发方面也取得了显著进展,其中 Volocopter 计划在 2024 年巴黎奥运会期间展示其两座飞行器,并在巴黎附近建设垂直起降机场。

在中国,民航局和科技部已着手推动 eVTOL 技术标准和政策制定,开展空中交通管理、充电设施、飞行员培训等基础设施建设,为 eVTOL 的商业化提供有力支持。总体而言,eVTOL 技术正在全球范围内快速发展,虽然仍面临技术和法规等挑战,但其在未来城市空中出行、军事应用及其他领域的潜力不可忽视。

eVTOL 背景及发展历程如图 9-7 所示。

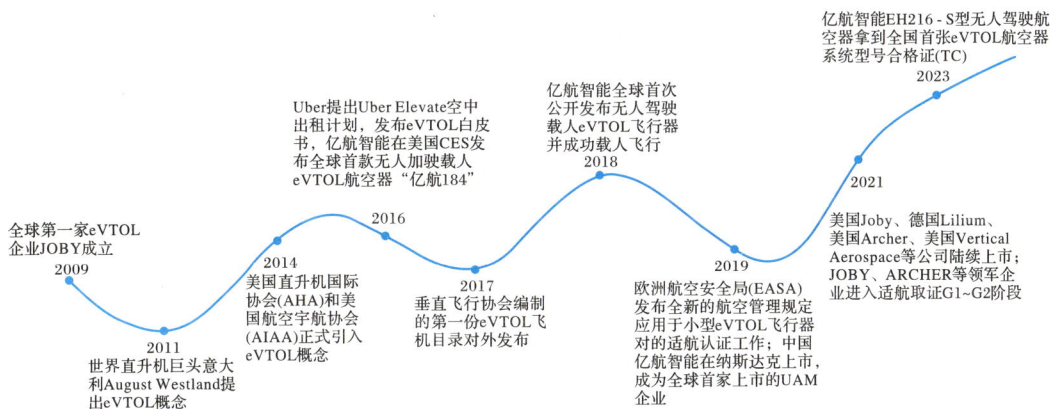

图 9-7 eVTOL 背景及发展历程

## 9.2.2 eVTOL 发展意义

eVTOL 作为一种突破性的技术,正在逐步改变城市空中出行的格局,带来广泛的经济、社会和环境影响。在未来的交通体系中,eVTOL 不仅是解决城市交通拥堵的创新手段,还为相关行业提供了新的发展机遇,同时推动了绿色低碳经济的进程。

在经济层面,eVTOL 的商用化将引领一系列新兴产业的发展。电池、电动机、飞行控制系统以及轻量化材料等领域将受益于这一技术进步,带动相关产业链的成长。此外，eVTOL 的运营不仅会创造大量的就业机会，涵盖飞行员、机务人员、调度员等多个岗位，还能够为航空、旅游、物流和医疗等行业注入新活力。作为一种高效、灵活的空中出行工具，eVTOL 有望缓解城市交通拥堵，提高交通效率，从而减少因交通瓶颈造成的经济损失，并改善现有交通体系的资源配置。

在社会层面，eVTOL 的普及将显著改变城市居民的出行体验。与传统的地面交通工具相比，eVTOL 可以提供更加便捷的空中出行服务，大大缩短通勤时间，提升生活质量，在高密度城市环境中尤为重要。此外，eVTOL 在应急救援、医疗运输等领域展现出巨大潜力，能够在突发公共卫生事件或自然灾害发生时迅速投入使用，提供及时的物资和医疗支持。通过这种方式，eVTOL 为社会提供了重要的价值，增强了应急响应能力。

从环境角度来看，eVTOL 的低碳特性使其成为绿色交通的重要组成部分。通过采用电动驱动系统，eVTOL 减少了对传统化石燃料的依赖，显著减少了温室气体排放，有助于缓解气候变化问题。与传统的燃油航空器相比，eVTOL 的低噪声特性使其更适合在城市环境中运营，减少了噪声污染，改善了居民的生活环境。因此，eVTOL 不仅推动了环保交通模式的实现，还为城市居民提供了更为宜居的生活条件。

### 9.2.3　eVTOL 与传统垂直起降无人机的区别

传统垂直起降无人机（Vertical Take-Off and Landing UAV，VTOL UAV）是指能够无需跑道，直接垂直起飞和降落的无人驾驶飞行器。这类无人机结合了直升机和固定翼飞机的特点，既具备多旋翼无人机的灵活性，又具备固定翼无人机的高速、长航时性能。

从定义上来说，eVTOL 与无人机的区别在于有没有搭载"操作人员"，一般认为不搭载操作人员的航空器为无人机，包括可载人的自主飞行器。但目前的大部分 eVTOL 为有人驾驶模式，尚达不到全自动飞行状态。

除此之外，eVTOL 与传统垂直起降无人机的区别在于动力来源、电池技术、结构设计、飞行性能、低碳环保和短途、高密度的城市应用场景。而传统垂直起降无人机则因其高能量密度、长航时、大载荷的飞行能力，在军事、农业、救援等应用场景中占有重要地位。其中，eVTOL 的关键技术之一，就是使用电力驱动系统代替内燃机，这使得原本在传统内燃机飞机上难以实现的多旋翼、复合翼、倾转旋翼等创新技术，以及智能化、电动化等趋势，都可集成于 eVTOL 上。

eVTOL 和传统垂直起降无人机技术对比表见表 9-2。

表 9 - 2　eVTOL 和传统垂直起降无人机技术对比表

| 类　别 | eVTOL | 传统垂直起降无人机 |
|---|---|---|
| 能源动力 | 以电池为主要能源来源,电动机驱动。部分采用混合动力系统(电池＋涡轮发动机)。<br>电动推进系统,能源转化效率较高。<br>充电时间较长,充电设施建设成本较高 | 使用内燃机(如汽油、柴油)或涡轮发动机驱动,通常为单一动力源。<br>燃油提供较高的能量密度,支持更长时间、更高载荷的飞行。<br>维护周期较短,燃油系统复杂,燃料成本较高 |
| 结构设计 | 采用模块化、灵活的设计,常见结构包括多旋翼、倾转翼、复合翼等。<br>设计更加紧凑,降低飞行器质量 | 传统设计通常为四旋翼或固定翼＋旋翼混合形式,设计较为单一。<br>动力系统相对笨重,影响整体设计自由度 |
| 材料质量 | 使用复合材料(如碳纤维、玻璃纤维)来减轻质量。<br>电动机较轻,使得飞行器整体质量较小 | 材料选择通常较重,特别是在内燃机与大载荷设计上。<br>需要更多的刚性和耐用材料以支持内燃机和燃料系统 |
| 飞控系统 | 高度依赖智能飞行控制系统,自动化程度高,能支持自主飞行。<br>可能集成先进的传感器(如激光雷达、摄像头)进行导航 | 控制系统较为传统,除部分型号外,其他仍依赖遥控和飞行员的人工操控。<br>高度依赖 GPS 和惯性导航系统进行稳定飞行 |
| 环境影响 | 噪声小。<br>电力系统零排放 | 噪声较大。<br>产生二氧化碳、氮氧化物等污染物 |
| 应用场景 | 城市空中交通(UAM)。<br>医疗急救。<br>物流配送等 | 军事侦察、打击。<br>农业喷洒、环境监测。<br>灾害应急救援等 |

# 9.3　eVTOL 相关技术

## 9.3.1　技术原理及组件

### 1.电推进技术

eVTOL 的核心驱动原理为电推进技术,其直接影响飞行器的效率、噪声、性能和可持续性。

(1)技术原理

锂离子电池由于具有较高的比能量、良好的循环稳定性、较低的自放电、无记忆效应和绿色环保等优点,是电动飞行器领域最有应用前景的储能装备。当前电池单体电芯的能量密度最高水平在 300 W·h/kg 左右,电池包的能量密度约为 220 W·h/kg,远低于航空燃油的比能量,勉强能满足小型全电飞行器短程飞行需要。电推进技术采用电能作为动力系统的部分或全部能源,通过电机驱动升力和推进装置来提供飞行器所需的部分或全部动力,并通过顶层能量管理全面优化能量利用效率,有效降低飞行噪声和污染物排放。同时,电动力系统对大气压力较弱的敏感性可显著增强动力系统的高原适应性,从而使 eVTOL 展现出较高的高原适用潜力。

(2)主要组件

1)电池包:当前主要采用锂离子电池(如 NMC 和 LFP 化学体系)。未来将向固态电池发展,目标是将能量密度提升至 500 W·h/kg(目前为 220～300 W·h/kg)。

2)电动机:普遍使用永磁同步电机(PMSM),兼具高功率密度、低噪声和高效率的特点,新型电机趋势包括轴向磁通电机和轮毂电机,以提高紧凑性和功率重量比。

### 2.空气动力学与结构

空气动力学设计决定其飞行效率、能耗和适用场景。

(1)技术原理

在垂直起降阶段依靠旋翼产生升力,在巡航阶段利用固定翼产生升力以降低能耗。结合多旋翼、高展弦比机翼和倾转旋翼的特点优化布局。

(2)主要组件

1)多旋翼:提供高效的悬停能力和垂直起降性能。通常采用对称分布布局,优化气动平衡。

2)固定翼与倾转旋翼:固定翼设计提升巡航效率,降低总能耗,倾转旋翼兼具多旋翼悬停和固定翼巡航能力。

### 3.材料力学和强度

eVTOL 主要采用低成本、高效率、规模化制造的热塑性碳纤维复合材料。

(1)技术原理

碳纤维复合材料是以树脂、陶瓷、金属等为基体,以碳纤维为增强体,复合而成的结构材料,是目前世界上最先进的复合材料之一,因其具有质轻、高强、耐腐、耐高温等优势,被广泛应用在航空航天领域。树脂基碳纤维复合材料常用于制造民用飞机发动机罩、副翼、阻力板以及舱门等,能够达到减重效果。

(2)主要组件

现今市面上的 eVTOL 企业,几乎都使用复合材料作为主要的机体结构。这些复材的使用占比 70% 以上,其中 90% 以上为碳纤维复材,约 10% 的复材以保护膜的形式使用玻璃纤维增强。

### 4. 传感器和数据算法

eVTOL 依赖各类型传感器并将采集的数据反馈给计算机分析。

(1)技术原理

惯性测量单元(IMU)通过加速度计、陀螺仪和磁力计测量飞行器的加速度、角速度和姿态角;全球导航卫星系统(GNSS)接收卫星信号确定飞行器的位置、速度和时间信息,提供高精度的定位和导航信息,支持自主飞行和路径规划;视觉传感器捕捉可见光或红外图像,用于目标识别、避障和视觉导航;温度与振动传感器用于监测电池、电机等关键部件的温度和振动状态。

(2)主要组件

飞行控制算法基于传感器数据,通过 PID 控制、模型预测控制(MPC)等算法,调节飞行器的姿态、速度和位置;环境感知与融合算法通过多传感器数据融合(如卡尔曼滤波、粒子滤波),整合 LiDAR、摄像头、IMU 等数据,生成高精度的环境模型;电池管理与能量优化算法通过电池状态估计(如卡尔曼滤波)和能量分配算法,优化电池的使用效率和寿命。

### 9.3.2 关键系统(见表 9-3)

#### 1. 动力系统

无人机的动力系统是指用于为无人机提供飞行动力的整体装置和结构,包括动力源(如电池、燃料电池或内燃机)、推进器(如螺旋桨或喷气推进)、电控系统(如电调)等组件。动力系统负责产生推力或升力,克服重力和空气阻力,从而使无人机能够起飞、悬停、巡航和着陆。各类 eVTOL 动力系统如图 9-8 所示。

eVTOL 的动力系统采用完全电气化的电推进技术,从能源系统的源头重塑了飞行器动力体系架构,电池系统作为主要能源,提供电力给高效电动机驱动旋翼或推进器,实现升力与推进力的产生。另外,分布式电力推进(DEP)系统是 eVTOL 的核心技术之一,由电机驱动分布在机翼或者机身上的多个螺旋桨来为飞机提供推力,多推进器的冗余能力也提供了更可靠的推力保障。另外,DEP 飞机还利用了推进-气动耦合效应,大幅改善了飞机空气动力特性,并通过减小机翼面积,降低了飞机结构质量。

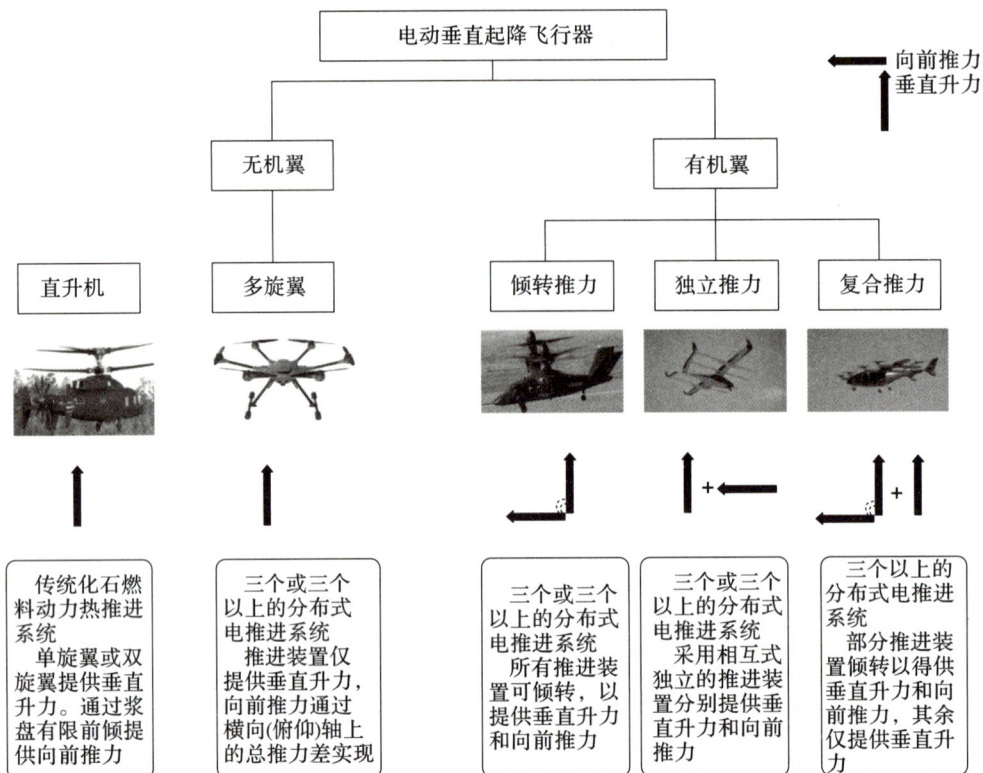

图 9-8　各类 eVTOL 动力系统

## 2. 飞行控制系统

飞行控制系统简称飞控系统,是 eVTOL 的"大脑",可以根据飞行员的操纵指令、飞机飞行状态和环境参数,控制飞机机翼、舵面等结构件,实现飞机稳定飞行和精确机动。该系统通常包括多个子系统,如姿态控制、高度控制、导航和路径规划等,通过传感器(如陀螺仪、加速度计、GPS 等)实时采集飞行状态数据,结合飞控算法(如 PID 控制、模糊控制或现代控制理论等)进行计算,从而驱动电机和推进器调整飞行姿态和推力。

飞控系统还具备冗余设计和故障容错能力,包括:①多电机冗余,失去单个推进器时通过动态控制算法分配其他电机的输出;②电池系统冗余,使用双电池组和智能电源管理系统,确保电力稳定供应;③故障重构控制,通过算法实时监测故障并调整飞控策略以维持平衡,确保在复杂环境或突发情况下的安全性。

## 3. 航电系统

航电系统一般分为传感器系统(惯性导航系统、大气数据计算机、雷达、各种无线电导航接收机等)、控制系统(飞行控制系统、发动机控制系统等),以及作为人-机接口的综合电子显示系统三个部分。总体上看,其主要功能是在飞机运行过程中,根据任务需要和环境特点,完成信息采集、任务管理、导航引导等基本飞行过程,为飞行机组提供基本的人机接口,保障飞机安全、可靠地完成相关任务。通常而言,航电系统主要包括核心处理系统、综合显示系统、通信系统、导航系统、飞行管理系统、机载维护系统等。

**表 9 - 3　关键系统表**

| 系统名称 | 核心组成 | 功　能 | 实例分析 |
|---|---|---|---|
| 动力系统 | 电动机(永磁同步电机为主),电池组(高能量密度锂离子电池),电控系统(PDU、逆变器、热管理)分布式推进系统(多旋翼/涵道风扇) | 提供垂直起降和巡航动力,冗余设计确保安全性,热管理防止过热,高效能量分配与利用 | Joby Aviation S4:高功率密度电机 6 台(单台＞100 kW);高能量密度电池(航程 240 km);可倾转旋翼 6 个,优化垂直与水平飞行效率 |
| 飞行控制系统 | 飞行控制计算机(FCC),传感器系统(IMU、GPS、LiDAR、视觉摄像头),执行机构(电传作动器、电机控制器),控制算法(PID、模型预测控制) | 实现稳定悬停、过渡飞行、避障,协调多旋翼动力分配,故障容错与冗余设计,全自动驾驶与路径规划 | 亿航 EH216 - S:3 套独立飞控计算机;传感器融合(RTK - GPS、LiDAR、视觉);全自动驾驶,乘客仅需选择目的地 |
| 航电系统 | 导航系统(GNSS、INS、地形数据库),通信系统(5G/卫星通信、V2X),任务管理系统(航线规划、气象数据集成),人机交互界面(触摸屏、AR 显示) | 实时监控飞行状态,动态调整航线与能源优化,远程监控与紧急接管,乘客交互与娱乐功能 | Volocopter VoloCity:高精度GNSS 和雷达高度计;双冗余 4G/5G 通信链路;AI 能源管理,优化旋翼转速 |

# 9.4　eVTOL 应用场景

## 9.4.1　医疗救援

eVTOL 医疗救援是指利用电动垂直起降飞行器执行紧急医疗救援任务的一种新型空中运输方式。这种模式将 eVTOL 的高机动性、快速部署能力与现代医疗服务相结合,提供包括伤员运送、紧急物资运输和医疗设备支持在内的综合医疗解决方案。其目标是通过空中途径提高医疗资源的可及性和紧急响应能力,尤其是在交通拥堵、自然灾害或偏远地区等特殊场景下,为生命救援提供关键支持,如图 9-9 所示。

**图 9-9　北京冬奥会直升机医疗救援**

eVTOL 结合其垂直起降能力、快速响应能力与强适应性等优势,在对飞行器的航程和飞行架次要求不高的紧急医疗救援领域,具备广泛应用的可行性。另外,在航空医疗救援体系中引入 eVTOL 能有效缓解我国航空医疗救援体系中核心装备不足的现状,要在较短时间内大幅提升航空紧急医疗与救援水平,仅依赖直升机显然不现实,其目的并非替代直升机或救护车,而是起到优化整个系统的作用。

1)救援速度。eVTOL 在航空医疗救援服务中能够提供与传统直升机相差无几的响应速度,虽受航程限制在覆盖范围方面仍难以匹敌直升机,但若能够在短途任务中以 eVTOL 替代部分传统救援直升机,则可将直升机用于 eVTOL 无法覆盖的范围或其性能无法支撑的任务中去发挥更大的作用。

2)成本控制。eVTOL 每小时的运营成本远低于直升机(见表 9-4)。以 Bell-407 直升机与 eVTOL 为例,二者直接运营成本前者约为后者的 4 倍之多。而 eVTOL 由于结构的简单性,其设计、生产和维护的成本也更低,因此在进一步降低直接运营成本方面也有着更大的进展空间。

**表 9-4　eVTOL 飞行器与常用医疗救援直升机性能对比**

| | 型　号 | 速度/(km·h$^{-1}$) | 航程/km | 载客量 |
|---|---|---|---|---|
| 直升机 | EC135 | 230 | 600 | 6 |
| | H145 | 230 | 680 | 5 |
| | AW139 | 306 | 1 250 | 3 |
| | Bell-407 | 246 | 600 | 5 |
| | Aero-3 | 350 | 250 | — |
| eVTOL | City Hawk | 240 | 150 | 4 |
| | Vertiia | 300 | 250 | — |
| | AG-EX | — | 200 | 4~5 |

### 9.4.2　城市空中交通

城市空中交通（Urban Air Mobility，UAM）是指利用电动垂直起降飞行器（eVTOL）等新型航空技术，在城市及周边地区提供安全、高效、环保的空中交通服务的系统。其目标是通过空中运输缓解地面交通拥堵，提高出行效率，服务短途运输需求。

#### 1. 安全可靠

eVTOL 采用整体设计，部件更少，一体化程度更高，有利于提高飞行器的安全；多旋翼设计提供了多个动力来源，即使单个旋翼发生意外，其他旋翼仍然可以保障飞行器安全着陆，为电动引擎提供更高的容错率性，降低故障率；此外还有一系列的安全设备，如备用电池组、电子稳定系统、冗余系统和紧急降落装置等。

#### 2. 高效便捷

eVTOL 的飞行速度远高于小汽车在城市道路的行驶速度，在城市地区可以避免道路交叉口的延误和交通拥堵的风险，可提供空中航线的直达服务，如图 9-10 所示。因此与地面交通相比，有空中出租汽车之称的 eVTOL 在运输效率和便捷性上具有无与伦比的优势，真正意义上实现"地下＋地面＋空中"的城市立体化交通体系。

图 9-10　深圳市跨城跨湾航线（峰飞航空"盛世龙"）

#### 3. 低碳环保

密歇根大学在 2019 年做过一项研究，当 eVTOL 和小汽车的平均载客数量分别为 3 人和 1.54 人，行驶 100 km 时，eVTOL 的人均温室气体排放量最低，比内燃机电动汽车（ICEV）低 52％，比纯电动汽车（BEV）低 6％，其零碳排放的特点也与中国的"双碳"目标相吻合。

### 4．成本可控

在城市地区以存量发展为主的大环境下，相对于其他交通方式，eVTOL 无须大规模的基础设施建设投入，通过高效利用城市低空资源和既有的高层建筑屋顶平台、绿地开敞空间等，可快速融入当前的城市交通体系中。未来随着 eVTOL 的普及以及运营维护成本的进一步降低，预计乘坐 eVTOL 的价格还会有一定的下降空间。

### 9.4.3 旅游与观光

eVTOL 可以为游客提供独特的空中观光体验。游客可以乘坐 eVTOL 在适飞空域飞行，俯瞰城市的地标建筑、自然景观等（见图 9‑11），特别是在地形复杂或人类难以到达的区域，有着一定的优势。也可以根据游客的需求提供定制化的旅游服务，如提供空中婚礼服务、在特殊庆典中提供空中表演、旅游景区交通接驳等。

相较于传统地面交通，eVTOL 可以避开地面交通拥堵，大幅缩短旅行时间；相较于传统直升机，其环保性、经济性、安全性、舒适性有着很大的提升；相较于传统无人机航拍，eVTOL 能够搭载多名乘客长时间续航，身临其境，提供更加丰富的观光体验。

图 9‑11 南充市高坪区旅游观光（亿航 EH216‑S 型）

# 9.5 eVTOL 发展与挑战

### 9.5.1 厂商发展现状

中国民航局第二研究所 2022 年底发布的《eVTOL 飞行器的发展态势与应用场景综述》统计，全球 29％的 eVTOL 项目处于飞行测试阶段，47％的 eVTOL 项目处于概念设计阶段,世界主要航空国家都在积极迈进 eVTOL 新赛道,抢占低空交通的制高点。根据咨询公司 SMG 定期发布的先进空中交通现实指数(从资金、团队经验、技术进步、取证进度以及生产准备情况五个方面对 eVTOL 航空器研制企业进行打分),2023 年 6 月公布的前 15 名厂家中,包括美国 6 家、欧洲 4 家,我国亿航智能、峰飞航空、沃兰特航空三大厂商布局较为领先。

在适航认证方面,中国处于全球领先地位,尤其是亿航智能,在 2024 年 4 月成为全球首家获得"三证"。另外,截至 2025 年 1 月,峰飞航空的 V2000CG 货运 eVTOL 已获得型号合格证(TC),是全球首款通过型号合格认证的吨级以上无人驾驶 eVTOL。沃飞长空的 AE200 已完成全尺寸、全质量、全包线倾转过渡飞行试验,预计 2025 年完成 TC 取证。时的科技的 E20 倾转旋翼 eVTOL 已完成首轮试飞,型号合格证(TC)申请已获受理,预计 2026 年完成取证。御风未来的 M1B 货运 eVTOL、沃兰特的 VE25-100 客运 eVTOL 型号合格证申请均已获受理,预计 2025—2026 年完成取证。

全球前 15 的 eVTOL 航空器研制厂商发展指数排名如图 9-12 所示。全国 eVTOL 厂商分布区域见表 9-5。国内外知名 eVTOL 厂商发展状况见表 9-6。

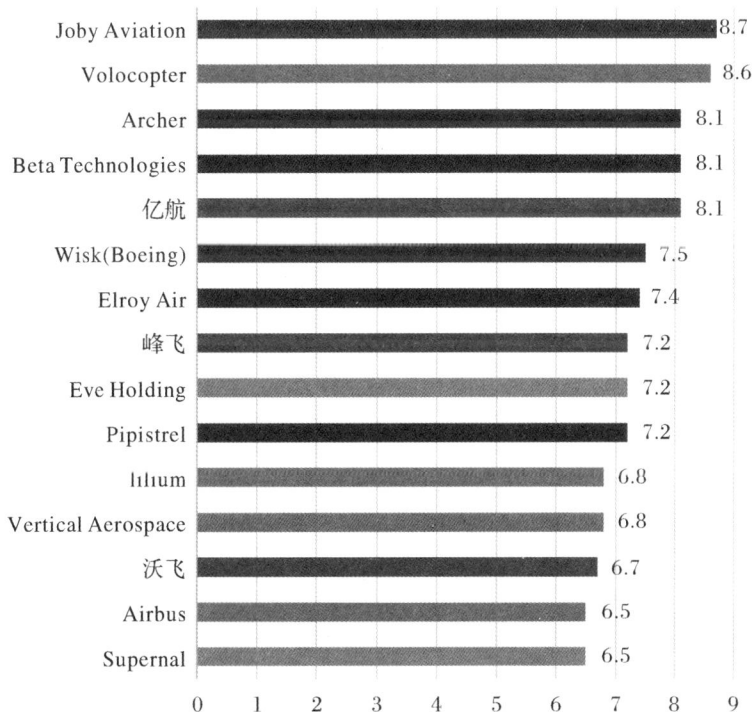

图 9-12　全球前 15 的 eVTOL 航空器研制厂商发展指数排名

## 表 9-5 全国 eVTOL 厂商分布区域

| 区　　域 | 厂　　商 |
| --- | --- |
| 上海 | 峰飞、沃兰特、时的、御风未来 |
| 广州 | 亿航、小鹏汇天、广汽 |
| 苏州 | 追梦空天、航天时代飞鹏、齐飞 |
| 合肥 | 零重力、览翌 |
| 成都 | 沃飞长空 |
| 绍兴 | 倍飞 |
| 南京 | 伊维特 |
| 厦门 | 希腾 |
| 珠海 | 海鸥 |
| 长沙 | 华羽先翔 |
| 深圳 | 智航 |
| 北京 | 中国商飞北研中心 |
| 江西 | 航空工业直升机所 |

## 表 9-6 国内外知名 eVTOL 厂商发展状况

| 国别 | 厂　商 | 机　型 | 飞行测试 | 认证进展 | 计划目标 |
| --- | --- | --- | --- | --- | --- |
| 中国 | 亿航智能 | EH216-S | 已在实际飞行环境和应用场景中进行了4 800多次运行试飞，已完成欧盟 SESARAMU-LED项目飞行演示 | 全球首个获得型号合格证（TC）、生产许可证（PC）、适航证（AC）的 eVTOL 产品。已获得 FAA、CAAC、挪威民航局、加拿大交通部4国特许飞行运行许可证。已获 CAAC 批准专项合格审定计划，EH216-S型号合格审定工作进入深度审查阶段 | 2025年实现商业化运营，重点布局城市空中交通和旅游观光 |
| 中国 | 沃飞长空 | AE200 | 已完成关键技术攻关（包括全倾转过渡飞行试验等）、二阶段试飞。2024年8月，全国首个获批的有人驾驶 eVTOL 设计保证系统（DAS）获得批准 | 2025年全面启动符合性验证工作（包括载人试飞），目标是成为国内首个完成载人飞行试验的6座 eVTOL 产品。同时，2025年将完成所有适航审定的核心测试 | 计划于2026年完成 AE200 的型号合格证（TC）取证。在2026—2030年间开展低空出行试点运营 |

续表

| 国别 | 厂商 | 机型 | 飞行测试 | 认证进展 | 计划目标 |
|---|---|---|---|---|---|
| 中国 | Autoflight（峰飞科技） | V2000CG | 已完成过渡试飞验证及极端场景测试验证，参加2025年央视春晚重庆分会场的飞行表演 | 已获得全球首张吨级以上型号合格证（TC）和生产许可证（PC）。2025年将推进单机适航证（AC）和运营合格证（OC)的获取，实现商业化交付 | 2025年实现商业化交付，重点布局长三角、珠三角及西部地区的低空物流和应急消防场景 |
| 中国 | 沃兰特航空 | VE25-100 | 已完成试飞测试，2025年1月，VE25-100展示模型进驻北京首都国际机场 | 正在推进适航审定，型号合格证（TC）申请已获受理，预计2026年完成认证 | 2026年实现商业化运营，目标市场包括城市短途通勤、低空观光、医疗救援和货运等场景 |
| 美国 | Joby Aviation | S4 | 已完成主要飞机结构测试（如尾翼静态载荷测试），已完成第三阶段认证计划提交 | 已完成FAA适航认证的前三个阶段，正在进行第四阶段测试，预计2025年完成全部认证流程 | 2025年在美国俄亥俄州代顿市启动空中出租车服务，在2026年扩展至迪拜 |
| 美国 | Archer | Midnight | 已完成验证机飞行测试和第二阶段试飞，包括载人飞行测试和跨城航线验证 | 预计2025年完成飞行测试和适航认证，启动飞行训练和客户支持服务 | 2026年开始商业化交付，目标是在全球多个地区运营城市空中交通服务 |
| 美国 | Wisk | Cora | 已完成多次试飞测试，验证了其全自主飞行能力和安全性。2025年计划启动大规模试飞 | 正在推进FAA适航认证，预计2025年完成全部认证流程，目标是成为美国首个获得全自主载客eVTOL认证的厂商 | 在美国启动商业化试点运营，目标市场为城市空中出租车服务 |
| 美国 | Beta | Alia250 | 已完成尾部结构的静载荷测试，并在FAA代表的监督下进行了主要结构的测试 | 预计在2025年完成型号合格证（TC）取证，计划在2025年底前完成生产设施的建设和认证 | 2025年启动商业化运营，目标市场包括城市间高端客户的中短途运输、物流和应急救援等领域 |

**续表**

| 国别 | 厂商 | 机型 | 飞行测试 | 认证进展 | 计划目标 |
|---|---|---|---|---|---|
| 德国 | Lilium | Jet | 目前处于技术验证机试飞阶段,已完成主翼过渡飞行测试,已进入高速翼载飞行测试阶段 | 已完成第四次设计组织批准(DOA)审核,计划在2025年完成型号合格证(TC)取证,并同步开展飞行训练模拟器的开发 | 2025年完成飞行测试和适航认证,2026年开始商业化交付 |
| 巴西 | Eve UAM | Eve | 已进行多次飞行测试,包括原型机的试飞,并在不同地点进行了多次演示飞行 | 正在与美国联邦航空管理局(FAA)和欧洲航空安全局(EASA)合作,以获得适航认证 | 计划2025年底获得适航认证,2026年投入运营 |
| 英国 | Vertical Aerospace | VA-X4 | 2025年2月,VX4原型机成功完成第二阶段有人驾驶推力飞行测试 | 已获得CAA的飞行许可证,并正在进行"小型认证"计划。计划在2025年内完成翼载飞行测试和转换飞行测试,争取欧洲航空安全局(EASA)的认证 | 计划在未来几年内实现VX4的商业化运营,目标市场包括城市空中出行、紧急救援和货物配送等领域 |

### 9.5.2 面临的挑战

eVTOL 发展过程中面临的挑战主要有以下几方面(见表9-7)。

**表9-7 eVTOL 发展过程中面对的主要挑战**

| | | |
|---|---|---|
| 产品技术 | 电池技术 | 目前电池能量密度不足,严重限制了eVTOL的航程、有效载荷能力和功率输出 |
| | 控制技术 | 考虑到垂直起降和巡航飞行不同模式之间复杂的转换,需要先进的飞行控制系统来保持飞行稳定性并实现自动驾驶 |
| | 噪声 | 需要进一步开发升力风扇、螺旋桨和电动机的降噪技术,最大限度地降低低空飞行噪声污染 |
| | 安全性和可靠性 | 必须执行堪比商用飞机的严格安全要求,要有足够的系统设计冗余和相关应急备用方案 |
| | 天气鲁棒性 | 飞行过程中很可能会暴露在雨雪和狂风等破坏性天气条件下,机身和推进系统必须要适应各种不利的外部条件 |
| | 成本 | 原型机的成本普遍在数百万美元以上,而最终应达到与豪华汽车相当的大众价格水平,这在一定程度上依赖规模经济效应 |

续表

| | | |
|---|---|---|
| 标准与法规 | 空中交通管理政策 | 更新安全认证标准、操作规则以及适用于高密度、低空飞行的空中交通管制程序,能够与现有航空运营体系全方位集成 |
| | 基础设施政策 | 制定专门的土地使用政策,促进 eVTOL 机场、充电站和紧急降落区配套基础设施发展 |
| | 飞行保险与事故责任 | 与电动飞行相关的保险框架和责任法规应尽快出台,包括安全要求、事故调查认定、旅客权利和运营商/制造商责任等内容 |
| | 飞行员培训 | 需要平衡可实现性和高安全性之间的矛盾,应该考虑类似于汽车驾照的分级分类管理办法 |
| | 数据隐私 | 随着无人驾驶技术的升级,需要专门的准则防范过度监控、黑客攻击和数据滥用 |
| | 环境保护 | 噪声条例、排放限制和其他环境法规应在不给 eVTOL 产业造成过重负担的情况下最大限度降低环境影响 |
| 基础设施建设 | 机场设计 | 机场应尽可能紧凑以适应城市区域有限的空间,这涉及充电站、维护设施、停机坪以及与地面交通的整合 |
| | 机场选址 | 建筑物屋顶、停车场和闲置的土地为机场选址提供了多种可能,应简化此类基础设施建设的审批流程 |
| | 紧急备降 | 需要为紧急情况准备完备的备用着陆点网络,如高速公路、田野和建筑物屋顶 |
| | 运营调度 | 需要更多的空中交通管理系统来协调和监控所有低空飞行轨迹,空中交通管理员的职责将扩大 |
| | 天气预报 | 高可信度分析当地风力和降水情况以便识别风险并规划航线,这也是飞行控制系统的重要输入信息 |
| 社会接受程度 | 公众信任 | 对安全性和可靠性的担忧可能会削弱公众的接受度,有必要进行广泛的演示飞行以建立公众的信心 |
| | 经济承受水平 | 运营成本必须降低到每次几十美元的可承受范围,生产规模和技术进步应该会降低成本,但在早期部署时可能需要补贴 |
| | 社区参与 | 加强与社区群众的联系,多方征求意见,尽早解决安全、噪声和隐私方面的问题,展示对当地经济发展的带动作用 |
| | 盈利能力 | 采购成本过高、市场模式未经验证等因素可能使得运营盈利情况存在较大未知,在加大政府补贴的同时应积极引入私有资本 |
| | 保险可用性 | eVTOL 被保险公司纳入高风险目录,保费极高,随着更多可靠性和安全性的数据出现,应以较低的费率开发主流保险产品 |
| | 飞行员数量 | 可能没有足够的训练有素的飞行员来驾驶 eVTOL,在自动驾驶技术成熟前这将是一个长期的问题 |

### 1.产品技术

从动力系统来看,当前 eVTOL 所采用的锂离子动力电池质量能量密度一般不超过 500 W·h/kg,仅相当于常规航空燃料的 4% 左右,是制约 eVTOL 有效载荷、飞行时间、巡航速度和实际航程的最核心因素,应用场景受限的同时连带产生了一系列适航取证和运营经济性问题。从控制系统来看,到 2035 年前自动飞行技术的发展很难满足。eVTOL 无人驾驶的需求,即使不考虑飞行员自身的额外质量,培训成千上万的专业飞行员也是不现实的,各种不同配置类型的 eVTOL 必然意味着各种适用范围不同的飞行执照。

### 2.标准与法规

UAM 带来了全新的市场需求,eVTOL 并不是直升机的升级版,这种前所未有的电气化产品在现有航空制造体系中处于一个较为特殊的位置,现有标准法规的小修小改是无法与 eVTOL 的设计生产和运营相配适的。例如,eVTOL 飞行器产品的认证模式与规则、专门面向 eVTOL 的停机坪和充电设施的标准、空中交通管理机制的建立能否与 eVTOL 的研发同期进行、eVTOL 的环境影响性评价,都需要政府机构与航空业合作制定针对性法规,进一步加快监管进程从而确保 eVTOL 电设施和候机场所在内的配套支持的高效安全飞行。

### 3.基础设施建设

目前,大多数直升机机场进行充电设施升级改造后不存在兼容 eVTOL 的根本性障碍,但这显然不足以支撑起大密度、全覆盖、短距离、高频次的 UAM 运营网络。虽然 eVTOL 无须跑道,但在城市地区想要找到足够大、足够多的空间去建设包括停机坪、充电设施和候机场所在内的配套支持体系并不容易,一些未充分利用的停车场和高层建筑楼顶将成为后续开发的重点,这涉及大量与场地征用、土木建筑工程以及高功率负载充电系统改造相关的投资,并相应地产生了很多难以预知的时间成本。

### 4.社会接受程度

在 UAM 发展起步阶段,大多数公众可能会对其使用风险持保留态度,必须让公众深入了解熟悉 eVTOL 所引入的先进技术并确认是安全的,而完善的紧急逃生方案、消防安全计划和针对恶劣天气的应急措施都是消减公众疑虑的重要手段。eVTOL 的旋翼噪声对公众活动的影响是另一个要关注的问题,可能引发 eVTOL 基础设施建设项目的"邻避"困境。

### 9.5.3 未来政策趋势

截至 2025 年,中共中央空管委已确定在成都、合肥、杭州、深圳、苏州、重庆六个城市开展 eVTOL 试点。这些城市在政策支持、基础设施建设、应用场景拓展等方面均有显著布局。

#### 1. 成都

成都发布了《成都市低空经济高质量发展三年攻坚行动方案(2024—2026年)》《四川天府新区直管区关于促进低空经济产业发展的若干政策》《成都高新区低空经济发展规划(2024—2028)(征求意见稿)》,将加快 eVTOL 起降点的规划布局,建设覆盖机场、高新区、都江堰等区域的低空航线网络,推动低空飞行服务的普及。在 eVTOL 领域,要做优做强倾转旋翼整机构型,布局复合翼构型与倾转涵道构型,推动研发、测试、适航认证,逐步完善 eVTOL 产品谱系。

将重点发展 eVTOL 在城市空中交通、物流配送、应急救援等领域的应用,计划到 2026 年累计开通 140 条低空运营航线,年飞行总架次突破 200 万。到 2028年,直升机/eVTOL 起降场地拓展到 10 个,无人机起降场地拓展到 50 个。加速抢跑 eVTOL 产业,加速推动 eVTOL 产品从单件生产到规模量产,拓展布局 eVTOL 产品开发,支持 eVTOL 新型号整机、机载设备、零部件研制与适航认证等。

#### 2. 合肥

合肥发布了《合肥市低空经济发展行动计划(2023—2025 年)》《合肥市支持低空经济发展若干政策》,提出对获得中国民航局颁发的无人驾驶航空器型号合格证(TC)、生产许可证(PC)以及运营合格证(OC)并在合肥市经营的载人 eVTOL 企业给予 1 500 万元资助;支持企业开通载人 eVTOL、无人机物流配送航线,对开设经民航部门审批的载人 eVTOL 航线的企业,分类别给予补贴,补贴金额不超过企业上年度实际运营费用的 50%;支持建设 eVTOL、无人机起降点(地)、智能起降柜机、充换电站等地面基础设施等。

#### 3. 杭州

杭州发布了《杭州市低空经济高质量发展实施方案(2024—2027 年)》,瞄准固定翼/多旋翼无人机、无人直升机、电动垂直起降航空器等整机研发,建设eVTOL 起降运营中心,推动以 eVTOL 为主的新兴航空器应用等。杭州已有近400 家低空经济相关企业,涵盖低空航空器零部件制造、飞行保障、运行服务等领域,并上线低空交通管理服务平台。计划到 2027 年建成 275 个以上无人机起降点,开通 500 条以上低空航线,低空经济产业规模突破 600 亿元。

### 4.深圳

深圳出台了《深圳市支持低空经济高质量发展的若干措施》,计划加速载人 eVTOL、飞行汽车等应用产品产业化发展;支持 eVTOL 和无人驾驶航空器适航取证,其中 eVTOL 奖励 1 500 万元;对取得行业主管部门审批的深圳首条 eVTOL 商业航线运营企业,给予一次性奖励 100 万元;建设无人驾驶航空器公共测试场和 eVTOL 及大中型无人驾驶航空器枢纽起降场等。

### 5.苏州

苏州发布了《苏州市低空经济高质量发展实施方案(2024—2026 年)》,提出打造低空产业生态、培育低空应用场景等重点任务,鼓励电动垂直起降航空器、大中型无人机等新型航空器应用等;依托制造业优势,推动 eVTOL 的研发和制造,并与新能源汽车、智能制造等产业紧密结合,形成协同发展格局。

### 6.重庆

重庆发布了《重庆市推动低空空域管理改革促进低空经济高质量发展行动方案(2024—2027 年)》,鼓励利用直升机、电动垂直起降航空器等低空飞行器探索拓展空中通勤、商务出行、空中摆渡、陆空交通组网等低空业态;支持智能网联汽车生产企业探索开展 eVTOL 等智能飞行器及飞控系统研发制造等。计划到2027 年新建 1 500 个通航起降点,实现低空飞行"乡乡通"。

【参考文献】

[1] 沈臻懿.eVTOL 电动垂直起降技术[J].检察风云,2024(20):38 - 39.

[2] 邓景辉.电动垂直起降飞行器的技术现状与发展[J].航空学报,2024,45 (5):529937.

[3] 张迪雯.eVTOL 飞行器在航空医疗救援中的应用[J].直升机技术,2024(3):64 - 68.

[4] 黄子翼.基于 eVTOL 的城市垂直交通系统构建[J].城市交通,2024,22(4):95 - 105.

[5] 李凯,丁晓宇,吴沂宁.eVTOL 航空器研制现状及发展趋势[J].民航管理,2023(12): 40 - 44.

[6] 王翔宇,张平平.eVTOL 飞行器与飞行汽车发展思考[J].航空动力,2024(3):24 - 28.

[7] MICHIHITO O.未来出行新范式:eVTOL 电动垂直起降飞行器设计[J].工业设计, 2023(11):12.

[8] 马晓婷,黎晟沅.云南省发展电动垂直起降飞行器产业的思考与建议[J].云南科技管

理,2024,37(5):53-55.

[9] 张洪.eVTOL飞行器的发展态势与应用场景综述[J].空运商务,2022(12):22-28.

[10] 韦振鹏,刘峰,杨森.垂直起降固定翼无人机发展现状与技术要点[J].飞机设计,2024,44(1):5-13.

[11] 尤少春,张晓丽,吴飞飞,等.电动垂直起降飞行器发展现状及其在航空医疗救援中的应用展望[J].医疗卫生装备,2024,45(2):82-86.

[12] 李柏彦.eVTOL兴起低空智能交通步入新阶段[J].求贤,2024(7):12-13.

[13] 乔心怡.低空运营成本降超80% 杭州、深圳等六城将试点eVTOL[N].第一财经日报,2024-11-19(A04).

[14] 韩玉琪,朱大明,付玉,等.2022电动垂直起降飞行器主要进展[J].航空动力,2023(1):19-22.

[15] 刘巨江,谭郁松.不同构型电动垂直起降飞行器动力系统的安全性评估[J].哈尔滨工程大学学报,2024,45(2):339-348.

# 附录　无人驾驶航空器飞行管理暂行条例

## 第一章　总　则

**第一条**　为了规范无人驾驶航空器飞行以及有关活动,促进无人驾驶航空器产业健康有序发展,维护航空安全、公共安全、国家安全,制定本条例。

**第二条**　在中华人民共和国境内从事无人驾驶航空器飞行以及有关活动,应当遵守本条例。

本条例所称无人驾驶航空器,是指没有机载驾驶员、自备动力系统的航空器。

无人驾驶航空器按照性能指标分为微型、轻型、小型、中型和大型。

**第三条**　无人驾驶航空器飞行管理工作应当坚持和加强党的领导,坚持总体国家安全观,坚持安全第一、服务发展、分类管理、协同监管的原则。

**第四条**　国家空中交通管理领导机构统一领导全国无人驾驶航空器飞行管理工作,组织协调解决无人驾驶航空器管理工作中的重大问题。

国务院民用航空、公安、工业和信息化、市场监督管理等部门按照职责分工负责全国无人驾驶航空器有关管理工作。

县级以上地方人民政府及其有关部门按照职责分工负责本行政区域内无人驾驶航空器有关管理工作。

各级空中交通管理机构按照职责分工负责本责任区内无人驾驶航空器飞行管理工作。

**第五条**　国家鼓励无人驾驶航空器科研创新及其成果的推广应用,促进无人驾驶航空器与大数据、人工智能等新技术融合创新。县级以上人民政府及其有关部门应当为无人驾驶航空器科研创新及其成果的推广应用提供支持。

国家在确保安全的前提下积极创新空域供给和使用机制,完善无人驾驶航空器飞行配套基础设施和服务体系。

**第六条** 无人驾驶航空器有关行业协会应当通过制定、实施团体标准等方式加强行业自律,宣传无人驾驶航空器管理法律法规及有关知识,增强有关单位和人员依法开展无人驾驶航空器飞行以及有关活动的意识。

## 第二章 民用无人驾驶航空器及操控员管理

**第七条** 国务院标准化行政主管部门和国务院其他有关部门按照职责分工组织制定民用无人驾驶航空器系统的设计、生产和使用的国家标准、行业标准。

**第八条** 从事中型、大型民用无人驾驶航空器系统的设计、生产、进口、飞行和维修活动,应当依法向国务院民用航空主管部门申请取得适航许可。

从事微型、轻型、小型民用无人驾驶航空器系统的设计、生产、进口、飞行、维修以及组装、拼装活动,无需取得适航许可,但相关产品应当符合产品质量法律法规的有关规定以及有关强制性国家标准。

从事民用无人驾驶航空器系统的设计、生产、使用活动,应当符合国家有关实名登记激活、飞行区域限制、应急处置、网络信息安全等规定,并采取有效措施减少大气污染物和噪声排放。

**第九条** 民用无人驾驶航空器系统生产者应当按照国务院工业和信息化主管部门的规定为其生产的无人驾驶航空器设置唯一产品识别码。

微型、轻型、小型民用无人驾驶航空器系统的生产者应当在无人驾驶航空器机体标注产品类型以及唯一产品识别码等信息,在产品外包装显著位置标明守法运行要求和风险警示。

**第十条** 民用无人驾驶航空器所有者应当依法进行实名登记,具体办法由国务院民用航空主管部门会同有关部门制定。

涉及境外飞行的民用无人驾驶航空器,应当依法进行国籍登记。

**第十一条** 使用除微型以外的民用无人驾驶航空器从事飞行活动的单位应当具备下列条件,并向国务院民用航空主管部门或者地区民用航空管理机构(以下统称民用航空管理部门)申请取得民用无人驾驶航空器运营合格证(以下简称运营合格证):

(一)有实施安全运营所需的管理机构、管理人员和符合本条例规定的操控人员;

（二）有符合安全运营要求的无人驾驶航空器及有关设施、设备；

（三）有实施安全运营所需的管理制度和操作规程，保证持续具备按照制度和规程实施安全运营的能力；

（四）从事经营性活动的单位，还应当为营利法人。

民用航空管理部门收到申请后，应当进行运营安全评估，根据评估结果依法作出许可或者不予许可的决定。予以许可的，颁发运营合格证；不予许可的，书面通知申请人并说明理由。

使用最大起飞重量不超过150千克的农用无人驾驶航空器在农林牧渔区域上方的适飞空域内从事农林牧渔作业飞行活动（以下称常规农用无人驾驶航空器作业飞行活动），无需取得运营合格证。

取得运营合格证后从事经营性通用航空飞行活动，以及从事常规农用无人驾驶航空器作业飞行活动，无需取得通用航空经营许可证和运行合格证。

**第十二条**　使用民用无人驾驶航空器从事经营性飞行活动，以及使用小型、中型、大型民用无人驾驶航空器从事非经营性飞行活动，应当依法投保责任保险。

**第十三条**　微型、轻型、小型民用无人驾驶航空器系统投放市场后，发现存在缺陷的，其生产者、进口商应当停止生产、销售，召回缺陷产品，并通知有关经营者、使用者停止销售、使用。生产者、进口商未依法实施召回的，由国务院市场监督管理部门依法责令召回。

中型、大型民用无人驾驶航空器系统不能持续处于适航状态的，由国务院民用航空主管部门依照有关适航管理的规定处理。

**第十四条**　对已经取得适航许可的民用无人驾驶航空器系统进行重大设计更改并拟将其用于飞行活动的，应当重新申请取得适航许可。

对微型、轻型、小型民用无人驾驶航空器系统进行改装的，应当符合有关强制性国家标准。民用无人驾驶航空器系统的空域保持能力、可靠被监视能力、速度或者高度等出厂性能以及参数发生改变的，其所有者应当及时在无人驾驶航空器一体化综合监管服务平台更新性能、参数信息。

改装民用无人驾驶航空器的，应当遵守改装后所属类别的管理规定。

**第十五条**　生产、维修、使用民用无人驾驶航空器系统，应当遵守无线电管理法律法规以及国家有关规定。但是，民用无人驾驶航空器系统使用国家无线电管理机构确定的特定无线电频率，且有关无线电发射设备取得无线电发射设备型号核准的,无需取得无线电频率使用许可和无线电台执照。

**第十六条** 操控小型、中型、大型民用无人驾驶航空器飞行的人员应当具备下列条件,并向国务院民用航空主管部门申请取得相应民用无人驾驶航空器操控员(以下简称操控员)执照:

(一)具备完全民事行为能力;

(二)接受安全操控培训,并经民用航空管理部门考核合格;

(三)无可能影响民用无人驾驶航空器操控行为的疾病病史,无吸毒行为记录;

(四)近5年内无因危害国家安全、公共安全或者侵犯公民人身权利、扰乱公共秩序的故意犯罪受到刑事处罚的记录。

从事常规农用无人驾驶航空器作业飞行活动的人员无需取得操控员执照,但应当由农用无人驾驶航空器系统生产者按照国务院民用航空、农业农村主管部门规定的内容进行培训和考核,合格后取得操作证书。

**第十七条** 操控微型、轻型民用无人驾驶航空器飞行的人员,无需取得操控员执照,但应当熟练掌握有关机型操作方法,了解风险警示信息和有关管理制度。

无民事行为能力人只能操控微型民用无人驾驶航空器飞行,限制民事行为能力人只能操控微型、轻型民用无人驾驶航空器飞行。无民事行为能力人操控微型民用无人驾驶航空器飞行或者限制民事行为能力人操控轻型民用无人驾驶航空器飞行,应当由符合前款规定条件的完全民事行为能力人现场指导。

操控轻型民用无人驾驶航空器在无人驾驶航空器管制空域内飞行的人员,应当具有完全民事行为能力,并按照国务院民用航空主管部门的规定经培训合格。

## 第三章  空域和飞行活动管理

**第十八条** 划设无人驾驶航空器飞行空域应当遵循统筹配置、安全高效原则,以隔离飞行为主,兼顾融合飞行需求,充分考虑飞行安全和公众利益。

划设无人驾驶航空器飞行空域应当明确水平、垂直范围和使用时间。

空中交通管理机构应当为无人驾驶航空器执行军事、警察、海关、应急管理飞行任务优先划设空域。

**第十九条** 国家根据需要划设无人驾驶航空器管制空域(以下简称管制空域)。

真高120米以上空域,空中禁区、空中限制区以及周边空域,军用航空超低空飞行空域,以及下列区域上方的空域应当划设为管制空域:

（一）机场以及周边一定范围的区域；

（二）国界线、实际控制线、边境线向我方一侧一定范围的区域；

（三）军事禁区、军事管理区、监管场所等涉密单位以及周边一定范围的区域；

（四）重要军工设施保护区域、核设施控制区域、易燃易爆等危险品的生产和仓储区域，以及可燃重要物资的大型仓储区域；

（五）发电厂、变电站、加油（气）站、供水厂、公共交通枢纽、航电枢纽、重大水利设施、港口、高速公路、铁路电气化线路等公共基础设施以及周边一定范围的区域和饮用水水源保护区；

（六）射电天文台、卫星测控（导航）站、航空无线电导航台、雷达站等需要电磁环境特殊保护的设施以及周边一定范围的区域；

（七）重要革命纪念地、重要不可移动文物以及周边一定范围的区域；

（八）国家空中交通管理领导机构规定的其他区域。

管制空域的具体范围由各级空中交通管理机构按照国家空中交通管理领导机构的规定确定，由设区的市级以上人民政府公布，民用航空管理部门和承担相应职责的单位发布航行情报。

未经空中交通管理机构批准，不得在管制空域内实施无人驾驶航空器飞行活动。

管制空域范围以外的空域为微型、轻型、小型无人驾驶航空器的适飞空域（以下简称适飞空域）。

第二十条　遇有特殊情况，可以临时增加管制空域，由空中交通管理机构按照国家有关规定确定有关空域的水平、垂直范围和使用时间。

保障国家重大活动以及其他大型活动的，在临时增加的管制空域生效 24 小时前，由设区的市级以上地方人民政府发布公告，民用航空管理部门和承担相应职责的单位发布航行情报。

保障执行军事任务或者反恐维稳、抢险救灾、医疗救护等其他紧急任务的，在临时增加的管制空域生效 30 分钟前，由设区的市级以上地方人民政府发布紧急公告，民用航空管理部门和承担相应职责的单位发布航行情报。

第二十一条　按照国家空中交通管理领导机构的规定需要设置管制空域的地面警示标志的，设区的市级人民政府应当组织设置并加强日常巡查。

第二十二条　无人驾驶航空器通常应当与有人驾驶航空器隔离飞行。

属于下列情形之一的,经空中交通管理机构批准,可以进行融合飞行:

(一)根据任务或者飞行课目需要,警察、海关、应急管理部门辖有的无人驾驶航空器与本部门、本单位使用的有人驾驶航空器在同一空域或者同一机场区域的飞行;

(二)取得适航许可的大型无人驾驶航空器的飞行;

(三)取得适航许可的中型无人驾驶航空器不超过真高 300 米的飞行;

(四)小型无人驾驶航空器不超过真高 300 米的飞行;

(五)轻型无人驾驶航空器在适飞空域上方不超过真高 300 米的飞行。

属于下列情形之一的,进行融合飞行无需经空中交通管理机构批准:

(一)微型、轻型无人驾驶航空器在适飞空域内的飞行;

(二)常规农用无人驾驶航空器作业飞行活动。

**第二十三条** 国家空中交通管理领导机构统筹建设无人驾驶航空器一体化综合监管服务平台,对全国无人驾驶航空器实施动态监管与服务。

空中交通管理机构和民用航空、公安、工业和信息化等部门、单位按照职责分工采集无人驾驶航空器生产、登记、使用的有关信息,依托无人驾驶航空器一体化综合监管服务平台共享,并采取相应措施保障信息安全。

**第二十四条** 除微型以外的无人驾驶航空器实施飞行活动,操控人员应当确保无人驾驶航空器能够按照国家有关规定向无人驾驶航空器一体化综合监管服务平台报送识别信息。

微型、轻型、小型无人驾驶航空器在飞行过程中应当广播式自动发送识别信息。

**第二十五条** 组织无人驾驶航空器飞行活动的单位或者个人应当遵守有关法律法规和规章制度,主动采取事故预防措施,对飞行安全承担主体责任。

**第二十六条** 除本条例第三十一条另有规定外,组织无人驾驶航空器飞行活动的单位或者个人应当在拟飞行前 1 日 12 时前向空中交通管理机构提出飞行活动申请。空中交通管理机构应当在飞行前 1 日 21 时前作出批准或者不予批准的决定。

按照国家空中交通管理领导机构的规定在固定空域内实施常态飞行活动的,可以提出长期飞行活动申请,经批准后实施,并应当在拟飞行前 1 日 12 时前将飞行计划报空中交通管理机构备案。

**第二十七条** 无人驾驶航空器飞行活动申请应当包括下列内容：

（一）组织飞行活动的单位或者个人、操控人员信息以及有关资质证书；

（二）无人驾驶航空器的类型、数量、主要性能指标和登记管理信息；

（三）飞行任务性质和飞行方式，执行国家规定的特殊通用航空飞行任务的还应当提供有效的任务批准文件；

（四）起飞、降落和备降机场（场地）；

（五）通信联络方法；

（六）预计飞行开始、结束时刻；

（七）飞行航线、高度、速度和空域范围，进出空域方法；

（八）指挥控制链路无线电频率以及占用带宽；

（九）通信、导航和被监视能力；

（十）安装二次雷达应答机或者有关自动监视设备的，应当注明代码申请；

（十一）应急处置程序；

（十二）特殊飞行保障需求；

（十三）国家空中交通管理领导机构规定的与空域使用和飞行安全有关的其他必要信息。

**第二十八条** 无人驾驶航空器飞行活动申请按照下列权限批准：

（一）在飞行管制分区内飞行的，由负责该飞行管制分区的空中交通管理机构批准；

（二）超出飞行管制分区在飞行管制区内飞行的，由负责该飞行管制区的空中交通管理机构批准；

（三）超出飞行管制区飞行的，由国家空中交通管理领导机构授权的空中交通管理机构批准。

**第二十九条** 使用无人驾驶航空器执行反恐维稳、抢险救灾、医疗救护等紧急任务的，应当在计划起飞 30 分钟前向空中交通管理机构提出飞行活动申请。空中交通管理机构应当在起飞 10 分钟前作出批准或者不予批准的决定。执行特别紧急任务的，使用单位可以随时提出飞行活动申请。

**第三十条** 飞行活动已获得批准的单位或者个人组织无人驾驶航空器飞行活动的，应当在计划起飞 1 小时前向空中交通管理机构报告预计起飞时刻和准备情况，经空中交通管理机构确认后方可起飞。

第三十一条 组织无人驾驶航空器实施下列飞行活动,无需向空中交通管理机构提出飞行活动申请:

(一)微型、轻型、小型无人驾驶航空器在适飞空域内的飞行活动;

(二)常规农用无人驾驶航空器作业飞行活动;

(三)警察、海关、应急管理部门辖有的无人驾驶航空器,在其驻地、地面(水面)训练场、靶场等上方不超过真高 120 米的空域内的飞行活动;但是,需在计划起飞 1 小时前经空中交通管理机构确认后方可起飞;

(四)民用无人驾驶航空器在民用运输机场管制地带内执行巡检、勘察、校验等飞行任务;但是,需定期报空中交通管理机构备案,并在计划起飞 1 小时前经空中交通管理机构确认后方可起飞。

前款规定的飞行活动存在下列情形之一的,应当依照本条例第二十六条的规定提出飞行活动申请:

(一)通过通信基站或者互联网进行无人驾驶航空器中继飞行;

(二)运载危险品或者投放物品(常规农用无人驾驶航空器作业飞行活动除外);

(三)飞越集会人群上空;

(四)在移动的交通工具上操控无人驾驶航空器;

(五)实施分布式操作或者集群飞行。

微型、轻型无人驾驶航空器在适飞空域内飞行的,无需取得特殊通用航空飞行任务批准文件。

第三十二条 操控无人驾驶航空器实施飞行活动,应当遵守下列行为规范:

(一)依法取得有关许可证书、证件,并在实施飞行活动时随身携带备查;

(二)实施飞行活动前做好安全飞行准备,检查无人驾驶航空器状态,并及时更新电子围栏等信息;

(三)实时掌握无人驾驶航空器飞行动态,实施需经批准的飞行活动应当与空中交通管理机构保持通信联络畅通,服从空中交通管理,飞行结束后及时报告;

(四)按照国家空中交通管理领导机构的规定保持必要的安全间隔;

(五)操控微型无人驾驶航空器的,应当保持视距内飞行;

(六)操控小型无人驾驶航空器在适飞空域内飞行的,应当遵守国家空中交通管理领导机构关于限速、通信、导航等方面的规定;

（七）在夜间或者低能见度气象条件下飞行的，应当开启灯光系统并确保其处于良好工作状态；

（八）实施超视距飞行的，应当掌握飞行空域内其他航空器的飞行动态，采取避免相撞的措施；

（九）受到酒精类饮料、麻醉剂或者其他药物影响时，不得操控无人驾驶航空器；

（十）国家空中交通管理领导机构规定的其他飞行活动行为规范。

**第三十三条** 操控无人驾驶航空器实施飞行活动，应当遵守下列避让规则：

（一）避让有人驾驶航空器、无动力装置的航空器以及地面、水上交通工具；

（二）单架飞行避让集群飞行；

（三）微型无人驾驶航空器避让其他无人驾驶航空器；

（四）国家空中交通管理领导机构规定的其他避让规则。

**第三十四条** 禁止利用无人驾驶航空器实施下列行为：

（一）违法拍摄军事设施、军工设施或者其他涉密场所；

（二）扰乱机关、团体、企业、事业单位工作秩序或者公共场所秩序；

（三）妨碍国家机关工作人员依法执行职务；

（四）投放含有违反法律法规规定内容的宣传品或者其他物品；

（五）危及公共设施、单位或者个人财产安全；

（六）危及他人生命健康，非法采集信息，或者侵犯他人其他人身权益；

（七）非法获取、泄露国家秘密，或者违法向境外提供数据信息；

（八）法律法规禁止的其他行为。

**第三十五条** 使用民用无人驾驶航空器从事测绘活动的单位依法取得测绘资质证书后，方可从事测绘活动。

外国无人驾驶航空器或者由外国人员操控的无人驾驶航空器不得在我国境内实施测绘、电波参数测试等飞行活动。

**第三十六条** 模型航空器应当在空中交通管理机构为航空飞行营地划定的空域内飞行，但国家空中交通管理领导机构另有规定的除外。

## 第四章 监督管理和应急处置

**第三十七条** 国家空中交通管理领导机构应当组织有关部门、单位在无人驾驶航空器一体化综合监管服务平台上向社会公布审批事项、申请办理流程、受理单位、联系方式、举报受理方式等信息并及时更新。

**第三十八条**　任何单位或者个人发现违反本条例规定行为的,可以向空中交通管理机构、民用航空管理部门或者当地公安机关举报。收到举报的部门、单位应当及时依法作出处理;不属于本部门、本单位职责的,应当及时移送有权处理的部门、单位。

**第三十九条**　空中交通管理机构、民用航空管理部门以及县级以上公安机关应当制定有关无人驾驶航空器飞行安全管理的应急预案,定期演练,提高应急处置能力。

县级以上地方人民政府应当将无人驾驶航空器安全应急管理纳入突发事件应急管理体系,健全信息互通、协同配合的应急处置工作机制。

无人驾驶航空器系统的设计者、生产者,应当确保无人驾驶航空器具备紧急避让、降落等应急处置功能,避免或者减轻无人驾驶航空器发生事故时对生命财产的损害。

使用无人驾驶航空器的单位或者个人应当按照有关规定,制定飞行紧急情况处置预案,落实风险防范措施,及时消除安全隐患。

**第四十条**　无人驾驶航空器飞行发生异常情况时,组织飞行活动的单位或者个人应当及时处置,服从空中交通管理机构的指令;导致发生飞行安全问题的,组织飞行活动的单位或者个人还应当在无人驾驶航空器降落后 24 小时内向空中交通管理机构报告有关情况。

**第四十一条**　对空中不明情况和无人驾驶航空器违规飞行,公安机关在条件有利时可以对低空目标实施先期处置,并负责违规飞行无人驾驶航空器落地后的现场处置。有关军事机关、公安机关、国家安全机关等单位按职责分工组织查证处置,民用航空管理等其他有关部门应当予以配合。

**第四十二条**　无人驾驶航空器违反飞行管理规定、扰乱公共秩序或者危及公共安全的,空中交通管理机构、民用航空管理部门和公安机关可以依法采取必要技术防控、扣押有关物品、责令停止飞行、查封违法活动场所等紧急处置措施。

**第四十三条**　军队、警察以及按照国家反恐怖主义工作领导机构有关规定由公安机关授权的高风险反恐怖重点目标管理单位,可以依法配备无人驾驶航空器反制设备,在公安机关或者有关军事机关的指导监督下从严控制设置和使用。

无人驾驶航空器反制设备配备、设置、使用以及授权管理办法,由国务院工业和信息化、公安、国家安全、市场监督管理部门会同国务院有关部门、有关军事机关制定。

任何单位或者个人不得非法拥有、使用无人驾驶航空器反制设备。

## 第五章　法律责任

**第四十四条**　违反本条例规定，从事中型、大型民用无人驾驶航空器系统的设计、生产、进口、飞行和维修活动，未依法取得适航许可的，由民用航空管理部门责令停止有关活动，没收违法所得，并处无人驾驶航空器系统货值金额 1 倍以上 5 倍以下的罚款；情节严重的，责令停业整顿。

**第四十五条**　违反本条例规定，民用无人驾驶航空器系统生产者未按照国务院工业和信息化主管部门的规定为其生产的无人驾驶航空器设置唯一产品识别码的，由县级以上人民政府工业和信息化主管部门责令改正，没收违法所得，并处 3 万元以上 30 万元以下的罚款；拒不改正的，责令停业整顿。

**第四十六条**　违反本条例规定，对已经取得适航许可的民用无人驾驶航空器系统进行重大设计更改，未重新申请取得适航许可并将其用于飞行活动的，由民用航空管理部门责令改正，处无人驾驶航空器系统货值金额 1 倍以上 5 倍以下的罚款。

违反本条例规定，改变微型、轻型、小型民用无人驾驶航空器系统的空域保持能力、可靠被监视能力、速度或者高度等出厂性能以及参数，未及时在无人驾驶航空器一体化综合监管服务平台更新性能、参数信息的，由民用航空管理部门责令改正；拒不改正的，处 2000 元以上 2 万元以下的罚款。

**第四十七条**　违反本条例规定，民用无人驾驶航空器未经实名登记实施飞行活动的，由公安机关责令改正，可以处 200 元以下的罚款；情节严重的，处 2000 元以上 2 万元以下的罚款。

违反本条例规定，涉及境外飞行的民用无人驾驶航空器未依法进行国籍登记的，由民用航空管理部门责令改正，处 1 万元以上 10 万元以下的罚款。

**第四十八条**　违反本条例规定，民用无人驾驶航空器未依法投保责任保险的，由民用航空管理部门责令改正，处 2000 元以上 2 万元以下的罚款；情节严重的，责令从事飞行活动的单位停业整顿直至吊销其运营合格证。

**第四十九条**　违反本条例规定，未取得运营合格证或者违反运营合格证的要求实施飞行活动的，由民用航空管理部门责令改正，处 5 万元以上 50 万元以下的罚款;情节严重的,责令停业整顿直至吊销其运营合格证。

第五十条 无民事行为能力人、限制民事行为能力人违反本条例规定操控民用无人驾驶航空器飞行的,由公安机关对其监护人处 500 元以上 5000 元以下的罚款;情节严重的,没收实施违规飞行的无人驾驶航空器。

违反本条例规定,未取得操控员执照操控民用无人驾驶航空器飞行的,由民用航空管理部门处 5000 元以上 5 万元以下的罚款;情节严重的,处 1 万元以上 10 万元以下的罚款。

违反本条例规定,超出操控员执照载明范围操控民用无人驾驶航空器飞行的,由民用航空管理部门处 2000 元以上 2 万元以下的罚款,并处暂扣操控员执照 6 个月至 12 个月;情节严重的,吊销其操控员执照,2 年内不受理其操控员执照申请。

违反本条例规定,未取得操作证书从事常规农用无人驾驶航空器作业飞行活动的,由县级以上地方人民政府农业农村主管部门责令停止作业,并处 1000 元以上 1 万元以下的罚款。

第五十一条 组织飞行活动的单位或者个人违反本条例第三十二条、第三十三条规定的,由民用航空管理部门责令改正,可以处 1 万元以下的罚款;拒不改正的,处 1 万元以上 5 万元以下的罚款,并处暂扣运营合格证、操控员执照 1 个月至 3 个月;情节严重的,由空中交通管理机构责令停止飞行 6 个月至 12 个月,由民用航空管理部门处 5 万元以上 10 万元以下的罚款,并可以吊销相应许可证件,2 年内不受理其相应许可申请。

违反本条例规定,未经批准操控微型、轻型、小型民用无人驾驶航空器在管制空域内飞行,或者操控模型航空器在空中交通管理机构划定的空域外飞行的,由公安机关责令停止飞行,可以处 500 元以下的罚款;情节严重的,没收实施违规飞行的无人驾驶航空器,并处 1000 元以上 1 万元以下的罚款。

第五十二条 违反本条例规定,非法拥有、使用无人驾驶航空器反制设备的,由无线电管理机构、公安机关按照职责分工予以没收,可以处 5 万元以下的罚款;情节严重的,处 5 万元以上 20 万元以下的罚款。

第五十三条 违反本条例规定,外国无人驾驶航空器或者由外国人员操控的无人驾驶航空器在我国境内实施测绘飞行活动的,由县级以上人民政府测绘地理信息主管部门责令停止违法行为,没收违法所得、测绘成果和实施违规飞行的无人驾驶航空器,并处 10 万元以上 50 万元以下的罚款;情节严重的,并处 50 万元以上 100 万元以下的罚款,由公安机关、国家安全机关按照职责分工决定限期出境或者驱逐出境。

**第五十四条** 生产、改装、组装、拼装、销售和召回微型、轻型、小型民用无人驾驶航空器系统,违反产品质量或者标准化管理等有关法律法规的,由县级以上人民政府市场监督管理部门依法处罚。

除根据本条例第十五条的规定无需取得无线电频率使用许可和无线电台执照的情形以外,生产、维修、使用民用无人驾驶航空器系统,违反无线电管理法律法规以及国家有关规定的,由无线电管理机构依法处罚。

无人驾驶航空器飞行活动违反军事设施保护法律法规的,依照有关法律法规的规定执行。

**第五十五条** 违反本条例规定,有关部门、单位及其工作人员在无人驾驶航空器飞行以及有关活动的管理工作中滥用职权、玩忽职守、徇私舞弊或者有其他违法行为的,依法给予处分。

**第五十六条** 违反本条例规定,构成违反治安管理行为的,由公安机关依法给予治安管理处罚;构成犯罪的,依法追究刑事责任;造成人身、财产或者其他损害的,依法承担民事责任。

## 第六章 附 则

**第五十七条** 在我国管辖的其他空域内实施无人驾驶航空器飞行活动,应当遵守本条例的有关规定。

无人驾驶航空器在室内飞行不适用本条例。

自备动力系统的飞行玩具适用本条例的有关规定,具体办法由国务院工业和信息化主管部门、有关空中交通管理机构会同国务院公安、民用航空主管部门制定。

**第五十八条** 无人驾驶航空器飞行以及有关活动,本条例没有规定的,适用《中华人民共和国民用航空法》《中华人民共和国飞行基本规则》《通用航空飞行管制条例》以及有关法律、行政法规。

**第五十九条** 军用无人驾驶航空器的管理,国务院、中央军事委员会另有规定的,适用其规定。

警察、海关、应急管理部门辖有的无人驾驶航空器的适航、登记、操控员等事项的管理办法,由国务院有关部门另行制定。

第六十条　模型航空器的分类、生产、登记、操控人员、航空飞行营地等事项的管理办法,由国务院体育主管部门会同有关空中交通管理机构,国务院工业和信息化、公安、民用航空主管部门另行制定。

第六十一条　本条例施行前生产的民用无人驾驶航空器不能按照国家有关规定自动向无人驾驶航空器一体化综合监管服务平台报送识别信息的,实施飞行活动应当依照本条例的规定向空中交通管理机构提出飞行活动申请,经批准后方可飞行。

第六十二条　本条例下列用语的含义:

(一)空中交通管理机构,是指军队和民用航空管理部门内负责有关责任区空中交通管理的机构。

(二)微型无人驾驶航空器,是指空机重量小于 0.25 千克,最大飞行真高不超过 50 米,最大平飞速度不超过 40 千米/小时,无线电发射设备符合微功率短距离技术要求,全程可以随时人工介入操控的无人驾驶航空器。

(三)轻型无人驾驶航空器,是指空机重量不超过 4 千克且最大起飞重量不超过 7 千克,最大平飞速度不超过 100 千米/小时,具备符合空域管理要求的空域保持能力和可靠被监视能力,全程可以随时人工介入操控的无人驾驶航空器,但不包括微型无人驾驶航空器。

(四)小型无人驾驶航空器,是指空机重量不超过 15 千克且最大起飞重量不超过 25 千克,具备符合空域管理要求的空域保持能力和可靠被监视能力,全程可以随时人工介入操控的无人驾驶航空器,但不包括微型、轻型无人驾驶航空器。

(五)中型无人驾驶航空器,是指最大起飞重量不超过 150 千克的无人驾驶航空器,但不包括微型、轻型、小型无人驾驶航空器。

(六)大型无人驾驶航空器,是指最大起飞重量超过 150 千克的无人驾驶航空器。

(七)无人驾驶航空器系统,是指无人驾驶航空器以及与其有关的遥控台(站)、任务载荷和控制链路等组成的系统。其中,遥控台(站)是指遥控无人驾驶航空器的各种操控设备(手段)以及有关系统组成的整体。

(八)农用无人驾驶航空器,是指最大飞行真高不超过 30 米,最大平飞速度不超过 50 千米/小时,最大飞行半径不超过 2000 米,具备空域保持能力和可靠被监视能力，专门用于植保、播种、投饵等农林牧渔作业，全程可以随时人工介入操控的无人驾驶航空器。

（九）隔离飞行，是指无人驾驶航空器与有人驾驶航空器不同时在同一空域内的飞行。

（十）融合飞行，是指无人驾驶航空器与有人驾驶航空器同时在同一空域内的飞行。

（十一）分布式操作，是指把无人驾驶航空器系统操作分解为多个子业务，部署在多个站点或者终端进行协同操作的模式。

（十二）集群，是指采用具备多台无人驾驶航空器操控能力的同一系统或者平台，为了处理同一任务，以各无人驾驶航空器操控数据互联协同处理为特征，在同一时间内并行操控多台无人驾驶航空器以相对物理集中的方式进行飞行的无人驾驶航空器运行模式。

（十三）模型航空器，也称航空模型，是指有尺寸和重量限制，不能载人，不具有高度保持和位置保持飞行功能的无人驾驶航空器，包括自由飞、线控、直接目视视距内人工不间断遥控、借助第一视角人工不间断遥控的模型航空器等。

（十四）无人驾驶航空器反制设备，是指专门用于防控无人驾驶航空器违规飞行，具有干扰、截控、捕获、摧毁等功能的设备。

（十五）空域保持能力，是指通过电子围栏等技术措施控制无人驾驶航空器的高度与水平范围的能力。

第六十三条　本条例自 2024 年 1 月 1 日起施行。